普通高等教育智慧海洋技术系列教材

海洋机器人系统概论

苏玉民　张　磊　曹　建　李岳明　编著

科学出版社
北　京

内 容 简 介

本书系统地介绍海洋机器人技术的基础知识与应用前景，旨在为读者构建深入、系统的知识体系。本书从海洋机器人的定义与分类入手，逐步延伸至海洋机器人的发展概述、系统构成及关键技术的实际应用。全书涵盖水面机器人与水下机器人的典型类型与应用实例，深入分析其技术演进与未来发展趋势，主要包括海洋机器人环境感知、运动控制、决策规划、通信导航等核心模块，特别关注环境感知、运动控制、自主决策与路径规划等关键技术，全面呈现从仿真建模到控制策略设计，再到通信与导航技术在实际任务中的多样化应用。

本书层次分明、内容翔实，可作为海洋机器人专业的本科生教材，也可供相关研究人员和工程技术人员参考。

图书在版编目(CIP)数据

海洋机器人系统概论 / 苏玉民等编著. -- 北京 : 科学出版社, 2024. 12.
(普通高等教育智慧海洋技术系列教材). -- ISBN 978-7-03-080573-7

Ⅰ. TP242.3

中国国家版本馆 CIP 数据核字第 2024NU6489 号

责任编辑：姜　红　张培静 / 责任校对：何艳萍
责任印制：徐晓晨 / 封面设计：马晓敏

科学出版社出版
北京东黄城根北街 16 号
邮政编码：100717
http://www.sciencep.com
北京建宏印刷有限公司印刷
科学出版社发行　各地新华书店经销
*
2024 年 12 月第　一　版　开本：787×1092　1/16
2024 年 12 月第一次印刷　印张：12
字数：300 000

定价：66.00 元

（如有印装质量问题，我社负责调换）

前　　言

海洋技术的快速发展推动了海洋机器人在海洋科学研究、环境监测、资源勘探及军事对抗等领域的广泛应用，使其成为不可或缺的关键装备。为帮助学生、科研人员及工程师系统掌握海洋机器人的基础知识与前沿技术，我们编写了本书。

在编写过程中，作者参考了国内外相关文献与研究成果，并结合长期的教学与科研实践经验，系统梳理了海洋机器人领域的核心知识体系与技术原理。本书内容经过多轮研讨与修订，结构合理、逻辑清晰、内容翔实，旨在为读者奠定坚实的理论基础并提升工程实践能力。

本书构建了从基本概念到系统组成、关键技术直至典型应用的完整知识框架，具体内容安排如下。

第 1 章绪论：阐述机器人的定义与分类，重点介绍海洋机器人的定义及分类体系。

第 2 章海洋机器人发展概述：回顾水面机器人与水下机器人技术的发展历程，展望其未来应用前景与发展趋势。

第 3 章海洋机器人系统构成：解析海洋机器人系统的各组成模块、功能及其相互关系。

第 4 章海洋机器人载体系统与技术：探讨水面机器人与水下机器人载体的设计理念、结构特点及关键技术。

第 5 章海洋机器人环境感知技术：介绍海洋机器人常用的传感器原理、感知方法及其应用场景。

第 6 章海洋机器人运动控制技术：阐述海洋机器人的运动学与动力学建模基础，以及典型运动控制方法。

第 7 章海洋机器人自主决策与规划技术：讨论任务规划、行为决策与路径规划等自主系统的核心问题。

第 8 章海洋机器人通信与导航技术：介绍海洋环境下通信和导航技术的原理、方法及其工程实现。

在编写体例上，本书注重理论联系实际，通过典型工程案例、原理示意图与数据图表辅助理解抽象概念。各章末设有思考题与参考文献，便于读者巩固所学知识和拓展阅读。建议读者按章节顺序进行系统学习，以构建对海洋机器人技术的整体认知；对于特定模块，可结合参考文献开展深入研读，追踪技术发展动态。鼓励读者在学习中积极思考，联系实际工程问题，培养工程素养与科研思维。作者还依托“智慧树”平台构建“海洋机器人系统概论”AI 课程（免登录网址 http://t.zhihuishu.com/PzPx47Wp），提供课程图谱、问题图谱与能力图谱等，供读者从多维度、多层面理解知识点。

课程图谱
学习演示

本书由苏玉民负责大纲的制定和全书的统稿、定稿工作。第 1 章由苏玉民编写；第 2～6 章中，水面机器人相关内容由张磊编写，水下机器人相关内容由曹建、李岳明编写；第 7 章由张磊编写；第 8 章由李岳明编写。

本书的编写工作和相关内容的研究工作得到了多方的大力支持。衷心感谢国家重点研发计划（项目编号：2020YFF0400300、2021YFC2803403）和黑龙江省自然科学基金优秀青年基金（项目编号：YQ2021E013）等项目对本书相关内容研究工作的资助。哈尔滨工程大学智能海洋航行器技术全国重点实验室为本书编写工作提供了重要支持，实验室多位研究生在资料整理、图表绘制等方面付出了辛勤劳动，在此一并表示感谢。

由于作者水平有限，书中难免出现不妥之处，恳请读者批评指正。

苏玉民

2024 年 6 月于哈尔滨

目 录

第1章 绪　论

1.1 概　述

我国海岸线长，海域广阔。海洋不仅是我国经济发展的重要支撑，也是国家安全的战略防线，具有重要的战略意义，这就要求我们必须大力发展海洋装备和技术。海洋机器人是海洋里的一颗明珠，它对海洋科技进步、海洋经济发展和国家安全有重要影响，同时也是国家科技水平和实力的重要体现。

对海洋机器人发展历程的回顾，有助于剖析其技术演进的内在逻辑与发展路线。历史进程如同一个具有固有规律的动力学系统，持续涌现的新技术不断推动其演化，成为过去和未来创新的核心动力。基于此视角，可更科学地预测未来的发展趋势。

海洋蕴藏着巨大的经济潜力，它在政治、军事上拥有重要的地位，因此受到世界各国的广泛关注。随着科学技术的发展，近年来人们把注意力投向作为海洋资源开发工具的各种海洋机器人的研发上。海洋机器人能够在难以接近且充满不确定性的海洋环境中自主运行，执行自主导航、避障和作业等任务，因而在民用与军事领域都展现出难以替代的优势。海洋机器人按照活动的区域可以分为水下机器人和水面机器人两大类[1]。

水下机器人主要包括遥控潜水器（remote-operated vehicle，ROV）和自主水下机器人［也称自治式潜水器（autonomous underwater vehicle，AUV）］两种。遥控潜水器和自主水下机器人是技术密集性高、系统性强的工程，涉及的专业学科多达几十种，主要包括仿真、智能控制、水下目标探测与识别、水下导航（定位）、通信、能源系统等六大技术[2]。

水面机器人通常指的是水面无人艇（unmanned surface vehicle，USV），可广泛应用于海洋运输、海洋环境调查、海洋资源探测、海洋考古、水上搜救、情报搜集、海事训练测试、侦察取证、警戒巡逻、火力打击、舰艇护航、反水雷和反潜等任务[3]。与陆地机器人、水下机器人和无人飞机等无人平台相比，水面机器人的应用和发展所受的关注较少，但是发展迅速。我国也已经将水面机器人的研究作为海洋战略的重要发展方向，并进行了卓有成效的研究。

在巨大的市场需求和技术发展需求牵引下，未来海洋机器人的发展趋势是模块化、智能化、集群化和体系化。各项关键技术将以提高机器人的综合能力为目标不断进步，主要体现在以下几个方面：

（1）针对海洋机器人的任务需求和海洋环境，研制出稳定高效的自主感知传感器，形成相应的理论体系和技术架构，提升环境感知和认知能力，是海洋机器人态势感知的重点研究方向。

（2）海洋机器人的路径规划和导航的相关研究应进一步提升其智能性，以人工智能技术的发展为牵引，发展海洋机器人处理多任务、复杂任务的综合能力，使其贴近人的思维，具备任务决策向态势决策的跨越能力。

（3）运动控制技术研究将进一步解决复杂环境干扰带来的海洋机器人航行误差问题，增强海洋环境适应性，提高控制的精度和自适应能力。

（4）多海洋机器人协同技术将突破平台构型的限制，能够实现水陆空三维立体的异构无人平台协同。

随着海洋事业的迅猛发展，海洋机器人已经成为人们探索与认识海洋、保护海洋生态环境、开发利用海洋资源、维护海洋权益的一种不可替代的高科技装备，受到了许多国家的高度重视。多年以来，海洋机器人的关键技术逐步被突破并不断发展，引领着海洋机器人装备不断向前发展。

1.2　机器人的定义与分类

1.2.1　机器人的定义

关于机器人的定义，国际上主要有如下几种：

（1）英国《牛津简明英语词典》的定义。机器人是“貌似人的自动机，是具有智力的、顺从于人的但不具有人格的机器”。这一定义并不完全正确，因为还不存在与人类相似的机器人在运行。这是一种理想的机器人。

（2）美国机器人工业协会（Robotics Industries Association，RIA）的定义。机器人是“一种用于移动各种材料、零件、工具或专用装置的，通过可编程序动作来执行各种任务的，并具有编程能力的多功能机械手”。尽管这一定义较为实用，但并不全面。这里指的是工业机器人。

（3）美国国家标准和技术研究所（National Institute of Standards and Technology，NIST）的定义。机器人是“一种能够进行编程并在自动控制下执行某些操作和移动作业任务的机械装置”。这也是一种比较广义的工业机器人定义。

（4）日本机器人协会（Japan Robot Association，JRA）的定义。工业机器人是“一种装备有记忆装置和末端执行器的、能够转动并通过自动完成各种移动来代替人类劳动的通用机器”。或者分为两种情况来定义：①工业机器人是“一种能够执行与人的上肢类似动作的多功能机器”。②智能机器人是“一种具有感觉和识别能力，并能够控制自身行为的机器”。前一种定义是工业机器人的一个较为广义的定义，后一种定义则是对工业机器人中的智能机器人进行了定义。

（5）国际标准化组织（International Organization for Standardization，ISO）的定义。机器人是“一种自动的、位置可控的、具有编程能力的多功能机械手，这种机械手具有多个轴，能够借助于可编程序操作来处理各种材料、零件、工具和专用装置，以执行各种任务”。显然，这一定义与美国机器人工业协会的定义相似。

（6）我国对机器人的定义。随着机器人技术的发展，我国也面临讨论和制定关于机器人技术的各项标准问题，其中包括对机器人的定义。我们可以参考各国的定义，结合我国情况，对机器人做出统一的定义。

《中国大百科全书》对机器人的定义为“能灵活地完成特定操作和运动任务，并可再编程序的多功能操作器”。我国对机器人的一种定义为“机器人是一种自动化的机器，具备一些与人或其他生物相似的智能能力，如感知能力、规划能力、动作能力和协同能力，是一种具有高度灵活性的自动化机器”。

根据我国最新发布的国家标准《机器人分类》(GB/T 39405—2020)，机器人被定义为“具有两个或两个以上可编程的轴，以及一定程度的自主能力，可在其环境内运动以执行预定任务的执行机构”。

1.2.2 机器人的分类

1. 根据应用领域分类

根据机器人的应用领域，机器人可分为工业机器人、个人/家用服务机器人、公共服务机器人、特种机器人和其他应用领域机器人。

工业机器人按其使用用途可分为搬运作业/上下料机器人、焊接机器人，喷涂机器人、加工机器人、装配机器人、洁净机器人和其他机器人。

个人/家用服务机器人按其使用用途可分为家务机器人、教育机器人、娱乐机器人、养老助残机器人、家用安监机器人、个人运输机器人和其他个人/家用服务机器人。

公共服务机器人按其使用用途可分为餐饮机器人、讲解导引机器人、多媒体机器人、公共游乐机器人、公共代步机器人和其他公共服务机器人。

特种机器人按其使用用途可分为检查维修机器人、专业检测机器人、搜救机器人、专业巡检机器人、侦察机器人、排爆机器人、专业安装机器人、采掘机器人、专业运输机器人、手术机器人、康复机器人和其他特种机器人。

除以上应用领域之外的机器人，称为其他应用领域机器人。

2. 根据运动方式分类

根据机器人的运动方式，机器人可分为轮式机器人、足腿式机器人、履带式机器人、蠕动式机器人、浮游式机器人、潜游式机器人、飞行式机器人和其他运动方式机器人。

轮式机器人按其驱动方式可分为双轮驱动机器人、三轮驱动机器人、全方位驱动机器人和其他轮式机器人。

足腿式机器人按其腿的数量可分为双足机器人、三足机器人、四足机器人和其他足腿式机器人。

履带式机器人按其驱动履带及关节数量可分为单节双履机器人、双节双履机器人、多节多履机器人和其他履带式机器人。

蠕动式机器人按其移动方向可分为上下蠕动机器人、左右蠕动机器人和其他蠕动式机器人。

浮游式机器人按其推进方式可分为螺旋桨浮游机器人、平旋推进浮游机器人、喷水浮游机器人、喷气浮游机器人和其他浮游式机器人。

潜游式机器人按其运动方式可分为拖曳潜游机器人、自主潜游机器人和其他潜游式机器人。

飞行式机器人按其起飞方式可分为直升飞行机器人、滑行飞行机器人、手抛飞行机器人和其他飞行式机器人。

其他运动方式机器人主要包括固定式机器人、复合式机器人、穿戴式机器人、喷射式机器人和除以上运动方式之外的机器人。

3. 根据使用空间分类

根据机器人的使用空间，机器人可分为地面/地下机器人、水面/水下机器人、空中机器人、空间机器人和其他使用空间机器人。

地面/地下机器人按使用空间可分为室内地面机器人、室外地面机器人、井下机器人和其他地下机器人。

水面/水下机器人按其使用水域可分为内河水面机器人、海洋水面机器人、浅水机器人、深水机器人和其他水下机器人。

空中机器人按中国民航局空域分类，可分为中低空机器人、高空机器人和其他空中机器人。

空间机器人按使用空间可分为空间站机器人、星球探测机器人和其他空间机器人。

其他使用空间机器人指除以上之外的其他使用空间机器人。

4. 根据机械结构分类

机器人按其机械结构类型可分为垂直关节型机器人、平面关节型机器人、直角坐标型机器人、并联机器人和其他机械结构类型机器人。

垂直关节型机器人按其轴数可分为四轴关节机器人、五轴关节机器人、六轴关节机器人和其他垂直关节型机器人。

平面关节型机器人，又称选择顺应性装配机器手臂（selectively compliant arm for robotic assembly，SCARA），按其手臂数量可分为单臂 SCARA 机器人、双臂 SCARA 机器人和其他平面关节型机器人。

直角坐标型机器人按其自由度可分为三自由度机器人、四自由度机器人、五自由度机器人和其他直角坐标型机器人。

并联机器人按其结构形式可分为平面并联机器人、球面并联机器人、空间并联机器人和其他并联机器人。

其他机械结构类型机器人指除以上之外的其他机械结构类型机器人。

5. 根据开发目的和交互方式分类

根据机器人的开发目的和交互方式，机器人可分为编程型机器人、主从机器人和协作机器人。

编程型机器人按其编程方式可分为示教编程机器人、离线编程机器人和其他编程型机器人。

主从机器人按其交互方式和控制架构可分为单向主从机器人、双向主从机器人和其他主从机器人。

协作机器人按其交互对象和应用场景可分为人机协作机器人和其他协作机器人。

6. 按机械手的几何结构分类

机械手的机械配置形式多种多样。最常见的结构形式是用其坐标特性来描述的。这些坐标结构包括笛卡儿坐标结构、柱面坐标结构、极坐标结构、球面坐标结构和关节式球面坐标结构等。这里简单介绍柱面坐标机器人、球面坐标机器人和关节式球面坐标机器人三种最常见的机器人[4]。

（1）柱面坐标机器人。其主要由垂直柱子、水平手臂（或机械手）和底座构成。水平机械手装在垂直柱子上，能自由伸缩，并可沿垂直柱子上下运动。垂直柱子安装在底座上，并与水平机械手一起（作为一个部件）能在底座上移动。这样，这种机器人的工作包络（区间）就形成了一段圆柱面，如图 1.1 所示。因此，把这种机器人称为“柱面坐标机器人”。

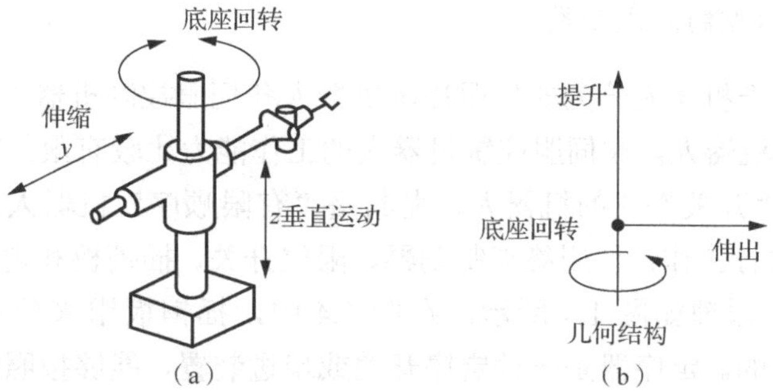

图 1.1 柱面坐标机器人

（2）球面坐标机器人。如图 1.2 所示，它像坦克的炮塔一样，机械手能够做里外伸缩移动、在垂直平面上摆动以及绕底座在水平面上转动。因此，这种机器人的工作包络形成了球面的一部分，并被称为“球面坐标机器人”。

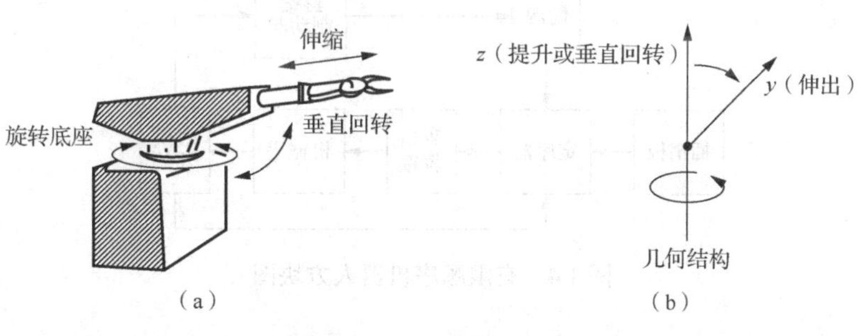

图 1.2 球面坐标机器人

（3）关节式球面坐标机器人。其主要由底座（或躯干）、上臂和前臂构成。上臂和前臂可在底座的垂直平面上运动，如图 1.3 所示。在前臂和上臂间，机械手有个肘关节，而在上臂和底座间，机械手有个肩关节。在水平平面上的旋转运动，既可由肩关节进行，也可以通过绕底座旋转来实现。这种机器人的工作包络形成了球面的大部分，称为“关节式球面坐标机器人”。

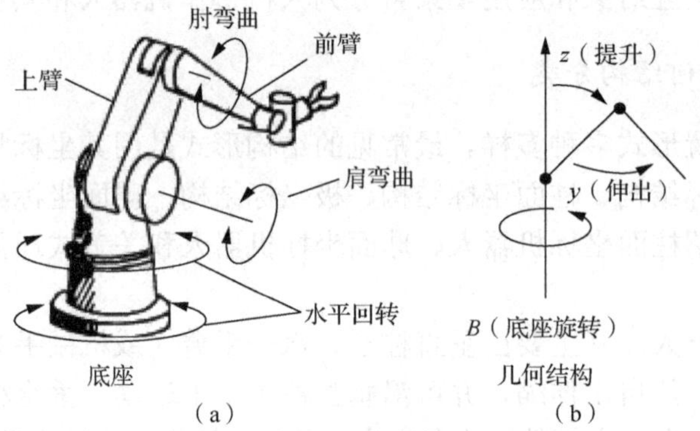

图 1.3　关节式球面坐标机器人

7. 根据机器人的控制方式分类

按照控制方式可把机器人分为非伺服控制机器人和伺服控制机器人两种。

（1）非伺服控制机器人。非伺服控制机器人的工作能力比较有限，它们往往指那些叫作“终点”、“抓放”或“开关”式的机器人，尤其是“有限顺序”机器人。这种机器人按照预先编好的程序顺序进行工作，使用终端制动器、限位开关、插销板和定序器来控制机器人机械手的运动，其工作原理如图 1.4 所示。在图 1.4 中，插销板用来预先规定机器人的工作顺序，其往往是可调的。定序器是一种定序开关或步进装置，能够按照预定的正确顺序接通驱动装置的能源。驱动装置在接通能源后，就带动机器人的手臂、腕部和抓手等装置运动。当它们运动至预设的限位开关触发位置时，限位开关切换工作状态，向定序器送去一个“工作任务（或规定运动）业已完成”的信号，并使终端制动器动作，切断驱动能源，使机械手停止运动[5]。

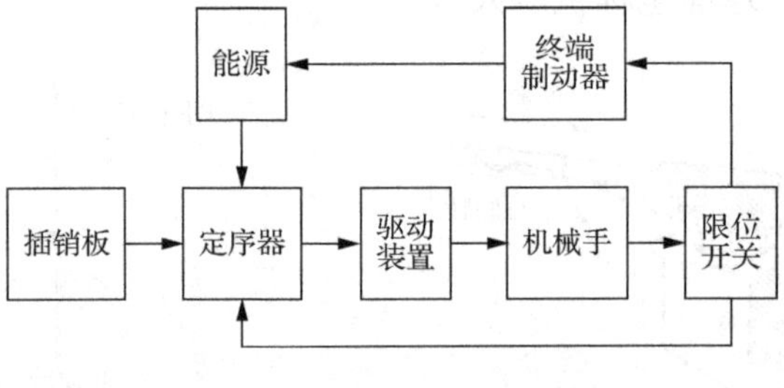

图 1.4　有限顺序机器人方块图

（2）伺服控制机器人。伺服控制机器人比非伺服控制机器人的工作能力更强，因而价格较高，但在某些情况下不如简单的机器人可靠。图 1.5 为伺服控制机器人的方块图。机器人端部执行装置（或工具）的位置、速度、加速度和力等可作为伺服系统的被控制量（输出）。通过反馈传感器获取的实时信号与给定装置的设定值信号，经比较器对比后生成误差信号。该误差信号通过控制器进行放大和运算后，生成驱动信号用于精确调节执行机构的动作，使末端执行器到达预期的位置或速度。显然，这就是一个反馈控制系统。

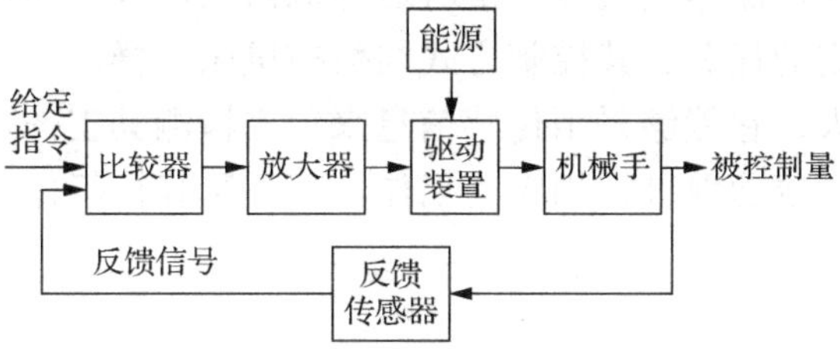

图 1.5　伺服控制机器人方块图

伺服控制机器人又可分为点位伺服控制机器人和连续路径伺服控制机器人两种。

点位伺服控制机器人能够在其工作包络内精确执行三维编程点之间的运动。一般只对其一段路径的端点进行示教，而且机器人以最快的和最直接的路径从一个端点移到另一个端点。可把这些端点设置在已知移动轴的任何位置上。点与点之间的操作总是有点不平稳，即使同时控制两根轴，它们的运动轨迹也很难完全一样。因此，点位伺服控制机器人用于只有终端位置是重要的而对编程点之间的路径和速度不做主要考虑的场合。

点位伺服控制机器人的初始程序比较容易设计，但不易在运行期间对编程点进行修正。由于没有行程控制，实际工作路径可能与示教路径不同。这种机器人具有很大的操作灵活性，因而其负载能力和工作范围均名列前茅。液压装置是这种机器人系统最常用的驱动装置。

连续路径伺服控制机器人能够平滑地跟随某个预先规定的路径，其轨迹往往是某条不在预编程端点停留的曲线路径。因此，这种机器人特别适用于喷漆作业。

连续路径伺服控制机器人具有良好的控制和运行特性，其数据是依时间采样的，而不是依预先规定的空间点采样，这样就能够把大量的空间信息存储在磁盘或光盘上。这种机器人的运行速度较快，功率较小，负载能力也较小。喷漆、弧焊、抛光和磨削等是这种机器人的典型应用场合。

8. 根据机器人控制器的信息输入方式分类

在采用这种分类法进行分类时，不同国家略有不同，但有统一的标准。这里主要介绍JRA、RIA和法国工业机器人协会（Association Française de Robotique Industrielle，AFRI）所采用的分类法。

1）JRA 分类法

JRA 把机器人分为 6 类。

第 1 类：手动操作手，是一种由操作人员直接进行操作的具有多个自由度的加工装置。

第 2 类：定序机器人，是按照预定的顺序、条件和位置，逐步地重复执行给定的作业任务的机械手，其预定信息（如工作步骤等）难以修改。

第 3 类：变序机器人，它与第 2 类一样，但其工作次序等信息易于修改。

第 4 类：复演式机器人，这种机器人能够按照记忆装置存储的信息复现原先由人示教的动作。这些示教动作能够被自动地重复执行。

第 5 类：程控机器人，操作人员并不是对这种机器人进行手动示教，而是向机器人提供运动程序，使它执行给定的任务。其控制方式与数控机床一样。

第 6 类：智能机器人，它能够采用传感信息来独立检测其工作环境或工作条件的变化，并借助其自我决策能力，成功地进行相应的工作，而不管其执行任务的环境条件发生了什么变化。

2）RIA 分类法

RIA 把机器人分为 3 种型号。

基础可编程型：对应 JRA 第 3 类，支持工作周期逻辑修改（如可调整的装配线机械臂）。

伺服控制型：整合 JRA 第 4～5 类，具备点位或连续路径控制能力，代表工业自动化典型应用。

智能感知型：对应 JRA 第 6 类，集成传感器实现环境交互。

3）AFRI 分类法

AFRI 把机器人分为 4 种型号。

A 型：JRA 分类法中的第 1 类，手控或遥控加工设备。

B 型：包括 JRA 分类法中的第 2 类和第 3 类，具有预编工作周期的自动加工设备。

C 型：包括 JRA 分类法中的第 4 类和第 5 类，程序可编和伺服机器人，具有点位或连续路径轨迹，称为“第一代机器人”。

D 型：JRA 分类法中的第 6 类，能获取一定的环境数据，称为“第二代机器人”。

9. 根据机器人的智能程度分类

（1）一般机器人，不具有智能，只具有一般编程能力和操作功能。

（2）智能机器人，具有不同程度的智能，又可分为：①传感型机器人，利用传感信息（包括视觉、听觉、触觉、接近觉、力觉和红外、超声及激光等）进行信息处理，实现控制与操作；②交互型机器人，机器人通过计算机系统与操作员或程序员进行人机对话，实现对机器人的控制与操作；③自主型机器人，在设计制作之后，机器人无须人的干预，能够在各种环境下自动完成各项拟人任务。

10. 根据机器人的用途分类

（1）工业机器人，又称产业机器人，应用于在工农业生产领域，主要服务于制造业部门，可执行焊接、喷漆、装配、搬运、检验、农产品加工等作业。

（2）探索机器人，用于进行太空和海洋探索，也可用于地面和地下探索。

（3）服务机器人，一种半自主或全自主工作的机器人，其所从事的服务工作可使人类生存得更好，使制造业以外的设备工作得更好。

（4）军用机器人，一种用于军事目的的机器人，可用于进攻或防御。又可分为空中军用机器人、海洋军用机器人和地面军用机器人，可简称为空军机器人、海军机器人和陆军机器人。

11. 根据机器人移动性分类

（1）固定式机器人，固定在某个底座上，整台机器人（或机械手）不能移动，只能移动各个关节。

（2）移动机器人，整个机器人可沿某个方向或任意方向移动。这种机器人又可分为轮式机器人、履带式机器人和步行机器人，其中后者又有单足、双足、四足、六足和八足行走机器人之分。

12. 其他分类方式

此外，也可以把机器人分为下列几种：
（1）机械手或操作机，模仿人的上肢运动。
（2）轮式移动机器人，模仿车辆移动。
（3）步行机器人，模仿人的下肢运动。
（4）水下机器人，工作在水下。
（5）飞行机器人，飞行在空中。
（6）传感型机器人，特别是视觉机器人，具有传感器。
（7）智能型机器人，应用人工智能技术的机器人，具有人工智能技术。
（8）机器人化工业自动线，在生产线上成批应用机器人。

1.3 海洋机器人的定义与分类

海洋机器人是各类海用机器人的总称，包括水面机器人、水下机器人和混合型机器人，其中水面机器人主要指水面无人艇，水下机器人包括遥控潜水器和自主水下机器人[6]，如图 1.6 所示。

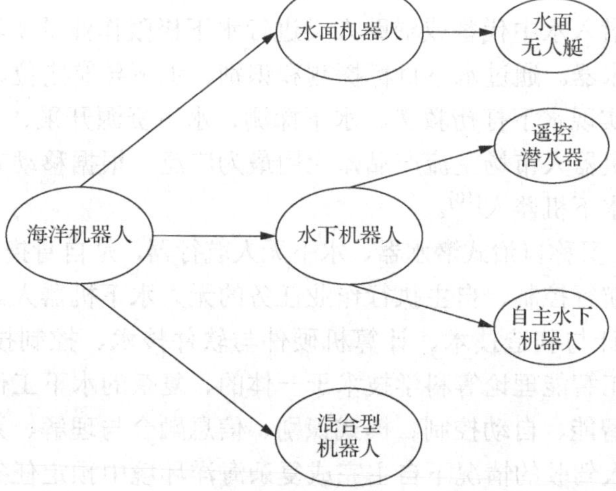

图 1.6 海洋机器人分类

1.3.1 水面机器人的定义与分类

水面机器人是指依靠载体传感器，以自主或半自主方式在水面航行的智能化平台[7]，具有自主导航、自主避障以及自主探测目标区域环境信息的功能。其可广泛应用于海洋运输、海洋环境调查、海洋资源探测、海洋考古、水上搜救、情报搜集、海事训练测试、侦察取证、警戒巡逻、火力打击、舰艇护航、反水雷和反潜等任务。

水面机器人是唯一可同时建立水上、水面、水下连接的无人特种平台，是网络化无人系统中的重要节点，将颠覆传统海战样式，催生全新海洋装备体系，对海洋资源开发和国家海洋权益维护具有重要的意义，受到世界各海洋强国的高度重视。

相较传统的水面舰艇，水面机器人有其突出的优势。水面机器人具有结构与功能模块化的特点，可根据任务要求组合相应的模块结构：作为攻击艇时，用于对陆上作战；作为反水雷艇时，用于清除水雷；作为反潜舰艇时，用于搜寻探测敌方潜艇；作为侦察艇时，用于海况监控；作为巡逻艇时，用于长时间巡航；作为运输艇时，用于运送物资和伤员；此外，水面机器人也可用于执行缉私、海盗打击等任务。水面机器人尺寸大多仅为数米左右，排水量在数吨至数十吨，体型轻便，操作灵活，设计优良，且具有更强的机动性能。由于一般不承载船员，上层建筑低矮平滑，艇体采用隐身材料或涂层，体积小，在海浪和岛礁环境中不易被探测，因此具有良好的隐蔽性能，生存力强，伤损概率小，可悄无声息地执行任务。水面机器人可替代人完成危险任务，减少伤亡。水面机器人一般吃水仅为传统水面舰艇的几分之一，使得活动区域扩大，在港口、航道等对吃水要求苛刻的水域也可自由通行；加之其活动不受气候影响，不考虑人的适应能力，因而使用成本相对低廉。另外，通过多个水面机器人的联合部署，相互之间以及与其他舰艇之间进行信息共享，可将战场信息空间扩大，以较小的代价加速海上网络中心站的实现。

1.3.2 水下机器人的定义与分类

水下机器人是可潜入水中代替或辅助人类进行水下极限作业的机器人[8]，主要包括自主水下机器人和遥控潜水器。通过水下目标探测和识别、水下导航定位、水下通信等高新科学技术，水下机器人可实现水下打捞救援、水下探测、水下资源开采、水下娱乐等功能[9]。遥控潜水器为国内水下机器人市场主流产品，应用最为广泛，根据移动方式不同，可分为拖曳式、移动式、浮游式水下机器人[10]。

自主水下机器人，又称自治式潜水器、水下无人航行器，是自身携带能源和推进装置、不需要人工干预、自主航行控制、自主执行作业任务的无人水下机器人。它是一种集运动学与动力学理论、机械设计与制造技术、计算机硬件与软件技术、控制技术、电动伺服随动技术、传感器技术、人工智能理论等科学技术于一体的、复杂的水下工作平台[11]。同时，自主水下机器人是将人工智能、自动控制、模式识别、信息融合与理解、系统集成等技术应用于传统的载体上，在无人驾驶的情况下自主完成复杂海洋环境中预定任务的机器人[12]。自主水下机器人自带能源、自推进，不需要母船通过拖带线缆提供能源及进行遥控[13]。作业时，操作人员只需通过水声、无线电或卫星等通信方式下达任务指令给自主水下机器人，所有任务都由其自主完成。依靠自身携带的能源和自主控制，自主水下机器人可长期在水下替代人类执行大量危险、复杂、重复的工作，并能回收和反复使用。自主水下机器人不仅在海洋资源勘探与开发、海洋环境监测、海事管理等方面具有广阔的应用前景，而且在水下信息获取、情报侦察与监视、精确打击等方面发挥着重要作用，目前已成为各国研究的重点[14]。

遥控潜水器最大的特点是通过电缆由母船向其提供动力，人在母船上通过电缆对遥控潜水器进行遥控，相较于自主水下机器人具有通信交流的实时性和能源供给永久性的优点，因为脐带缆解决了其通信和能源问题，所以遥控潜水器较之水下机器人发展较早，实现技术稍微简单。经过 70 多年的技术积累，目前遥控潜水器研制技术已经有一定基础，相应的配有机械臂的遥控潜水器也在海工作业、油气开采等领域应用广泛。随着海洋石油开发逐渐向深水迈进，蛙人已经无法承担水下设施的安装、海底管道的铺设、海底装置的检修等作业，因此拥有超强水下作业能力的遥控潜水器成为不二的选择。据统计，目前 90%以上的遥控潜水器直接或间接服务于海洋石油工业[15]。

由于缺乏公认的遥控潜水器分类标准，遥控潜水器分类一直是一个备受争议的问题。早期，海洋级有缆遥控潜水器由于体积小巧且价格较低，曾被外界误认为是一种低成本、简单的设备，甚至引发了一些有趣的讨论。随着技术的不断成熟，遥控潜水器的分类标准逐渐由单纯的“液压”与“电动”动力系统划分，向更强调原动机（即推进器）驱动力的方向演变。进入 21 世纪第二个十年，遥控潜水器的发展涵盖了从重量不足 5kg 的小型潜水器，到驱动功率超过 186.43kW、重量达数吨的大型液压遥控潜水器的广泛范围。然而，关于分类的争议仍然存在，尚无统一标准。

在本节中，我们将研究一个传统分类示例，即国际海事承包商协会（International Marine Contractors Association，IMCA）分类方式。然后，我们将扩展传统分类方式，以更好地对目前在市面上可用的现代遥控潜水器系统进行分级。

1. 遥控潜水器根据大小分类标准

作为初步说明，IMCA 列出了他们的遥控潜水器分类，具体如下。

（1）一级——观察级遥控潜水器（仅装有摄像头/灯和声呐的小型遥控潜水器）。

（2）二级——具有有效载荷的观察级遥控潜水器（遥控潜水器标准配备两个同时可视的摄像机/声呐，并且能够处理额外增加的传感器，以及具有基本的操作能力）。

（3）三级——作业级遥控潜水器（遥控潜水器的长度要足够大以携带额外的传感器和操作设备）。

（4）四级——拖曳和海底爬行作业级遥控潜水器（遥控潜水器由水面船只或者绞车驱动，海底爬行的遥控潜水器可以在海床上使用轮式或者履带式前进）。

（5）五级——原型或者是正在迭代中的遥控潜水器（仍在开发以及被看作原型机的遥控潜水器）。

这种命名惯例已经实施了很长一段时间。然而，由于技术的快速发展，创建一个能够定义全范围遥控潜水器的分类标准是极其必要的。

2. 遥控潜水器根据重量分类标准

（1）海洋级有缆潜水器——从最小的遥控潜水器到空气中重量达 90kg 的遥控潜水器，其中根据重量分为三个子类：①微型（或小型）海洋级有缆潜水器，空气中重量小于 4.5kg 的有缆潜水器；②中型海洋级有缆潜水器，空气中重量在 4.5～32kg 的有缆潜水器；③大型海洋级有缆潜水器，空气中重量在 32～90kg 的有缆潜水器。

（2）中型遥控潜水器——空气中重量在 91～907kg 的遥控潜水器。在中型遥控潜水器类别中，根据遥控潜水器性能和最大潜深分为三个子类：①浅水中型遥控潜水器，通常是低功率遥控潜水器，使用电缆或光缆进行遥控操作，一般工作深度在 3300ft（1ft=0.3048m）以内；②深水中型遥控潜水器，具有比浅水中遥控潜水器更深的工作深度，可以在高压电源的支持下通过轻型电动机或液压操纵系统（Hydro-Lek 或类似的系统）进行运动控制，同时配备光纤通信进行信息传输；③重型中型遥控潜水器，通常被称为“轻型作业级”，通常具有电动推进器，双中型液压机械手系统，以及用于中型液压工具操作的液压动力单元。

（3）作业级遥控潜水器——空气中重量超过 907kg 的遥控潜水器。对于最大等级的遥控潜水器，重点从深度能力（假设这些遥控潜水器完全能够进行深水作业）转移到驱动泵的尺寸上。作业级遥控潜水器是根据遥控潜水器主电机的马力来衡量的：①标准作业级（100～200hp），通常用于钻井支撑或轻型建筑；②重型作业级（≥200hp），用于沉船残骸的打捞、水下设备的安装和维护、深海资源勘探、水下环境监测等工作。

3. 现代的观察级遥控潜水器

遥控潜水器的全生命周期都会被用来完成统计或其他任务，海洋级有缆潜水器技术可以很容易地以经济有效的方式在较浅的水深中完成一系列关键任务。无论是进行大坝检查、尸体回收、鱼类评估还是寻宝，我们的储备技术已经能够开发出完成大部分工作所需的先进系统，同时保持稳定可靠。

现代的技术已经从真空管、齿轮传动系统和铜/钢电缆发展到微处理器、磁驱动器和光纤/凯夫拉电缆，技术非常成熟，可以使遥控潜水器不需要持续维护就能可靠地工作。随着计算机从小箱子一样大小发展到裤子口袋大小，观察级遥控潜水器也从便携式（即一组潜水员可以携带一台）发展到一个人也可以完成同样任务的手持遥控潜水器。图 1.7 展现了目前使用的观察级遥控潜水器的示例。表 1.1 罗列了市面上一部分重量小于 91kg 的观察级遥控潜水器相关信息。

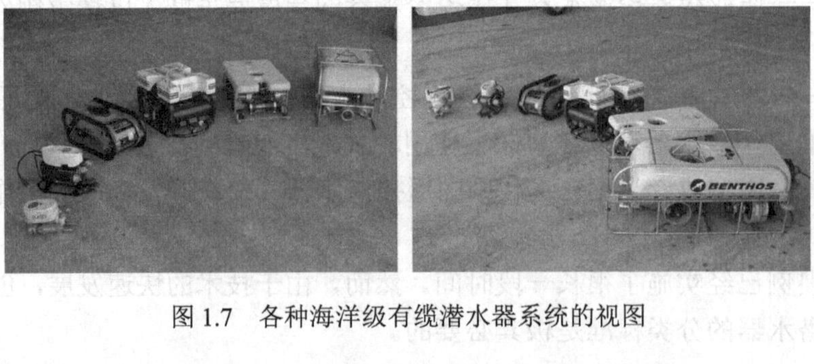

图 1.7　各种海洋级有缆潜水器系统的视图

表 1.1 重量小于 91kg 的观察级遥控潜水器

名称	制造产地	空气中的重量/kg	潜深/m
SYG 小型 ROV	中国	36	150
白鲨 MINI	中国	3	100
AC-ROV	英国	3	75
Firefly	美国	5.4	46
H300	法国	65	300
Hyball	英国	41	300
LBV	美国	10～15	150～1500
Navaho	英国	42	300
Offshore Hyball	英国	60	300
Outland 1000	美国	17.7	152
Phantom 150	美国	14	46
Phantom XTL	美国	50	150
Prometeo	意大利	48～55	—
RTVD-100MKIIEX	日本	42	150
Predator	英国	65	300
Seaeye 600 DT	英国	65	300
Seaeye Falcon	英国	50	300～1000
Stealth	加拿大	40	300
VideoRay	美国	4～4.85	0～305

4. 现代的中型遥控潜水器

中型遥控潜水器（重量在 91～907kg）相对于观察级遥控潜水器具有更大的工作深度和更大功率的动力，技术等级正在迅速赶上更大的作业级遥控潜水器。全球范围内涌现了多种类型的遥控潜水器（表 1.2），但目前主要的参与者是 Saab Seaeye 公司和 Sub-Atlantic 公司。两家公司都生产全系列的深度电动遥控潜水器以及轻型作业级遥控潜水器。大多数重型（>1000kg）系统的标准额定深度为 2000m，可扩展到 3000m 深度（或更高）。海洋级有缆潜水器、中型遥控潜水器和作业级遥控潜水器之间的界限继续变得模糊，较小的遥控潜水器获得了下一个更高尺寸的工作能力。

表 1.2 重量在 91～907kg 的遥控潜水器

名称	制造产地	空气中的重量/kg	潜深/m
SJT-5	中国	128	150
S5N	美国	114	1000
Lynx	英国	200	1500
Mohawk	英国	165	1000

续表

名称	制造产地	空气中的重量/kg	潜深/m
Tiger	英国	150	1000
Mohican	英国	230	2000
Cougar XT	英国	344	2000
Super Mohawk	英国	290	2000
Panther XT	英国	500	1500

5. 遥控潜水器的扩展

遥控潜水器被扩展定义为在现场部署和支持遥控潜水器系统所需的所有项目。它们的范围从一个用于微型遥控潜水器的小型简单系统到一个完全集成的重型作业级遥控潜水器系统，其中重型作业级遥控潜水器系统一般集成到大型 DP-2 船中，带有内部控制站、机库、遥控潜水器存储（附带大型工作区，用于制造和现场维修）和内部安装的大功率发电机。

携带方式大致分为：

（1）随身携带，海洋级有缆潜水器可随身携带上船，并由船上电源对遥控潜水器电源进行关闭。

（2）螺栓连接，海洋级有缆潜水器、中型遥控潜水器或作业级遥控潜水器所携带的装置是独立的标准化海运集装箱，可通过螺栓快速连接到（或移除）船上。

（3）集成化，所有类型的遥控潜水器都是半永久性地安装在船上，并作为船舶主要任务的一部分（例如，遥控潜水器支持母船或深水施工船，遥控潜水器都作为其主要任务工具）。

1.4 典型海洋机器人实例

“蛟龙”号载人潜水器（图 1.8）是中国首台自主设计、自主集成研制的作业级深海载人潜水器，是“国家高技术研究发展计划”（863 计划）重大专项研究成果。“蛟龙”号长 8.2m、宽 3.0m、高 3.4m，空重不超过 22t，最大载荷为 240kg，最大速度为 25n mile/h，巡航速度为 1n mile/h。“蛟龙”号载员 3 人，设计最大下潜深度为 7000m 级，可以在占世界海洋面积 99.8%的海域自由行动。

“奋斗者”号全海深载人潜水器（图 1.9）是科技部“十三五”国家重点研发计划“深海关键技术与装备”专项的核心研制任务，于 2016 年立项，由“蛟龙”号、“深海勇士”号载人潜水器的研发力量为主的科研团队承担。2020 年 10 月 27 日，“奋斗者”号在马里亚纳海沟成功下潜突破 10000m，达到 10058m，创造了中国载人深潜的新纪录。“奋斗者”号相比“蛟龙”号采用了更加安全稳定、动力强劲的能源系统，更加先进的控制系统和定位系统，以及更加耐压的载人球舱和浮力材料，在钛合金材料制备及焊接、声学通信定位等方面实现多项重大技术突破。

图 1.8 “蛟龙”号载人潜水器

图 1.9 “奋斗者”号全海深载人潜水器

“悟空”号全海深自主水下机器人（图 1.10）是在科技部“十三五”国家重点研发计划“深海关键技术与装备”专项支持下，由哈尔滨工程大学牵头研制。2021 年 11 月 6 日，“悟空”号完成 4 次超万米深度下潜，最大下潜深度 10896m，超过国外无人无缆潜水器 AUV 于 2020 年 5 月创造的 10028m 的 AUV 潜深世界纪录，并顺利完成海试验收。

6000m 水下无人无缆潜水器“潜龙一号”（图 1.11）是中国国际海域资源调查与开发“十二五”（2011～2015 年）规划重点项目研究成果。“潜龙一号”最大潜深 6000m，速度 2kn，具备进行深海近海底地形地貌、浅地层地质结构、海底流场、海洋环境参数等综合精细调查能力[16]。

图 1.10 “悟空”号全海深自主水下机器人

图 1.11 “潜龙一号”水下无人无缆潜水器

“潜龙二号”自主水下机器人是“十二五”重大项目的研究成果（图 1.12）。中国科学院沈阳自动化研究所作为技术总体责任单位，承担潜水器系统的研制任务。“潜龙二号”最大潜深 4500m，集成了热液异常探测、微地形地貌测量和海底照相等功能，主要应用于多金属硫化物等深海资源勘探作业。

“龙珠”号遥控水下机器人是专为 7000m 级载人潜水器“蛟龙”号设计的（图 1.13），自身携带能源，与“蛟龙”号载人潜水器形成子母式作业模式，主要功能为代替“蛟龙”号进入狭小、危险区域进行抵近考察。2014 年 7 月，“龙珠”号搭载于“蛟龙”号在西北太平洋麦哲伦海山区中部成功进行了水下作业，验证了各项功能，并首次取得了“蛟龙”号水下作业影像资料。

图 1.12　“潜龙二号”自主水下机器人[17]

图 1.13　“龙珠”号遥控水下机器人

“海斗”号全海深自主/遥控水下机器人（图 1.14）是由中国科学院战略性先导科技专项支持研制的全海深无人水下机器人关键技术验证样机。

“海斗”号全海深自主/遥控水下机器人是一种新型的混合式水下机器人，用于开展全海深机器人关键技术研究及验证，其自带能源和长距离光纤微缆，可采用自主模式（水下机器人模式）或遥控模式（遥控潜水器）实现全海深（11000m）航行与作业，通过搭载温盐深测量仪（CTD）和水下摄像机可实现全海深环境下的海洋观测。2015 年底，“海斗”号在南海完成了浅海试验及 3000m 级深海试验。2016 年 7 月，“海斗”号在马里亚纳海沟以自主模式完成了多次万米级下潜及应用，最大下潜深度 10767m，坐沉式探测 52min，创造了当时我国水下机器人下潜深度纪录。其最大工作水深为 11000m，空气中重量为 200kg，主尺度为 0.8m×0.5m×1.0m。

“探索 1000”自主水下机器人（图 1.15）是由中国科学院战略性先导科技专项支持研制的，主要用于海洋水文观测。“探索 1000”自主水下机器人具备航行、潜浮及休眠等多种工作模式，可对水深 1000m 海域的指定观测点进行剖面连续观测（观测时间不小于 30 天），或对指定间距的多点连续剖面观测。目前“探索 1000”自主水下机器人已完成海上试验，最大航程达 517km，连续潜浮剖面 43 个，水下工作时间 7 天。

图 1.14　“海斗”号全海深自主/遥控水下机器人

图 1.15　“探索 1000”自主水下机器人

1.5 思 考 题

1.1 海洋机器人的发展趋势“模块化、智能化、集群化”分别指什么？请举例说明。

1.2 什么是机器人的自由度？试举出 1～2 种你知道的机器人的自由度数，并说明为什么需要这个数目。

1.3 机器人的分类方法有哪几种？是否还有其他的分类方法？

1.4 试编写一个工业机器人大事年表（从 1954 年起，必要时可查阅有关文献）。

1.5 机器人学与哪些学科有密切关系？机器人学的发展将对这些学科产生什么影响？

1.6 试编写一个图表，说明现有工业机器人的主要应用领域（如点焊、装配等）及其所占百分比。

1.7 海洋机器人按活动区域分为哪两类？简述其典型应用场景及技术难点的差异。

1.8 简述“自主水下机器人（AUV）”与“遥控潜水器（ROV）”的区别。

1.9 结合典型海洋机器人案例，总结我国在深海装备领域的自主创新成果。

1.10 你认为我国海洋机器人的应用范围和发展前景如何？

1.11 你认为有哪些人工智能技术在机器人上得到了广泛应用？

1.12 你认为海洋机器人的发展会对人类未来探索海洋产生哪些深远影响？

参考文献

[1] 徐玉如, 肖坤. 智能海洋机器人技术进展[J]. 自动化学报, 2007, 33(5): 518-521.
[2] 饶芊. 水下机器人控制与通信系统研究[D]. 杭州: 浙江大学, 2008.
[3] 彭艳, 葛磊, 李小毛, 等. 无人水面艇研究现状与发展趋势[J]. 上海大学学报 (自然科学版), 2019, 25(5): 645-654.
[4] 郭锦涛. 机器人多自由度关节的实现[D]. 杭州: 浙江工业大学, 2004.
[5] 蒋文平. 五自由度串联型机械手运动轨迹多目标优化[D]. 武汉: 武汉理工大学, 2009.
[6] 俞建成, 孙朝阳, 张艾群. 海洋机器人环境能源收集利用技术现状[J]. 机器人, 2018, 40(1): 89-101.
[7] 朱炜, 张磊. 现代水面无人艇技术[J]. 造船技术, 2017(2): 1-6.
[8] 陈建. UUV 扫测的典型目标特征自动提取方法研究[D]. 哈尔滨: 哈尔滨工程大学, 2017.
[9] 梁波, 赵宏宇, 王楠. 水下机器人在中国的早期发展[J]. 科学, 2022, 74(3): 53-56.
[10] 刘雪君. 基于水下机器人的磁干扰补偿算法研究[D]. 哈尔滨: 哈尔滨工程大学, 2018.
[11] 章诚. 征服未知海底的利器: 详解智能水下机器人[J]. 机器人产业, 2016(1): 75-84.
[12] 徐玉如, 庞永杰, 甘永, 等. 智能水下机器人技术展望[J]. 智能系统学报, 2006, 1(1): 9-16.
[13] 梁慧琳. 四旋翼水下航行器的运动建模及可视化仿真[D]. 杭州: 浙江大学, 2016.
[14] 杨尚志. 多水下机器人路径规划与编队控制研究[D]. 宁波: 宁波大学, 2021.
[15] 朱帅. 海洋开发, 水下机器人大有可为[J]. 中国工业评论, 2017(8): 72-76.
[16] 邵刚. 自主式水下机器人同时定位与地图创建[D]. 哈尔滨: 哈尔滨工程大学, 2014.
[17] 李传清. 水下机器人结构设计及参数优化[D]. 赣州: 江西理工大学, 2023.

第2章 海洋机器人发展概述

2.1 海洋机器人发展简史

包括水面机器人和水下机器人在内的海洋机器人具有反应快速、使用方便和成本低廉等优点，是未来海战装备体系中的重要组成部分，已开始应用于扫雷、侦察、情报搜集及海洋探测等任务。

2.1.1 水面机器人发展简史

水面机器人的起源可追溯到1898年，当时著名发明家尼古拉 · 特斯拉（Nikola Tesla）发明了一艘名为“Wireless Robot”的遥控艇，标志着人类正式向水面机器人领域发起挑战。20世纪初可以定义为水面机器人发展的起步阶段。当时主要基于无线电遥控技术，水面机器人多应用于海洋勘探等领域，但受限于通信技术和自主导航能力，应用范围较为有限，多次出现执行任务后无法返航的情形，多类技术问题亟待解决。

20世纪70年代，随着计算机和传感器技术的进步，水面机器人开始具备一定的自主导航能力。研究人员开始探索如何利用惯性导航系统（inertial navigation system，INS）、全球定位系统（global positioning system，GPS）、雷达等技术实现水面机器人的自主导航和路径规划[1]。直到20世纪90年代，才研制出了真正意义上的水面机器人，初步达成水面机器人的自主航行和智能化，相比早期的遥控水面机器人实现了质的飞跃。但是同时期的水面机器人还是被广泛应用于军事领域，在新概念武器的试验和验证方面有着较大的贡献。2007年，美国海军发布《海军无人水面艇主计划》，为水面机器人赋予了7项任务，同时还界定了水面机器人的载体、尺寸和标准等要素，这标志着美国水面机器人进入正规发展阶段[2]。

随着技术的成熟和成本的降低，水面机器人逐步走向商业化和多样化应用。2010年起，水面机器人被陆续应用于海洋科学研究、海洋资源勘测、海上救援、海洋环境监测等领域。同时，国内外许多公司也开始开发用于娱乐和休闲的水面机器人产品，形成了军民融合、百花齐放的大趋势。2011年，美国Liquid Robotics公司打造的“波浪滑翔机”无人驾驶艇横渡太平洋，在开阔水域航行约5.9533万km，收集并把数据发送给谷歌地球的“海洋展”，开创了水面机器人在民用领域的新纪元[3]。2017年，哈尔滨工程大学在“863计划”支持下研制了“天行一号”水面机器人，如图2.1所示。该机器人采用复合推进方式，长12.2m，满载排水量7.5t，最高航速超过50kn，续航力1000km，可以满足四级海况安全航行，具备自主航行、危险感知与规避功能，以及全自主海洋环境监测、地形探测等多任务能力[4]。

2017年，法国ECA公司研发了“Inspector Mk2”水面机器人，如图2.2所示，该机器人吃水小，且配备了旋转艏臂，可搭载用于极浅水测量、探测和目标分类的多种水声设备。“Inspector Mk2”的主要特点有传感器平台易于配置、续航力高和运行效率优异。该机器人采用铝合金艇体，长 9m、宽 2.95m、吃水 0.6m、重 4.3t（0.6t 有效载荷）；配备两台柴油发动机和喷水推进器，最高航速可达 35kn，续航时间 12h（10kn）；可采用全自主、遥控或手动控制模式；可在四级海况下工作，并获得了法国船级社认证。“Inspector Mk2”能够执行浅水和极浅水环境下的测量和检查、沿海水文测量工作、海上设备监测和保护、目标检测和分类等典型任务。

图 2.1　“天行一号”水面机器人

图 2.2　“Inspector Mk2”水面机器人

上海大学研制的“精海 7 号”水面机器人可自主探测海底淤泥下 5m 范围内目标，所搭载的合成孔径系统具有共形和艇体底部柔性自动下放两种工作模式，满足不同海洋环境中的作业需求，如图 2.3 所示。2018 年，“精海 7 号”参与“桑吉”轮碰撞事故处置工作，为沉船及救援工作提供了重要数据支撑。

2020 年，在韩国首尔举办的韩国国防与安全博览会展览上，韩国公布了水面机器人家族的新一代产品“海剑 3”，如图 2.4 所示。该水面机器人针对沿海作战进行了优化，可用于执行各种类型的任务。同时配备相应的任务设备，包括监视和侦察套件，还应用了人工智能驱动的自主导航技术。“海剑 3”的排水量和物理特性与“海剑 2”相当，排水量为 11t，总长度为 12m，横梁为 3.5m。不过，“海剑 3”允许搭载 8 名人员，而“海剑 2”最多只能容纳 2 名人员。在武器装备方面，“海剑 3”配备了遥控武器站，装备了一挺 12.7mm 重机枪和一个 2.75ft 口径的制导火箭发射器朝向舰尾。2021 年 5 月进行的适航试验证明了“海剑 3”水面机器人能够在四级海况的复杂海上环境中独立自主运行。

图 2.3　上海大学研制的“精海 7 号”水面机器人

图 2.4　韩国“海剑 3”水面机器人

在 2023 年拉斯佩齐亚 SeaFuture 展会上，意大利一家公司研制的“SAND”水面机器人受到关注，如图 2.5 所示，该水面机器人航速 12kn 时可自主航行 48h，同年 5 月，该水面机器人在增加新系统后进行了发射、回收水下机器人的测试，有望在未来遂行水雷战、反潜战任务。

随着任务难度的升级，学者发现单艇执行任务的局限性被逐渐放大，多艇并行的局面慢慢走进我们的视野。越来越多的科学家和研究机构开展了多水面机器人协同作用方面的研究，其中最主要的就是多个水面机器人编队。水面机器人编队是指两艘或两艘以上的水面机器人在某个海域完成战略任务或运输任务组成的水面机器人集群，可以最大限度地发挥编队的整体优势，同时编队能实时机动地变换队形，通过密切协作方便整体指挥。2014 年，美国海军研究办公室（Office of Naval Research，ONR）使用 13 艘水面机器人进行了蜂群战术测试，如图 2.6 所示。在测试中，所有水面机器人将各自获得的数据进行共享并遵循的一致作战协议，集群拦截了潜在敌方舰艇[4]。后续研发的新版软件系统在自主协同、行为引擎和自主目标识别方面取得了突破性进展，使得水面机器人集群具有更丰富的作战行为模式和更高的自主水平。

图 2.5 意大利的“SAND”水面机器人

图 2.6 美国 ONR 首次测试多水面机器人集群协同

2021 年 2 月初，由哈尔滨工程大学水下机器人技术国家级重点实验室开发的海洋机器人集群智能协同技术项目成功实现了海洋机器人团队协作，进行了流畅的任务演示并顺利通过验收，如图 2.7 所示。这标志我国海洋机器人集群智能协同技术取得实质性突破并达到国际先进水平。该技术项目在国内首次实现海洋机器人集群智能协同架构模式从集中式发展为分布式，系统协同智能化水平从半自主升级为全自主，适应任务场景及环境从确定结构化拓展为未知非结构化。该集群智能协同技术能支持至少 50 个海洋机器人共同作业，海洋机器人可以按需进入或退出集群。集群系统通过自主快速重构实现任务重新分配，从而改变作业规模或效率。同时，海洋机器人集群智能协同技术可实现海洋机器人全自主操作，也可根据需求实现人机相互协作。

图 2.7 海洋机器人集群智能协同技术项目海试

总而言之，水面机器人经历了从早期探索到军事应用推动再到多样化应用的发展过程。随着技术的不断创新和应用领域的拓展，水面机器人在海洋领域的作用日益重要。其自主导航、智能化和多功能特性使其成为海洋勘测、资源开发和环境保护等领域的重要工具。

2.1.2 水下机器人发展简史

1. 遥控潜水器发展简史

讨论遥控潜水器历史发展的一种方法是从技术发展周期的角度来考虑：从技术初始到技术成熟。任何抚养过孩子的人都会很快理解这种介绍方式。一开始，处在婴儿时期的遥控潜水器只能解决出现的问题：装置泄漏、液压系统失灵、紫外线损伤、噪声大、可靠性低等，而很难控制这一切，需要持续维护。

第米特里 · 瑞比克夫（Dimitri Rebikoff）在 1953 年开发了第一艘遥控潜水器——POODLE。然而，该运载器主要用于考古研究，而且其对遥控潜水器发展的影响很小。但这也算一个开始。

尽管第米特里 · 瑞比克夫不断取得技术突破，但还是美国海军向作战系统迈出了第一步。美国加利福尼亚州帕萨迪纳的海军军械测试站从 20 世纪 60 年代开始研制了一系列电缆控海底回收车（CURV），是目前各类遥控潜水器的原型，也是远程操控打捞与救援装备的先驱，CURV 作为一种遥控潜水器，主要负责深海打捞工作。第一代 CURV 型遥控潜水器型号名为 CURV I，当时被用于从地中海海底进行氢弹回收。后续经历了数次演变与技术更新，催生出了 CURV II、CURV II-B、CURV II-C、CURV III 以及最新一代 CURV-21 遥控潜水器。

海军资助的项目帮助 Hydro Products 公司（位于加利福尼亚州圣地亚哥）在遥控潜水器领域取得了突破，成功开发了“TORTUGA”，这是一个专门研究潜艇部署遥控潜水器的系统。这些发展成功引导了 Hydro Products 公司的“RCV”系列“飞行眼球”运载器的产生（图 2.8）。

图 2.8 Hydro Products 的“RCV-225”和“RCV-150”运载器

这些新的拓展创造，尽管在设计目标上取得了成功，但仍然无法撼动载人潜水器和潜水员的市场。从 1961 年到 1974 年，世界范围内建造了 20 个潜水器，其中有 17 个是由各国政府资助研制，包括美国、英国、法国、苏联、芬兰、挪威。

可以说，此时遥控潜水器的发展进入了青春期，这通常伴随着产量的激增，从 1975 年左右开始，遥控潜水器的数量开始以指数级增长，截止到 1982 年底，其数量达到了 500 艘左右。与此同时，投资模式也在发生变化，从 1953 年到 1974 年，85%的运载器由政府资助。而从 1974 年至 1982 年生产的 350 艘运载器中，96%由私营企业出资、建造和/或购买。

让遥控潜水器从青春期成长到成熟期所需的技术进步已经逐渐完善。其中，设备的小型化及其可靠性的增加不可或缺。随着遥控潜水器开始被水下作业领域所接受，其他生产商和运载器开始出现。

（1）美国——Hydro Products 公司的“RCV-125”、“TORTUGA”、“ANTHRO”和“AMUVS”等很快被“RCV-225”所替代，并且最终发展为“RCV-150”；圣地亚哥 AMETEK 公司将他们由美国海军资助的无人深潜器改造成“SCORPIO”系列；佛罗里达州的 Perry Offshore 公司在美国海军“NAVFAC SNOOPY”的基础上，设计生产了“RECON”系列潜水器。

（2）加拿大——国际潜艇工程（International Submarine Engineering，ISE）的“DART”、“TREC”和“T”遥控潜水器。

（3）法国——Comex Industries 公司的“TOM-300”遥控潜水器和 C. G. Doris 公司的“OBSERVER”和“DL-1”遥控潜水器。

（4）荷兰——Skadoc 潜水系统公司的“SMIT SUB”和“SOP”遥控潜水器。

（5）瑞典——SUTEC 公司的“SEA OWL”遥控潜水器和 Saab Scandia 公司的“Saab-SUB”遥控潜水器。

（6）日本——三井海洋开发公司的“MURS-100”和“MURS-300”遥控潜水器。

（7）德国——Preussag Meerestechnik 公司的“FUGE”遥控潜水器、VFW Fokker GmbH 公司的“PINGUIN-B3”和“PINGUIN-B6”遥控潜水器。

当石油公司为争夺市场份额而战时，一些公司采用了先进的技术，并利用它们将遥控潜水器缩小为一种新型的小型、可靠的观察级运载器。这些运载器相对于它们更大的离岸祖先来说更容易携带，且制造成本低廉，民间组织和学术机构亦可负担。

由克里斯·尼科尔森（Chris Nicholson）开发的“Mini”遥控潜水器是世界上第一个真正的低成本观测型遥控潜水器。深海工程（Deep Ocean Engineering，DOE）公司的“幻影”运载器也紧随其后。Benthos（现在的 Teledyne Benthos）最终接手了“Mini”遥控潜水器生产线，并与 DOE 一起挤入市场。该市场涉及的领域包括土木工程、大坝和隧道检查、安全作业、渔业、海洋学、核电站检查以及其他众多领域。

20 世纪 90 年代，遥控潜水器行业走向成熟，遥控潜水器在世界范围内发挥了巨大的作用。美国海军将目光转向无人潜水器的下一个里程碑——到达 20000ft（6096m）的深度，并最终于 1990 年两次抵达这一深度。

（1）第一次由 Eastport International 为美国海军打捞主管运营的“CURV III”达成水深 20105ft（6128m）。

（2）第二次由空间和海战系统开发的“Advanced Tethered Vehicle”（ATV）以 20600ft（6279m）的深度打破了纪录。ATV 是第一个采用三种多模光学装置的深海遥控潜水器，并首次在 23000ft（7010m）长的电缆中加入了凯夫拉纤维。

没过多久，这一纪录被日本打破。日本 JAMSTEC 的“Kaiko”遥控潜水器（图 2.9）在马里亚纳海沟最大下潜深度达到 10911.4m。

海上石油工业的复苏提高了对先进海底设备的需求。水下钻井和海底综合设施现在远远超出了潜水员所能到达的深度，有些超过了 3000m 深。由于这种需求，海上作业领域已经与遥控潜水器开发人员合作，以确保集成系统的设计可以通过使用遥控潜水器进行安装、操作和维护。如“Schilling Robotics UHD”遥控潜水器（图 2.10）将水下干预提升到更高的技术水平。

图 2.9　“Kaiko”遥控潜水器

图 2.10　“Schilling Robotics UHD”遥控潜水器

在 20 世纪 90 年代末，VideoRay 首次将微型遥控潜水器技术带入了市场。此后不久，SeaBotix 以“Little Benthic Vehicle”进入市场，使微型遥控潜水器成为一种经济实用的遥控潜水器平台。很快，传感器制造商开始定制他们的产品，以适应更小的形状因素，因此使微型遥控潜水器成为一个完全工业化的系统。同样在 20 世纪 90 年代后期，有超过 100 个运载器制造商和大约 3000 艘各种尺寸和能力的运载器在运行。

到 21 世纪的最初十年结束时，许多制造商正在进入海洋级有缆潜水器和中型遥控潜水器市场。在教学方面，几个遥控潜水器专门的培训项目在欧美地区兴起，以迎合不断扩大的船队操作工业遥控潜水器系统。海洋先进技术教育中心（The Marine Advanced Technology Education Center，MATE）是在加利福尼亚州的蒙特雷成立的，目的是鼓励高中和大学阶段的爱好者进入海底机器人领域。目前，MATE 一直在全球范围内赞助国际遥控潜水器比赛。根据世界遥控潜水器市场统计，2011 年至 2015 年，有 21 家大公司开发制造 747 个作业级遥控潜水器，其中还不包括非商业运营项目。

根据市场研究机构的数据，全球水下 ROV 市场规模在 2022 年已达到约 20 亿美元，并预计在 2023~2030 年间以年均复合增长率 8%~10%的速度持续增长。到 2030 年，市场规模有望突破 40 亿美元。2025 年中国 ROV 产量预估为 5 万台，需求量预估为 6 万台，占全球需求量的 30%。2030 年中国 ROV 产量预估为 10 万台，需求量预估为 12 万台，占全球需求量的 35%。

2. 自主水下机器人发展简史

20 世纪 50 年代末期，美国华盛顿大学应用物理实验室开始研发世界上第一艘无人无缆潜水器。60 年代初期投入作业，70 年代中期才见到成效。这艘潜器排水量 480kg，航速可达

4kn，航行时间约 6h，最大深度 3000m，主要用于水文调查。从 60 年代中期起，人们开始对无人无缆潜水器产生兴趣。但是，技术上的原因致使无人无缆潜水器的发展徘徊多年。

20 世纪 80 年代以后，随着微电子、计算机、人工智能和致密能源等高新技术的发展，以及海洋工程和军事方面的需要，无人无缆潜水器引起工业界、科研单位和军方的关注。1973 年，美国海军海洋系统中心开始研发先进无人搜索系统，以应对美国海军“长尾鲨”号和“蝎子”号核潜艇沉没以及氢弹丢失在海底这类事件。先进无人搜索系统（advanced unmanned search system，AUSS）是一种无人无缆潜水器，1983 年 AUSS 完成制造并下水。1987 年，人们称无人无缆潜水器为水下机器人。20 世纪 90 年代，重新掀起了水下机器人的理论研究热潮。90 年代初期，美国麻省理工学院开发了 6 个“Odyssey”水下机器人，1994 年进行了冰下作业。美国伍兹霍尔海洋研究所开发了“ABE”水下机器人，完成了第一次海洋科学考察任务。加拿大 ISE 公司为美国和加拿大国防部开发了“Theseus”水下机器人，1996 年，该型水下机器人在 500m 冰下成功铺设 220km 光纤电缆，执行任务总行程 365km，所用时间 60h。美国“REMUS”水下机器人研发始于 1967 年，20 世纪 90 年代后才公开相关的研发和试验情况。英国南安普顿国家海洋学中心研发的“Autosub”水下机器人用于科学家监视海洋，1998 年完成了第一次科学研究任务。挪威 Kongsberg Simrad 公司研究的“Hugin-3000”水下机器人于 2000 年交付给美国 C&C Technologies 公司。

由于水下机器人不依赖母船供电，并以无人自主控制为主要航行控制和作业控制方式，因此，摆脱了遥控潜器依靠拖缆与母船紧密联系导致机动受限的束缚，活动范围明显扩大，机动性大为改善，作业效率显著提高。因此，人们将无人无缆潜水器又称为自治式潜水器。考虑到自治式潜水器实际水下作业时要实现完全自主难度很大，因此，母船（艇）有时还需要通过水声或光缆等通信方式对潜器实施遥控监视，潜器也要回传一些必要信息。这种遥控监视与早期的遥控潜水器已经完全不同了，潜器通常是自主控制，有时接收母船（艇）的指挥控制。

美国海军所说的水下机器人指无人、自带能源、自推进、自主控制（预编程或实时自适应使命控制）或最低程度监控、无缆（除了数据光缆）的潜水器或潜器。俄罗斯科学院希尔绍夫海洋研究所将水下机器人定义为：能够在预定海域深度范围内，按照预编程轨迹航行并完成需要作业的装有仪器和设备的潜器。根据上述定义可知，半潜式潜器、由母船供电的遥控潜器、水下拖体和海底爬行体等不属于水下机器人。另外，水下机器人是多次反复使用的，因此，鱼雷、自航水雷、一次性灭雷具和自航式诱饵等一次性使用的水中兵器或水声对抗装备也不属于水下机器人。

从国外研发和列装的水下机器人情况分析，部分水下机器人是由研制载人潜器和遥控潜器的单位研制的，如伍兹霍尔海洋研究所、蓝鳍金枪鱼机器人技术公司、美国海军信息战系统司令部等。水下机器人继承和采用了许多载人潜器和遥控潜器的技术，包括总体结构和材料技术、水下机电设备技术、导航技术、控制技术和传感器技术等。水下机器人重点需要发展的技术主要包括：不依赖母船供电后，应保证水下机器人具有较大水下续航力的能源技术；不依赖母船控制后，能自主控制与母船保持联络的自主控制技术和水声通信技术；不依赖母船控制后，保证能准确定位和安全航行的高精度自主导航技术；保证能在一定海况和深度下，实施大范围机动航行和作业的机器人水动力技术；军用水下机器人则需要保证能在敌近岸海域实施隐蔽作战的隐身技术等。

中国自主水下机器人（AUV）的发展历程可追溯至 20 世纪 80 年代，经过数十年技术积累与创新，已逐步形成覆盖深海探测、资源勘探、军事防务等多领域的完整技术体系。主要发展历程如下：

（1）起步阶段（20 世纪 80 年代～20 世纪 90 年代）。

中国 AUV 研究始于对国际技术的跟踪与吸收，早期以仿制苏联、美国等国家的水下航行器为主。哈尔滨工程大学、中国科学院沈阳自动化所等机构率先开展基础理论研究，重点突破推进系统、耐压壳体设计等核心技术。1994 年，中国科学院沈阳自动化所联合国内高校研制成功“探索者”号 AUV，最大下潜深度 1000m，具备自主导航与简单任务执行能力，标志着中国 AUV 实现从无到有的突破。

（2）关键技术攻关阶段（21 世纪最初十年～21 世纪第二个十年前期）。

依托“863 计划”“深海关键技术与装备”等专项，中国加速 AUV 核心技术研发，重点突破高精度导航（如惯性导航与多普勒计程仪融合）、能源系统（锂离子电池与燃料电池）、深海通信（水声通信技术）等瓶颈。这个阶段研制了以下系列 AUV：CR-01/CR-02（1995 年/2008 年），作为首代 6000m 级 AUV，完成太平洋多金属结核调查，验证深海作业能力；“潜龙”系列 AUV，2013 年“潜龙一号”投入应用，集成侧扫声呐、磁力仪等设备，服务于海底资源勘探；“智水”系列军用 AUV，完成雷区测绘、目标探测与识别、战场环境信息侦察、反水雷作战演示等智能作业。

（3）深海探测与工程化应用阶段（21 世纪第二个十年中后期）。

2016 年“海斗”号随“探索一号”科考船挑战马里亚纳海沟，最大潜深 10767m，实现中国万米级自主/遥控水下机器人零的突破，推动全海深传感器、耐压材料等技术跨越。“潜龙三号”（2018 年）具备复杂地形避障能力，应用于热液硫化物探测。“悟空”号 AUV（2021 年）在马里亚纳海沟挑战者深渊下潜至 10896m，创造了无人无缆潜水器下潜深度纪录。

（4）智能化与集群化阶段（21 世纪 20 年代至今）。

基于人工智能技术的进步，AUV 的自主感知、目标识别、规划决策能力得到显著提升，AUV 智能水平、自主作业能力、环境适应性进一步加强，并且向多 AUV 集群化协同作业方向发展。

中国 AUV 技术已从跟跑发展为部分领域领跑，形成“科研院所+高校+企业”协同创新体系。未来，随着海洋强国战略的深入推进，AUV 将在深海资源开发、海洋安全保障及科学探测中发挥更核心的作用，持续推动中国水下装备技术跻身国际前沿。

2.2　海洋机器人应用前景

2.2.1　水面机器人应用前景

目前各国都高度重视水面机器人的发展，水面机器人已经成为联系天空、地面、水上和水下各区域的重要中继节点。水面机器人主要有军用和民用两个应用领域[5]。

1. 军用方面

水面机器人可执行环境调查、反潜探测跟踪、水雷战监视、秘密勘察、探雷、灭雷、核生化区作战、搜救、物资运输、试验和培训等多种作战任务。受到吨位和自主化水平的限制，水面机器人目前可执行的任务类型主要为海上情报监视侦察、反水雷、电子战等。放眼未来，也同步开展了多种有人无人协同作战概念的试验验证工作，提出了若干作战概念，包括海战场环境调查、情报侦察、警戒巡逻、反水雷作战、反潜作战、反舰作战、补给运输等。

（1）海战场环境调查。水面机器人通过配置测深仪、侧扫声呐、浅地层剖面仪、温盐深测量仪等调查设备，可替代有人舰艇执行海底地形测绘、水文气象测量、水样和生物采集检测等任务。相比有人舰艇，能够确保测量任务的可靠性，同时更能在近岸、浅滩、岛礁等大型船只难以抵达的复杂地形区域以及辐射、毒害污染等危险海区普及。如美国海军和陆军航空队曾在“十字路口行动”的核试验海域采用水面机器人进行水样采集检测。

（2）情报侦察。水面机器人利用自身目标特性小、机动灵活的优势，可在高威胁或争议海区执行预警探测、跟踪监视和抵近侦察等任务，特别适用于反海盗和局部冲突等任务场景中。如美国海军研究实验室 2006 年提出了名为“马蹄铁”的抵近侦察战术设想，水面机器人可在 180m 以外的安全距离，利用光电传感器实现对艇上人员数量和活动的侦察监控（图 2.11）。

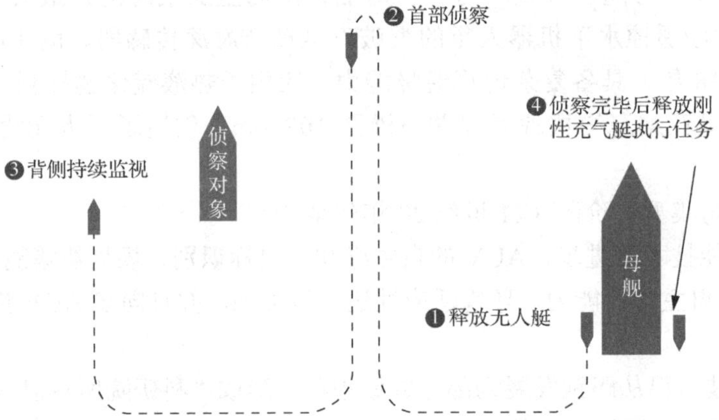

图 2.11　“马蹄铁”战术概念图

（3）警戒巡逻。水面机器人可承担重要海峡、水道和有人舰艇编队外围的安全防卫，执行针对水面和水下目标的反潜、反蛙人、反小艇等任务。确保港口、舰艇与设施等重要对象免遭各种威胁。进一步地，水面机器人可与有人舰艇协同以弥补盲区，或者独立执行任务减轻有人舰艇的执勤任务负担。

（4）反水雷、反潜、反舰作战。水面机器人可搜索、清除近海雷区、航道的水雷，也能持续跟踪敌军潜艇，为其他作战部队提供安全的作战区域信息（图 2.12）。水面机器人亦可作为预警探测和火力打击节点，执行探测识别、电磁干扰、对海打击等反舰作战任务[6]。

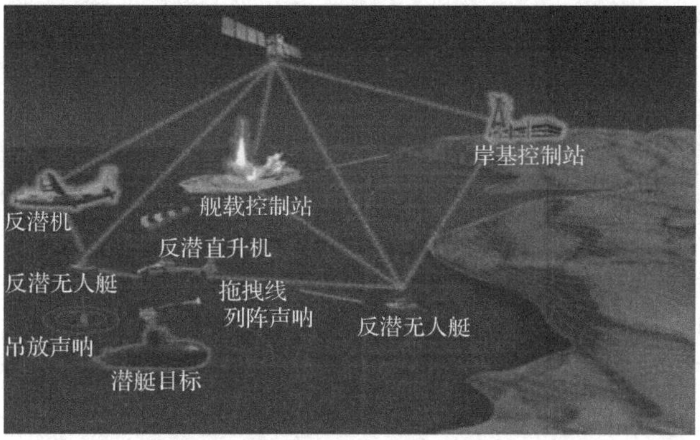

图2.12　水面机器人近岸反潜作战概念图

（5）补给运输。水面机器人通过搭载模块化货舱、智能吊装系统及自主导航设备，可替代传统舰船执行弹药输送、医疗物资投送、燃油补给等任务，相比有人平台，其具备更强的隐蔽突防能力，能在敌火威胁区、核生化污染海域等高危环境，以及岛礁、浅滩等大型舰船难以抵达的复杂水域实施精准补给。

2. 民用方面

水面机器人能够进行近岸浅水区域测绘、极区等复杂水域航行、海上监控、海上救援、海区巡航等。随着相关技术的发展，水面机器人自主控制能力的不断提升和平台支持能力的不断提高，将会有越来越多的重复性强、危险性高等其他不适宜直接由人员完成的任务由水面机器人完成。

（1）海区巡航。水面机器人可以通过搭载摄像机、雷达、污染物探测仪等设备进行海事巡航和监管，这将改变以往依靠船舶巡航和直升机航空监测的局面，不仅降低了成本、反馈信息更加及时，而且能在夜间和恶劣天气下长时间执行监测任务。

（2）海上救援。海难搜救目标往往范围广、距离远，单独依靠大型救援船难以完成大面积区域的搜寻任务。但可以预见的是，水面机器人可以快速、高效、低成本地以集群方式完成大范围的搜寻与救助任务。

（3）海洋数据测量与监测。通过搭载不同的传感器，水面机器人可以完成近岸浅水区域的水质检测、水下测绘等任务，并且准确度和效率比有人船都会有所提升[7]。

2.2.2　水下机器人应用前景

自20世纪60年代以来，水下机器人经历了70年代前的自主式潜器特殊应用时期，70～80年代的水下机器人探索时期[8]，80～90年代的水下机器人概念原型开发、试验、使用时期，20世纪90年代至21世纪最初十年的技术推动发展时期，及之后10余年的商业市场增长时期。根据国外水下机器人发展计划、在役和在研的水下机器人使用和研发情况分析，可得出国外水下机器人的发展特点和应用前景[9]。

1. 国外水下机器人发展特点

国外水下机器人发展已经历了60多年，各国根据本国实际发展了不同种类的水下机器人。在技术推动和需求牵引、宏观顶层规划和产品研发、政府军方主导和民间积极参与等方面均有不同的做法。分析国外水下机器人发展，可以明显看出其具有以下几个发展特点。

（1）技术推动作用十分明显。20世纪60年代就出现了自主式潜器的概念和原型，并主要用于海洋环境数据的收集。但是，由于受到技术的限制一直没有发展起来。80年代后，小型、低功率计算机和存储器的出现，使复杂的制导控制算法能够在自主式潜器上实现。先进的计算机软件系统可以实现系统开发人员的想象。90年代后，随着致密能源技术、精确导航技术、人工智能技术的发展，自主式潜器从概念和原型发展到第一代水下机器人作业系统，能够承担和完成确定的任务目标。2000年以来，智能控制技术、能源技术、导航技术、传感器技术、通信技术取得很大进步，促进了水下机器人的发展[10]，主要国家相继研发了不同类型的水下机器人，对水下机器人发展起到重要推动作用。水下机器人自主性/协同性/智能系统和技术、能源系统/能源管理、导航、传感器系统和处理、三维成像、通信等技术，将是未来发展的长期任务，这些技术的重大突破还将会对水下机器人发展产生巨大推动作用。

（2）需求牵引不断增强。主要国家在发展水下机器人方面，不断加强用户需求对水下机器人发展的牵引作用[11]。政府机构、国家安全和情报部门、军方和社会团体等制订相应发展计划、设立发展基金，大力支持水下机器人的发展，并要求水下机器人能满足用户不断变化的需求。美军机器人发展规划的发布时间间隔看，差不多每隔四年就会更新一次，每个规划都根据新的军事需求，不断调整使命任务，提出对水下机器人的能力要求，以及需要攻克的关键技术。可见，美国海军非常重视水下机器人规划的研究、制订和实施，不断增强对水下机器人的军事需求牵引。

（3）由专用化向通用化发展。早期，一型水下机器人承担任务比较单一，都是针对某个特定任务开发的，属于专用型。例如，美国“AUSS”承担水下搜索任务，加拿大“Theseus”承担冰层下铺设光缆任务，俄罗斯“SKAT”承担海洋研究和探索任务。2000年以后交付的水下机器人大多为通用型，能够承担多种不同的任务[12]。挪威“Hugin-1000”在军事应用方面主要执行反水雷、快速环境评估、反潜战等任务；在民用方面主要执行港口、海上石油设施、海底电缆管线和海底各种军事设施的监视和检查等任务。德国“Sea Otter MK-II”在军用方面主要担负反水雷、反潜战、情报/监视和侦察、快速环境评估、检查、救生、水面情报收集、反恐和部队保护、海上安全和特种部队支持等任务；在民用方面主要担负海上石油和天然气田调查、海底矿物勘察、海底通信电缆线路勘察和敷设后检查、海底管线预敷设线路勘察、搜索和救援、海洋学调查作业任务等[13]。

（4）产品向系列化方向发展。主要国家在水下机器人发展方面注重继承和创新。根据使命任务需求和技术发展趋势，以及本国工业基础和实际国情，吸收其他国家先进技术，按照研发基本型实现系列化发展思路，不断推出系列化产品。例如，美国的“REMUS”系列、“Bluefin”系列，英国的“Autosub”系列、“Tailsman”系列，德国的“Sea Otter”系列，法国的“Alister”系列，挪威的“Hugin”系列等。其中，“REMUS”系列有4型，包括“REMUS-100”“REMUS-600”“REMUS-3000”“REMUS-6000”，对应工作潜深分别为100m、600m、3000m、

6000m；“Bluefin”系列共有 3 型，包括“Bluefin-9”“Bluefin-12”“Bluefin-21”，对应机器人直径分别为 9ft、12ft、21ft；“Hugin”系列有 4 型，包括“Hugin-1000”“Hugin-3000”“Hugin-4500”“Hugin-6000”，对应工作潜深分别为 1000m、3000m、4500m、6000m。

（5）强调标准化的重要性。美国海军非常重视水下机器人、水面机器人和无人机等无人系统的标准化问题[14]。美国海军和美国材料与试验协会（American Society for Testing and Materials，ASTM）联合为水下机器人和水面机器人制定自主和控制、任务载荷、传感器数据格式和通信 4 个方面的标准，从而使工业部门集中于模块化负载的开发，而不再开展新型无人系统的设计。标准完成后，工业部门可着重为无人系统提供核心自主和控制、核心通信、核心传感器和核心任务载荷的模块。美国海军希望拥有一种通用的水下机器人，只要更换上面的任务载荷模块就可执行多种任务，从而取代多种不同功能的水下机器人。目前已经完成了 4 个标准的制定，即“Standard Guide for Unmanned Undersea Vehicles Autonomy and Control（ASTM F2541）”（无人水下机器人自主与控制标准指南）、“Standard Guide for Unmanned Undersea Vehicle Communications（ASTM F2594）”（无人水下机器人通信标准指南）、“Standard Guide for Unmanned Undersea Vehicle Sensor Data Formats（ASTM F2595）”（无人水下机器人传感器数据格式标准指南）和“Standard Guide for Unmanned Undersea Vehicle Physical Payload Interface（ASTM F2545）”（无人水下机器人物理载荷接口标准指南）。此外，美国海军要求军用水下机器人研发要执行军用标准。例如，对“REMUS”系列、“LDUUV”机器人，其船用环境条件中，抗冲击执行 MIL-STD-901D 标准，振动执行 MIL-STD-167-1 标准，电磁环境执行 MIL-STD-461F 标准。机器人用的导航、通信、计算机等电子设备，电磁环境执行 MIL-STD-461E 标准，冲击和振动执行 MIL-STD-810F 标准。

（6）重视和应用模块化设计。主要国家在研发水下机器人方面，非常重视和应用模块化设计。美国海军水下机器人研究目标的一部分就是实现模块化，要求水下机器人在设计和建造过程中采用更多的模块化技术，并提出了实现水下机器人模块化的途径[15]。按照目前的设想，直径 533mm 的水下机器人可由 3 个直径为 229mm 的标准圆筒模块构成；3 个直径为 533mm 的标准圆筒模块可构成高 0.9m、宽 2.4m 的扁平形水下机器人。此外，“Hugin-1000”“Bluefin-21”“Sea Otter MK-II”等机器人均采用了模块化设计。“Bluefin-21”采用模块化设计，可以使操作人员在机器人两次下潜之间很迅速地更换任务载荷；机械和电气采用标准接口，可以很容易地将不同传感器集成在一起。“Sea Otter MK-II”模块化程度高，上层建筑、推进、能源、通信、导航和任务载荷等均为独立模块。

（7）广泛采用商用产品。主要国家在研发水下机器人方面，系统、设备和传感器并没有全部采用本国研发产品，而是广泛采用商用产品，特别是在传感器方面表现得尤为突出。军用水下机器人研发也是充分吸收、借鉴和采用民用成熟技术和产品。在水下导航和定位、声呐探测、水声通信等方面，主要国家的水下机器人大多采用了以下产品：法国 iXSEA 公司的“PHINS”光纤陀螺惯导；美国基尔福特公司的“KN-5050”系列激光陀螺惯导；法国 iXSEA 公司的“OCSTAN”光纤陀螺罗经；美国 RDI 公司的“Workhorse Navigator”系列和 EDO 公司的“EDO”系列多普勒声呐计程仪[16]；美国 LinkQuest 公司的“PinPoint”系列长基线定位系统，挪威 Simrad 公司的“HIPAP”系列超短基线定位系统，LinkQuest 公司的“TrackLink”系列超短基线定位系统；LinkQuest 公司的“UWM”系列声调制解调器、英国 Tritech 公司的

“AM-300”声调制解调器、美国伍兹霍尔海洋研究所的“WHOI”微型声调制解调器；丹麦RESON公司的“SeaBat”系列前视声呐和“SeaBat7125”水下机器人多波束探测声呐，美国EdgeTech公司的多型系列化侧扫声呐、Simrad公司的“EM”系列多波束探测声呐等。

2. 水下机器人装备发展趋势

（1）发展步伐明显加快。目前，世界上有10多个国家在从事水下机器人研发工作，主要包括中国、美国、英国、法国、德国、挪威、瑞典、芬兰、俄罗斯、日本、韩国、印度、澳大利亚、加拿大等。已经装备和正在研制的水下机器人有数十种，排水量级别覆盖了几十千克级到10t级，主体外形包括鱼雷形、扁平形、矩形、水滴形、带翼鱼雷形和开式框架形等。能够研发的国家明显增多，投入使用运行的数量在增加，研发的种类越来越多，累计试验次数也明显增加，研发周期在缩短，发展步伐明显加快。

（2）应用范围逐渐扩大。早期水下机器人在民用领域，主要用于海洋科学研究和调查、海洋地理学和地球学研究、失事沉船和飞机等水下目标的探查。20世纪80年代后发展到用于石油和天然气田开发，海上航道、港湾的勘测以及搜索，海底通信电缆线路勘察，海上搜救和打捞，海洋渔业开发，在冰层下铺设光纤电缆等。20世纪80年代开始探索水下机器人在军事领域的应用，早期主要执行水下情报/监视/侦察、海洋学调查、反水雷、中继通信/导航、信息战、布放水下传感器和传感器阵列等任务，目前正向执行探测机动目标如对方潜艇，快速环境评估，甚至火力打击等任务方向发展，执行反潜、时敏目标打击等作战任务是军用水下机器人重要发展方向[17]。美国海军执行海洋测量、中继通信/导航、反水雷、水下目标探测的机器人已经从研究、开发、试验转向实际使用，水面情报/监视/侦察、探测潜艇、携带鱼雷执行攻击任务的机器人正在研发和试验中。可见，水下机器人的应用范围逐渐扩大，在某些方面已经取代了现有的载人潜器和遥控潜器，提高了海军的作战能力和信息支援保障能力，拓展了现有武器装备的功能。

（3）使命任务的多功能化。智能控制技术、软件系统技术、传感器技术、模块化技术、装备标准化技术的发展，以及水下机器人大型化趋势，使得一种水下机器人可同时承担多种使命任务，一种水下机器人可同时配置多种任务载荷，以实现使命任务的多功能化。例如，美国正在研发的“Manta”试验平台，不仅配置了光电成像侦察设备、电子侦测设备，以执行水面侦察任务，还可携带微小型机器人执行水下侦察任务，携带鱼雷执行攻击任务。挪威“Hugin-1000”配置有立体搜索声呐、合成孔径声呐、多波束测深声呐和侧扫声呐，用于执行探雷任务；装备拖曳阵声呐和大功率低频换能器后，它还能模拟大型潜艇声场特征，用于反潜战训练中实时模拟潜艇的战术机动。英国“护身符”配置有一套环境传感器和声呐等任务载荷，用于执行海底测量和战术海洋学等任务；携带“喷水鱼”灭雷具用于执行反水雷任务。

（4）任务载荷的可重构性。随着计算机技术的发展和控制系统开放式体系结构的实现，使得硬件设备和传感器在水下机器人中的集成变得相对容易，任务载荷与机器人的集成如同计算机主机和外设中的“即插即用”关系。因此，在发展新型水下机器人时，就充分考虑不同类型任务载荷在该型机器人中应用的可能性，从设计上尽量留有预留接口和空间，或在排水量和结构形式变化不大的条件下，通过调整部分尺寸，确保不同任务载荷能够易于更换，或增加新的任务载荷，以实现任务可重构。例如，美国的“REMUS-100”可以采用多样方式配置和选择传感器，以满足用户的任务需求。除了 1 个标准型，还有将近 20 个派生型。它们通过更换不同的任务载荷和传感器，执行不同的任务。任务类型主要为海洋和水文调查以及中继导航等。美国的“海马”机器人基本型配置有侧扫声呐、测深仪、记录仪、多普勒声呐计程仪等传感器，主要用于担负海底测绘等任务；正在研究使用舷侧阵声呐执行跟踪潜艇等任务；配置水面光电侦察、电子侦察任务载荷后，可执行水面情报、监视和侦察任务。

（5）作战或作业的智能化。水下机器人的产生和发展得益于现代人工智能技术的发展和计算机技术的发展。早期和目前大多数机器人的智能化，主要体现在采用预编程技术，进行任务规划和航路规划，利用预编程指令完成任务，具有感知和环境评估能力，具有一定的自动避障功能，具有设备故障诊断、隔离和重构等方面的能力。随着计算机存储技术和信息处理技术的发展，以及人工智能技术的广泛应用，水下机器人的智能化水平将逐渐提高，近期和未来的智能化将主要表现在：对水下静态目标近实时的探测、分类和识别，对水下慢速机动目标的自动探测、识别、定位和跟踪，与水下采集数据的实时交互能力，多水下机器人的协同问题，更高级的自主作战和作业决策能力等[18]。

（6）多机器人协同作战和作业。水下机器人尺寸小、航速低，探测目标和水声通信距离近，航程较近、机动覆盖范围小，单个水下机器人的作战和作业范围非常有限。因此，执行某些作战或作业任务时需要协同使用多个水下机器人。目前，使用多个水下机器人协同探雷、协同探潜、协同测量海洋环境参数、协同探测水下目标等问题是国外研究的热点[19]。美国及其他北约国家等已经开展了相关的理论研究和海上试验研究，主要是多水下机器人的协同控制、协同导航和定位、协同作战和作业等研究。多机器人协同作战和作业是提高机器人作战能力和作业效率、实现群组部署使用的有效手段。

（7）区域使用的网络化。美国海军提出的网络中心战的概念，对世界海军装备发展和作战使用产生了深远的影响。在《美国海军转型路线图》中，美国海军提出了“海上打击”“海上盾牌”“海上基地”“部队网（力量网络）”四大作战概念[12]。①海上打击，需要发展和运用持续的情报、监视和侦察能力，时间敏感目标的打击能力，信息战能力，由舰到目标的机动能力。②海上盾牌，需要发展和运用战区空中和导弹防御能力，近海控制能力，反潜战能力，反水雷能力，本土防御能力。③海上基地，需要发展和运用加快兵力部署和使用时间的能力，联合力量的海上配置能力。④部队网（力量网络），需要发展和运用一个可在海底到太空、从海洋到陆地的空间实施作战行动的、具有高度适应性、以人为中心的综合系统。目前，美国海军已经将水下机器人纳入了力量网络中，水下机器人作为海上的一个移动节点，发挥着水下传感器探测和中继通信的作用。利用多个水下机器人构成的群组覆盖一定的海域，并与该海域内的其他水下固定传感器和传感器阵列、舰艇作战平台，以及海上飞机和卫星的相互信息传输，以提高海军作战力量的信息感知、信息传输和信息处理能力，提高海军对作战力量的指挥和控制能力，以及对海战场区域信息感知能力。水下机器人区域使用的网络化，是未来水下机器人的重要发展方向[20]。

（8）外形和物理场的身化。水下机器人尺寸小，声目标反射强度和雷达波反射强度相对较低；机械振动设备少，航速低，辐射噪声相对较低。但是，军用水下机器人主要在敌方近岸海域或敏感海域执行作战或作业任务，因此，对军用水下机器人隐身性能提出了很高的要求。要求其对母船的依赖性要小，有较好的隐蔽性和机动性，应能长期在水下活动。为此，要求军用水下机器人有很低的阻力、很低的辐射噪声和很低的磁目标特征，有较大的水下续航力。国外军用水下机器人大多采用流线外形，以确保其具备较低的阻力特性和良好的机动性；采用铝合金、钛合金、碳纤维等无磁结构材料，以确保其很低的磁目标特征；采用低噪声推进器和流线外形，确保其很低的辐射噪声特征。隐身化是武器装备发展的重要趋势之一，是提高武器装备生存能力的客观要求，军用水下机器人外形和物理场隐身化，适应了现代高技术条件下武器装备发展的客观要求。

（9）隐蔽作战的远程化和持久性。长期水下隐蔽作战和作业是军用水下机器人的主要优势之一。为了确保己方母船的安全性，应在敌方防御海区或敏感海域外布放或回收军用水下机器人。军用水下机器人一次出航，应能在作战或作业海域长期隐蔽作战或作业。因此，对军用水下机器人的续航力提出了越来越高的要求。此外，能长期在水下作业对于提高水下机器人的作业效率和效益意义十分重大。随着致密能源技术、海洋能源利用技术的开发和应用，以及各种高效推进技术和方式的应用，水下机器人的续航力不断提高，已经从几十海里提高到几千海里，美国的“海马”机器人续航力 500n mile 以上，英国的“Autosub”机器人续航力 432n mile。美国“Seaglider”滑翔器以 0.25m/s 航行，续航时间 7200h；“Spray”滑翔器以 0.25m/s 航行，续航时间 4320h；正在研发的大排水量水下无人航行器（large displacement unmanned underwater vehicle，LDUUV），海上部署时间将达到 46～70 天。远程化和持久性将成为水下机器人的重要趋势之一。

3. 应用前景

军用水下机器人可担负情报侦察、目标探测、中继通信、信息对抗载荷投送和隐蔽攻击等任务，是军事装备体系中的重要组成部分，在信息化条件下战争中具有重要地位和作用。它可与岸上、海上、空中、太空的各种情报侦察、预警探测、指挥控制、通信导航等作战支援保障装备和舰艇、飞机等主战装备协同使用，通过有机组合和灵活运用，增强和扩充军队的作战和支援保障能力，并由此产生新的作战概念和作战模式，对未来海上作战将产生深刻影响。它可以在其他武器装备或部队难以进入或危险性大的区域执行作战或作业任务，在时间、距离、空间等维度上可以较好弥补现有武器装备能力的盲点，显著扩大现有武器装备覆盖的范围，拓展现有武器装备的作战或作业领域和能力，使现有武器装备拥有广阔视野和快速机动能力，覆盖海域大大扩展。它可承担多样化任务，发展潜力很大，军事应用前景广阔。

2.3 思考题

2.1　国内外海洋机器人技术的发展有何特点？

2.2　简述水面机器人在军事应用中的战略价值。

2.3　简述水面机器人与水下机器人行业的发展趋势以及我国在以上两个领域的发展现状。

2.4　简述一下水下机器人学与哪些学科有密切关系？

2.5　查阅有关文献，列举国内外 5～10 个水下机器人的型号，并简要阐述其中任意一个的工作原理。

2.6　简述水下机器人在海洋资源开发、海洋环境监测和海底救援等领域的应用。

2.7　简述水下机器人在进行深海作业时可能面临的挑战有哪些？

2.8　你对水下机器人用于军事目的有何看法？

2.9　简述水下机器人在未来发展趋势中可能产生的新技术和应用。

参考文献

[1] 刘宗仁. 无人车多传感器融合建图与定位算法研究[D]. 北京: 北京交通大学, 2022.

[2] 杜婷茹. 无人艇信息网络及控制系统设计[D]. 大连: 大连海事大学, 2014.

[3] 林剑峰, 马善伟. 水面高速无人艇自主控制系统研究分析[J]. 船舶与海洋工程, 2014(4): 57-60.

[4] 张伟, 廖煜雷, 姜峰, 等. 无人水面艇技术发展回顾与趋势分析[J]. 无人系统技术, 2019, 2(6): 1-9.

[5] 彭艳, 葛磊, 李小毛, 等. 无人水面艇研究现状与发展趋势[J]. 上海大学学报(自然科学版), 2019, 25(5): 645-654.

[6] 李楠, 陈练, 庞衍鹏, 等. 无人艇装备技术发展与作战运用探析[J]. 舰船科学技术, 2019, 41(23): 29-34.

[7] 张树凯, 刘正江, 张显库, 等. 无人船艇的发展及展望[J]. 世界海运, 2015, 38(9): 29-36.

[8] 付艳伟. AUV 路径规划中的目标估计与跟踪技术研究[D]. 哈尔滨: 哈尔滨工程大学, 2015.

[9] 曹俊, 胡震, 刘涛, 等. 深海潜水器装备体系现状及发展分析[J]. 中国造船, 2020, 61(1): 204-218.

[10] 宋超. 基于极限学习机的 AUV 决策控制系统的研究[D]. 青岛: 中国海洋大学, 2013.

[11] 徐玉如, 庞永杰, 甘永, 等. 智能水下机器人技术展望[J]. 智能系统学报, 2006, 1(1): 9-16.

[12] 朱丹. 美军自主水下航行器发展研究[J]. 指挥控制与仿真, 2020, 42(1): 134-140.

[13] 姚绪梁, 王峰, 王景芳, 等. 不确定海流环境下水下机器人最优时间路径规划[J]. 控制理论与应用, 2020, 37(6): 1302-1310.

[14] 耿超. 面向海洋机器人集群搜索的个体行为优化方法[D]. 沈阳: 东北大学, 2020.

[15] 弈昀, 陈莹. 深海作战试金石: 透视美海军水下无人舰队建设[J]. 国防科技, 2006(7): 41-44.

[16] 赵辉. 基于水下航行器导航定位及信息融合技术研究[D]. 南京: 南京理工大学, 2006.

[17] 陈强, 张林根. 美国军用 UUV 现状及发展趋势分析[J]. 舰船科学技术, 2010, 32(7): 129-134.

[18] 罗成琳. 基于信息化的军队组织体制转型研究[D]. 哈尔滨: 哈尔滨工业大学, 2006.

[19] 钟宏伟. 国外无人水下航行器装备与技术现状及展望[J]. 水下无人系统学报, 2017, 25(4): 215-225.

[20] 刘晓阳, 杨润贤, 高宁. 水下机器人发展现状与发展趋势探究[J]. 科技创新与生产力, 2018(6): 19-20.

第 3 章 海洋机器人系统构成

3.1 水面机器人系统构成

目前，国内外尚没有水面机器人系统的统一划分方法，各分系统的名称也不一致。根据国外水面机器人的相关资料，借鉴无人机、水下机器人等系统划分方法[1]，按照功能可以将整个水面机器人划分为载体、动力与推进系统、智能控制系统、环境感知系统、集成监控系统、通信系统、导航系统、任务载荷系统等，如图 3.1 所示。

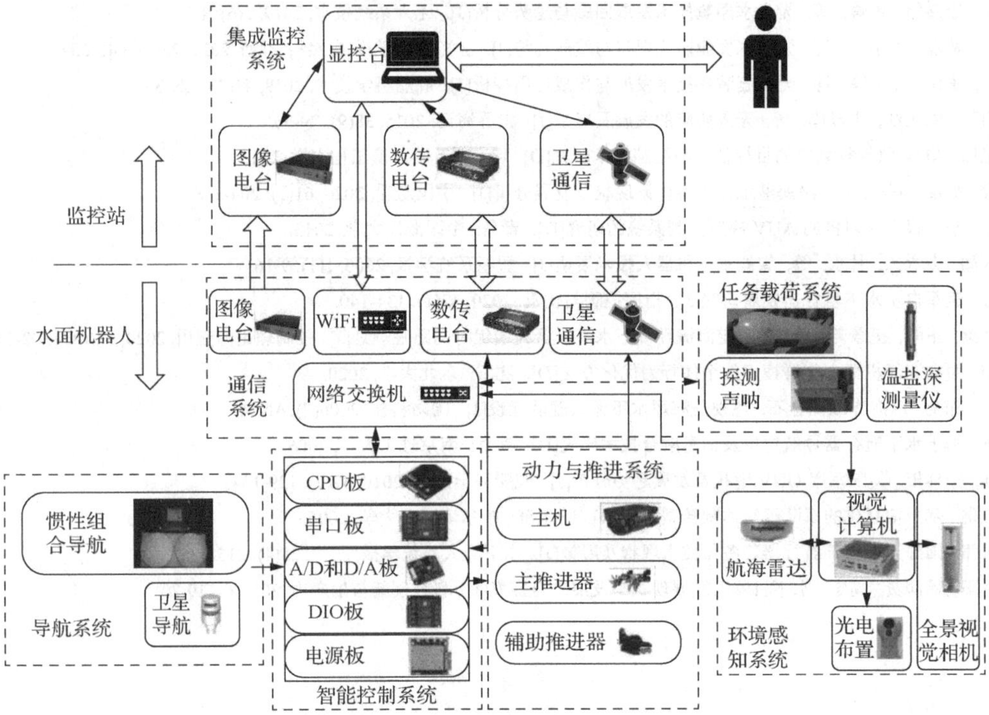

图 3.1 水面机器人系统总构成

CPU-中央处理器；A/D-模数；D/A-数模；DIO-开关

3.1.1 动力与推进系统

动力系统是为水面机器人提供动力源，为设备和任务载荷提供电源的各种装置的集合，是限制水面机器人作战或作业的主要因素之一。推进系统是为水面机器人提供前进、回转、倒退等机动行为的推力的各种装置的集合。动力与推进系统是水面机器人的基本系统，其选型正确与否对总体性能至关重要。

1. 动力系统

目前水面机器人采用的动力系统主要分为以电池电力为能源的电力系统和以燃油为能源的发动机或发电机系统。下面分别加以介绍。

1）电池动力

（1）铅酸电池。

铅酸电池的优点是：①价格低廉。铅酸电池的原材料容易得到而且价格便宜、技术成熟、生产方便、产品一致性好，在世界范围内均可实现大规模生产，这也是铅酸电池得到广泛应用的主要原因之一[2]。②比功率高。铅酸电池电势高，大电流放电性能优良。③浮充寿命长。在这方面，铅酸电池要远远高于镍氢电池和锂离子电池，其25℃下浮充状态寿命可达20年。④使用安全。铅酸电池易于识别电池荷电状态，可在较宽的温度范围内使用，而且电性能稳定可靠。⑤再生率高。铅酸电池具有极高的资源循环利用率，其铅材料再生率可达98%，远超多数二次电池体系[3]。

鉴于上述优点，早期小型水面机器人多数选用铅酸电池作为动力源。图3.2是意大利自动化智能系统研究所研制的“Charlie”号双体水面机器人，动力源为输出电压12V、蓄电池容量40A·h的铅酸电池。

图3.2 “Charlie”号双体水面机器人

然而，铅酸电池也存在如下缺点：①比能量低。铅酸电池的实际比能量较理论比能量要低很多，理论值为170W·h/kg，但实际比能量只有10～50W·h/kg[4]。②循环寿命较短。虽然铅酸电池循环寿命比镍镉/镍氢电池要高很多，但还是低于锂离子电池，一般铅酸电池循环寿命低于500次（80%放电深度）。③自放电。铅酸电池过充电时有大量的气体产生，自放电比其他电池严重很多。④维护烦琐，污染严重。

虽然铅酸电池优良的性价比使得它在二次电池领域中长时间占据统治地位，但随着电池新技术的不断发展、应用领域的不断开拓和深入、镍氢电池和锂离子电池成本的降低和能量性能的提高，使得铅酸电池面临着很大的挑战。目前大多数水面机器人不会采用铅酸电池作为动力源，但由于铅酸电池具有比较高的安全性，比较适合为水面机器人设备或载荷供电以及作为不间断电源。

（2）锂离子电池。

锂离子电池是目前综合性能最好的电池体系[5]。由于锂离子电池不含贵金属，降价空间很大，目前也是性价比较高的电池。与传统的二次电池相比，锂离子电池具有如下突出的优点：①工作电压高。锂离子电池的工作电压为3.6V，是镍镉/镍氢电池工作电压的3倍。②比能量高。锂离子电池比能量目前已达140W·h/kg，是镍镉电池的3倍，镍氢电池的1.5倍[6]。③循环寿命长。锂离子电池循环寿命在1000次以上，在低放电深度下可达几万次。④无记忆效应。锂离子电池可以根据要求随时充电，而不会降低电池性能。⑤对环境无污染。锂离子电池中不存在有害物质，是名副其实的“绿色电池”。⑥可快速充电。充电特性与铅酸电池相比，锂离子电池在充电前期充电效率较好，在充电后期充电效率较差。其在1h内可以充80%的电池电量，2h内可充97%的电池电量。⑦工作温度范围广。锂离子电池可在0～40℃正常工作。⑧维护费用低。

图 3.3 “C-CAT”多用途双体水面机器人

锂离子电池的缺点是：安全性低、电池尺寸不能太大、线路复杂并且充放电电压有限制。但锂离子电池突出的性能优势，使其近几年在小型水面机器人中得到了较好的应用。图 3.3 是英国 ASV 公司的“C-CAT”多用途双体水面机器人，可由艇载锂离子电池提供 8h 续航。

2）燃油动力

燃油动力一般包括汽油机和柴油机两种类型，燃油动力系统包括为水面机器人提供推进动力的主机和提供电力的发电机。

汽油发动机体积小、重量轻、噪声低、易检修、起动容易、加速反应快，但是马力小、安全性差，一般主要采用外挂机形式用于内河小艇上。柴油发动机马力大、故障少、使用寿命长，但是柴油发动机起动慢、加速反应慢。经过不断地改进，柴油发动机动力装置日臻完善，它的燃料消耗量较低，能使用廉价的渣油，可靠性较高，检修期间隔长达 30000h，热效率接近 50%，因此成为目前应用非常广的船舶动力装置，也是 6m 以上水面机器人首选动力装置。

高速船用柴油发动机可分为以下 3 类：

（1）普通自然吸气发动机。就是最普通的柴油发动机，在低端水面机器人上仍有使用。

（2）涡轮增压发动机。现在高速水面机器人用的大多数都是这种发动机。采用废气涡轮增压提高增压度，可进一步实现柴油发动机的轻量化、高速化、低油耗、低噪声和低污染，是近代柴油发动机的重要发展方向。

（3）电控高压共轨发动机。共轨喷射式供油系统由高压油泵、公共供油管、喷油器、电控单元（eletronic control unit，ECU）和一些管道压力传感器组成。系统中的每一个喷油器通过各自的专供油管与公共供油管相连，专供油管对喷油器起到液力蓄压作用。工作时，高压油泵将燃油输送到公共供油管。高压油泵、压力传感器和 ECU 组成闭环工作，对公共供油管内的油压实现精确控制，彻底改变了供油压力随发动机转速变化的现象[7]，可以有效提高喷油压力，提高发动机控制精度并减少排放。

柴油发动机主要生产厂商有沃尔沃（Volvo）、康明斯（Cummins）、斯太尔（Steyr）、洋马（Yanmar）、MTU 等。

瑞典沃尔沃柴油发动机——优良的总体性能及燃油效率，完整的动力系统，设计轻巧、噪声低、振动小、易于安装维护，如图 3.4 所示。所生产的柴油发动机功率范围为 10～2000ps（1ps=735W）。

图 3.4　沃尔沃柴油发动机

美国康明斯柴油发动机——将省油、耐用、可靠、重量轻和结构紧凑等特点完美地结合在一起，维修保养简便。康明斯柴油发动机在我国重庆有工厂，提高了水面机器人配件的国产化率，价格较为便宜。

奥地利斯太尔柴油发动机——山东潍坊柴油机厂引进生产的斯太尔“WD615”系列柴油发动机有自然吸气、增压、增压中冷等机型，转速为 2200～2600r/mim，功率范围为 147～

226kW（200～310ps），最低燃油消耗率达 194g/(kW·h)，具有体积小、重量轻、功率强大、油耗低、排放指标先进、噪声低、通用性强等优点。

美国水星柴油发动机——爆发性较好、油耗低、独特的橡胶避振安装系统。

日本雅马哈柴油发动机——性能稳定、功率强大、油耗低、排污少、防锈防腐系统增加发动机的耐久性。

德国 MAN 柴油发动机——运用最新技术，如通过多孔喷嘴进行高功率喷油可确保低污染燃烧过程。MAN 柴油发动机设计轻巧、功率强大、持久耐用、油耗低，还具有功率特性曲线丰满的优点。

美国卡特比勒（Caterpillar）柴油发动机——工程机械常用的动力装置，其特点是耐用、可靠性高。转速可在负荷较小或无负荷时实现自动控制，自动降低发动机转速，减少油耗。具有噪声低、振动小、废气排放量小、环保高效、性能稳定可靠的优点。

日本洋马柴油发动机——提供强大的动力和扭矩，同时保持较低的燃油消耗，操作简便、经久耐用。

德国 MTU 柴油发动机——功率强大、性能卓越、使用耐久，早期代表产品有 MTU 16V396TE94 型柴油发动机，广泛用于军用舰艇和高档游艇。其调速系统采用最新的电子控制的燃油共轨技术，对发动机控制精度高，瞬态特性好。采用整体灰色合金铸铁制造曲柄、曲轴和连杆机构，极大地增强机构运行强度，在降低噪声和振动的同时，减少维护成本，延长机组大修周期（大修周期长达 30000h）。该公司在我国苏州设有配件工厂和维修中心。

近年来，柴油发电机组在水面机器人上的应用越来越多。除了作为常规供电的机组外，还越来越广泛地用于电力推进。由于其独特的优点，采用全电力推进或将电力推进作为主要推进方式已成为未来水面机器人的发展趋势。船用柴油发电机主要生产厂商有康明斯奥南、科勒、费希尔熊猫等。

美国康明斯奥南柴油发电机——康明斯奥南柴油发电机组具有先进的故障诊断和远程监控系统，支持远程遥控起停与状态监控，可提供 4～99kW、50Hz 交流电，适用于水面机器人多样化电力需求，具有高可靠、低噪声、低振动的技术特点，如图 3.5 所示。

美国科勒柴油发电机——科勒柴油发电机组可以作为水面机器人主动力电源和备用应急电源，机组有优异的起动性能和承载能力，具有低噪声、低废气排放、监控方便、运行成本低等显著特点，可提供 5～125kW、50Hz 交流电，同时符合最新排放标准，如图 3.6 所示。每一台发电机组可配隔音罩，超静音运行。

德国费希尔熊猫柴油发电机——费希尔熊猫柴油发电机具有紧凑、小型化和低噪声等技术特点。其生产的 5～10kW 的小型发电机在尺寸、重量方面具有明显优势，适用于重量要求较高的中小型高速水面机器人，如图 3.7 所示。

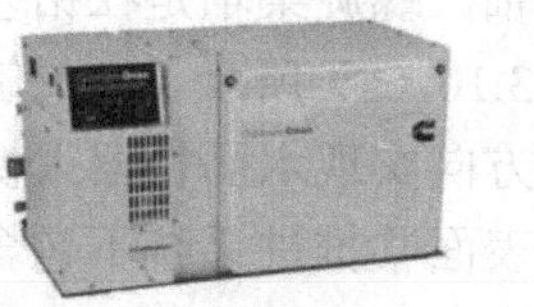

图 3.5　康明斯奥南柴油发电机

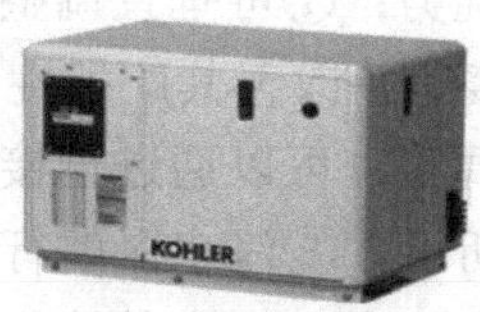

图 3.6　科勒柴油发电机

图 3.7　费希尔熊猫柴油发电机

2. 推进系统

水面机器人推进系统按不同的推进方式可分为螺旋桨推进、喷水推进、自然能推进等，下面分别加以介绍。

1）螺旋桨推进

（1）舵桨联合推进。

舵桨联合推进主要是通过艉部单个或多个螺旋桨推进器配合螺旋桨后方安装的舵来实现水面机器人的前进与回转，如图 3.8 所示。

螺旋桨安装在水面机器人艉部水线以下的桨轴上，由主机带动桨轴一起转动，螺旋桨吸收主机功率，产生推力推动水面机器人前进。

螺旋桨分为固定螺距螺旋桨和可调螺距螺旋桨。①固定螺距螺旋桨由桨毂和桨叶组成。桨叶临近桨毂部分称叶根，外端称叶梢，正车运转时在前的一边称导边，在后的一边称随边。在固定螺距螺旋桨外缘加装一圆形导管，即导管螺旋桨。导管螺旋桨又可分为固定式和可转式。②可调螺距螺旋桨可通过桨毂内的传动机构带动桨叶转动，在不改变桨轴的转速和运转方向的情况下，改变桨叶的螺距角，即可适应水面机器人不同的工作状态[8]。螺旋桨构造简单、工作可靠、效率较高，是水面机器人的主要推进器。现代船艇的螺旋桨多采用大盘面比、适度侧斜、径向不等螺距和较多桨叶等结构形式，以降低在艉部不均匀伴流场中工作时可能产生的空泡、剥蚀、噪声和过大的激振力。

（2）表面桨推进。

表面桨，又称半浸桨，工作时螺旋桨并不全在水面下旋转，部分叶片在水面以上。表面桨通常应用于高速水面机器人，当水面机器人高速航行时（大于 40kn），常规螺旋桨可能受到空化空蚀的影响造成严重缺陷。而表面桨推进系统最大的优势在于其能避免螺旋桨空泡现象的影响、减少附体阻力、推进效率高、桨匹配适应性强和浅水适应性强等。与传统螺旋桨所有部件均浸没在水中相比，应用表面桨推进系统的水面机器人在航行时其水线在桨轴附近[9]，大部分支架在水面以上，减少了附体阻力，并且改善了流经螺旋桨的水流，如图 3.9 所示。

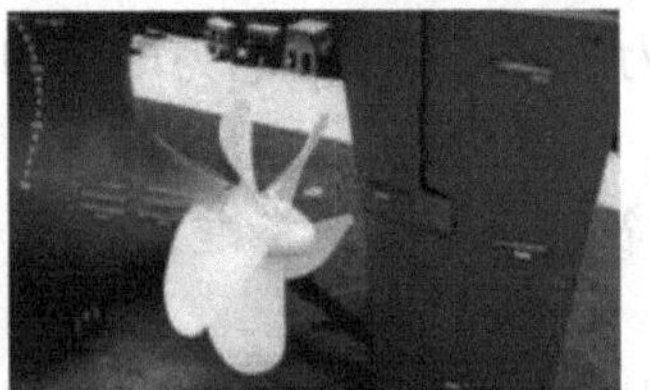

图 3.8　舵桨联合推进

图 3.9　表面桨推进

表面桨较常规螺旋桨具有以下优势：①可垂直调整的螺旋桨轴。螺旋桨轴是在铅垂面调节的，可以匹配水面机器人的航行姿态，改善其航行性能，如图 3.10（a）所示。②灵敏的操纵性。螺旋桨轴可在水平面内左右调整，可以通过直接改变推力方向实现水面机器人快速回转，如图 3.10（b）和图 3.11（a）所示。③浅水区航行能力强。表面桨推进系统不包含舵等附体，且桨轴可垂直调整，可以提高水面机器人的浅水区航行能力，如图 3.11（b）所示。

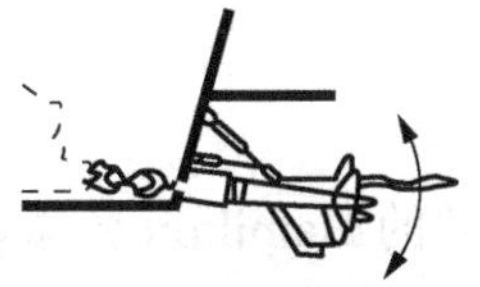

（a）垂直调整　（b）左右调整

图 3.10　螺旋桨轴

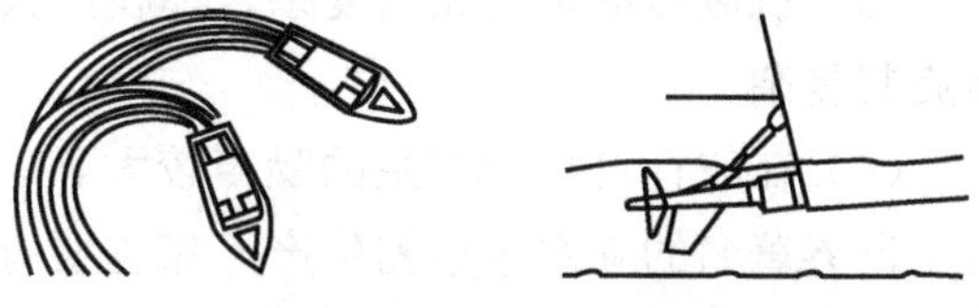

（a）灵敏的操纵性　（b）浅水区航行

图 3.11　表面桨推进系统

表面桨的典型代表为美国 Twin Disc 公司的“ASD”系列表面桨［图 3.12（a）］、法国 Helices 公司的“SDS”系列表面桨［图 3.12（b）］。中国船舶重工集团第七〇二研究所与武汉劳雷绿湾船舶科技有限公司也有相关表面桨产品。

（a）“ASD”系列表面桨　（b）“SDS”系列表面桨

图 3.12　表面桨

2）喷水推进

喷水推进装置是一种新型的特种动力装置，与常见的螺旋桨推进方式不同，喷水推进的推力是通过推进泵喷出水流的反作用力来获得的，并通过转舵与倒车斗分配和改变喷流的方向来实现水面机器人的操纵[10]，如图 3.13 所示。

图 3.13　喷水推进装置

喷水推进的优点：

（1）喷水推进装置在加速和制动方面性能卓越，回转时直接改变喷流方向可有效减小回转半径。

（2）吃水浅、浅水效应小、附体阻力小、保护性能好。

（3）日常保养及维护较为容易。

喷水推进的缺点：

（1）航速较低时（低于 20kn），喷水推进的效率比螺旋桨要低一些。

（2）在水草或杂物较多的水域，进口容易出现堵塞现象而影响水面机器人的航速。

（3）机械传动机构比较复杂，体积庞大。由于增加了外壳的保护，推进泵叶轮的拆换比螺旋桨复杂。

（4）在航行过程中产生的噪声较大。

世界著名的喷水推进器生产厂家主要有瑞典的 Kamewa 公司、新西兰的 Hamilton 公司、荷兰的 Lips Jet 公司、日本的川崎公司和三菱重工公司等。

3）自然能推进

（1）风帆推进。

从远古时代至 19 世纪初期，风帆一直是船舶主要的推进器。风帆推进器虽然可以利用无代价的风力，但其所能得到的推力依赖于风向和风力，以致船的速度和操纵性能都受到限制[11]。故自蒸汽机作为船舶主机以后，帆就被其他形式的推进器所代替，仅在游艇、教练船和小渔船上仍有采用。目前“绿色船舶”成为未来船舶和水面机器人的发展方向，国内外也在研究风力的利用，提出了风帆助推方案，并已在一些水面机器人上实施。

中国上海交通大学海南研究院开发了依赖于风浪光混合能源推进的自主水面机器人——“云帆号”，如图 3.14 所示。

图 3.14　上海交通大学“云帆号”自主水面机器人

美国 Ocean Aero 公司开发出了利用风能和太阳能供电的水面/水下机器人。航行器名为 Submaran，如图 3.15 所示。相对于其他无人系统，Submaran 具有执行水面和水下任务的能力，近乎无限的航程，风能和太阳能混合动力推进系统，更大的载重量，高隐蔽性，复杂海况下的作业和生存能力，便携性和可扩展性。

（2）波浪能推进。

波浪滑翔机作为一种新型波浪能推进水面机器人，具有超长航时、自主、零排放、经济等突出优点。波浪推进器在潜体结构上配置了多对采用铰接机构的水翼组件。在持续波浪环境中，当浮体随波浪下降时，波浪推进器受重力下沉，使水翼后端向上翻起；反之，浮体随波浪上升时，波浪推进器被柔链拉起而上升，水翼后端下翻。水翼随波浪的上下交替拍动就像一条鱼的尾鳍摆动那样推动波浪推进器前进，并通过柔链拉动浮体前进，从而实现波浪滑翔机的向前航行，其工作原理如图 3.16 所示。

图 3.15　Submaran

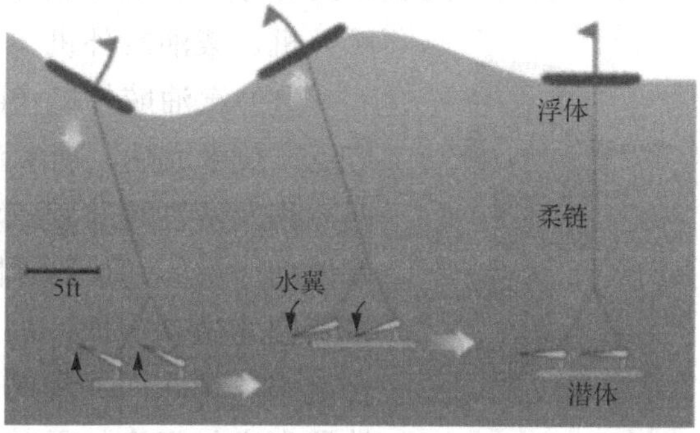

图 3.16　波浪滑翔机的工作原理图

1ft=0.3048m

波浪滑翔机的研究始于 2005 年，当时它被开发用于监听和记录鲸的叫声。在 2007 年，海因（Hine）等成立了 Liquid Robotics 公司，波浪滑翔机被确定为科研、商业和军事的多功能平台，如图 3.17 所示。由于它能够将海洋中无穷无尽的波浪能转化为自身前进的推力，为部署海洋仪器提供了一种全新的解决方法。目前波浪滑翔机已广泛地用于各种与海洋有关的科学研究和考察活动。波浪滑翔机具有大范围、长航时、智能、清洁的突出航行优势，有着广阔的应用前景，并引起世界范围内科研工作者极大的研究兴趣[12]。

（a）"SV2"　（b）"SV3"

图 3.17　Liquid Robotics 公司的波浪滑翔机

3. 动力推进一体化系统

为提高动力与推进装置的集成化程度与可靠性，近年来动力推进一体化装置在水面机器人上的应用逐渐增多，根据安装位置可分为舷外机与舷内外机。

1）舷外机

舷外机是指安装在艇体（船舷）外侧的推进用发动机，通常悬挂于艉板的外侧，又称船外机。舷外机集成度高、安装选购简单[13]，回转时通过液压与电动机构成整体旋转发动机与螺旋桨，控制性能较好。发动机多采用两冲程汽油发动机，少数为柴油发动机和电动机，功率范围为 0.74～221kW，重量范围为 10～256kg。

舷外机可分为燃油类舷外机和电动舷外机，其中燃油类舷外机按燃油类型可分为汽油舷外机、柴油舷外机、液化石油气舷外机及煤油舷外机。

图 3.18　汽油舷外机

（1）汽油舷外机（图 3.18）。舷外机的主流燃料为汽油，具有用途广泛、技术成熟、功率范围广等优势。从燃烧技术上讲，分为两冲程、四冲程及两冲程直喷三种类型。两冲程加速性好（因为曲轴每转一圈就做功一次），但污染排放较严重；四冲程相对要环保一些，但曲轴需转两圈才做功一次，加速能力较差；两冲程直喷能够将两者的优点结合起来，是在两冲程的基础上实现汽油缸内直接喷射，而不是通过化油器和空气混合。目前主要的汽油舷外机厂商如雅马哈、水星等拥有这三种技术。

（2）柴油舷外机。柴油发动机的技术特性决定了柴油舷外机不可能被广泛应用。即便高压共轨技术大行其道，压燃式的工作原理也注定其工作时振动及噪声会更大。这对于安装在舱内的舷内机不是问题，但对悬挂在艉板上的舷外机来说却是致命的。柴油发动机通常扭矩较大，传递大扭矩也给齿轮箱带来更大的挑战。柴油舷外机的吸引力来自柴油，一是更安全（比汽油安全）；二是对于安放在以柴油作为燃料的大船上的交通艇来说，无须另配（汽油）燃料箱。

（3）液化石油气舷外机。它的诞生只有一个理由——环保。随着各个国家对环境保护重视程度日益提高，汽油/柴油舷外机已无法满足很多水域的环保要求，于是液化石油气舷外机诞生了。实质上它是传统的汽油舷外机稍做改装而来的，就像国内汽车改为液化石油气汽车一样。液化石油气舷外机在美国占相当大的份额，国内也早已开始使用，只是由于太容易挥发泄漏，笼罩于人们头顶的安全疑虑始终不能挥去。

（4）煤油舷外机。它在东南亚和南亚市场庞大，使用低品质的煤油作为燃料。其优点是省钱，缺点是污染大。

电动舷外机以可以循环使用的蓄电池作为能量源，通过电动机将电能转换为动能。根据电机位置的不同，可分为电机下置式、电机上置式。

（1）电机下置式，顾名思义是将电机安放在舷外机的下部，电机输出轴直接带动螺旋桨轴旋转。常用的电机为直流无刷电机，能量转化率高；转换后的动能直接传递给螺旋桨，能量损耗达到最低；中间连接体不涉及动力传递，外形设计完全从流体力学角度考虑，最大限度降低阻力系数，所以此结构能量利用率较高。电机转子及轴系是唯一的旋转部件，整台舷外机结构简单，故障率低，可靠性高。但因为下部空间限制，电机尺寸不可能太大，所以此结构通常应用于较小马力的电动舷外机上。如 Torqeedo 公司所有 8ps 以下的舷外机都采用此结构，Torqeedo 3ps 舷外机如图 3.19 所示。

（2）电机上置式，即将电机安放在舷外机的顶端。电机动能输出通过齿轮箱中的传动轴传递到螺旋桨上。齿轮箱的结构设计和传统的燃油舷外机没有本质不同。这种设计的优点是上部电机受空间限制较小，体积可以相对较大，适合较大马力的舷外机。Torqeedo 公司的 20ps、40ps、80ps 舷外机就是采用此设计，Torqeedo 80ps 深蓝舷外机如图 3.20 所示。

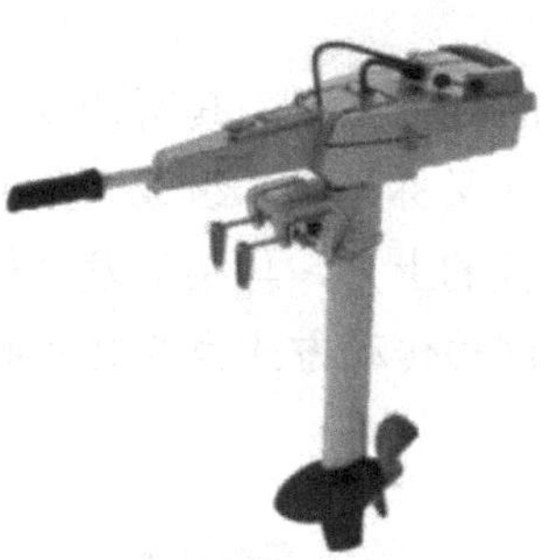

图 3.19　Torqeedo 3ps 舷外机

图 3.20　Torqeedo 80ps 深蓝舷外机

另外，根据蓄电池位置不同，电动舷外机分为电池内置式、外置式，通常较小马力舷外机对电池容量要求较低，可以做成电池内置式，这样用户使用更加方便；较大马力舷外机对电池容量要求较高，通常需要外置电池。

电动舷外机的厂商代表是德国的 Torqeedo 公司。2012 年推出 80ps 的深蓝（DeepBlue）舷外机，也是当时马力最大的量产电动舷外机。在此基础上，Torqeedo 公司又研发出 40ps、20ps 舷外机，结合已经成熟的 1～8ps 产品，组成了相当丰富完整的电动舷外机产品线。

2）舷内外机

船内外机的全称是舷内机舷外推进装置，即发动机放在舷内，联动的艇尾传动装置（含推进器）固定在艇尾板上或者艇底板上，如图 3.21 所示。舷内外机组中的发动机采用柴油发动机，经济性和可靠性大大优于汽油舷外机，结构同样紧凑，是中小型高速水面机器人理想的动力装置，其功率范围从 100ps（73.5kW）到 250ps（183.8kW），适合长度 8～16m 的各种水面机器人。

舷内外机主要有美国的飞驰（MerCruiser）艇尾机和宙斯（Zeus）推进系统、日本的雅马哈舷内外机、瑞典的 Volvo Penta 舷内外机等。

（1）飞驰艇尾机。

美国水星公司以生产游艇动力推进产品而闻名。除了舷外机，也生产舷内四冲程柴油发动机和飞驰牌舷内外机。舷内外机可分为舷内发动机和舷外推进总成（艇尾机）两个独立的组成部分，通过传动轴联结成一体，构成一个集成的艇尾驱动装置。

水星公司生产的艇尾机不仅仅与本公司生产的柴油发动机配套组成飞驰牌舷内外机产品，而且还供应其他的船用柴油发动机厂商作为配套产品，如荷兰的 Vetus、美国的康明斯等柴油机生产商均采用飞驰艇尾机作为其舷内外机产品的部件。康明斯公司还与水星公司组建了一家合资公司，利用各自的优势从事舷内外推进装置的开发。

飞驰艇尾机有 4 种型号：Alpha、Bravo I、Bravo II 和 Bravo III。其中，Alpha 型采用机械传动，结构紧凑、重量轻，适用于赛艇、平底高速艇，匹配 170ps 以下的柴油发动机和 260ps 以下的汽油发动机；Bravo I 采用液压传动，能适应恶劣的航行环境，使用功率可达 600ps；Bravo II 的减速性能较好，允许采用更大直径的螺旋桨以提高推进效率，适合重载艇型，最大功率达 450ps；Bravo III 适用于对转桨，推进效率更高、更节油。

（2）宙斯推进系统。

CMD 公司是由康明斯公司和水星公司共同投资成立的合资公司，其所开发的宙斯推进系统由舷内柴油发动机、驱动模块和水下全回转推进悬体（又称吊舱）组成。柴油发动机布置在艇尾，驱动模块分为上下两部分。上半部分装在艇底板的上方，与柴油发动机功率输出轴连接，通过减速齿轮成直角传动艇底下的一对螺旋桨，这种传动方式也叫 Z 形传动。宙斯推进系统如图 3.22 所示。

图 3.21　舷内外机

图 3.22　宙斯推进系统

装在艇底下的推进组合体能够独立回转，通过驾驶台的手柄操纵实现前进、倒退、侧移或原地回转。即使驾驶人员没有驾驶经验，也可以轻松停靠与驾离码头。两个同轴相反旋转的螺旋桨（对转桨）提高了推进效率，更加省油。

（3）雅马哈舷内外机。

日本生产的雅马哈船用柴油发动机有带舷外推进装置的和不带舷外推进装置两种形式。舷外的推进装置固定在艇尾板上，在艇尾板上开孔与艇内的柴油发动机联结。在舷外的推进装置也具有左右转向和向上翻起的功能，由驾驶台进行操纵。不管采用何种型号的柴油发动机，其外部安装尺寸都是相同的，仅内部安装尺寸略有变化。匹配的柴油发动机持续功率可在 112～183kW 选择。

（4）Volvo Penta 舷内外机。

瑞典沃尔沃公司以生产汽车闻名，它开发的小艇舷内外机在高速艇和游艇上应用也很普遍。我国在 20 世纪 90 年代曾大批引进 Volvo Penta 舷内外机用于国产的高速艇上。Volvo Penta 舷内外机共有 8 档 13 种型号，螺旋桨轴功率为 90～248kW。

近年来，沃尔沃公司又推出一种称为舷内高效推进系统（inboard propulsion system，IPS）的舷内外推进装置。它的出现可能会对小艇的设计和制造带来全新的改变。IPS 推进装置位于艇体的底部，而且采用的是双推进配置（图 3.23）。推进装置为对转螺旋桨，效率比单桨高。由于小艇一般在较为清洁的水域航行，试验表明牵引模式比推进模式要好，所以 IPS 推进装置的螺旋桨朝向艇首，依靠推进装置产生的向首拉力（牵引力）牵引艇前进，这样有利于提高推进效率。目前 IPS 适配柴油发动机的功率为 257～367kW。采用 IPS 推进装置的小艇，其航速可以突破 40kn。目前航速超过 40kn 的小艇，其推进装置一般采用价格较为昂贵的表面桨。与表面桨推进装置相比，IPS 推进装置更为紧凑和简洁，取消了艉部密封装置和轴托架，降低了

图 3.23　IPS 推进装置

成本和附体阻力。IPS推进装置与水接触的运动部件均由不锈钢材料制成，螺旋桨由镍铝青铜合金材料制成，不易腐蚀。

3.1.2　智能控制系统

1. 硬件系统

智能控制系统的主要硬件系统包括控制计算机、动力与推进系统、自动控制装置等。控制计算机一方面处理导航系统获得的关于水面机器人艇体运动状态相关的信息，一方面接收环境感知计算机获得的关于环境障碍物目标的信息。运动与推进系统接收自主决策系统基于环境障碍物目标信息和任务决策规划结果进行路径规划和避碰规划产生的规划指令，然后参考规划指令，结合当前获得的水面机器人运动状态信息生成执行系统指令，即用于操纵水面机器人前进和转向的推进及转舵装置的指令。智能控制系统工作原理如图3.24所示。

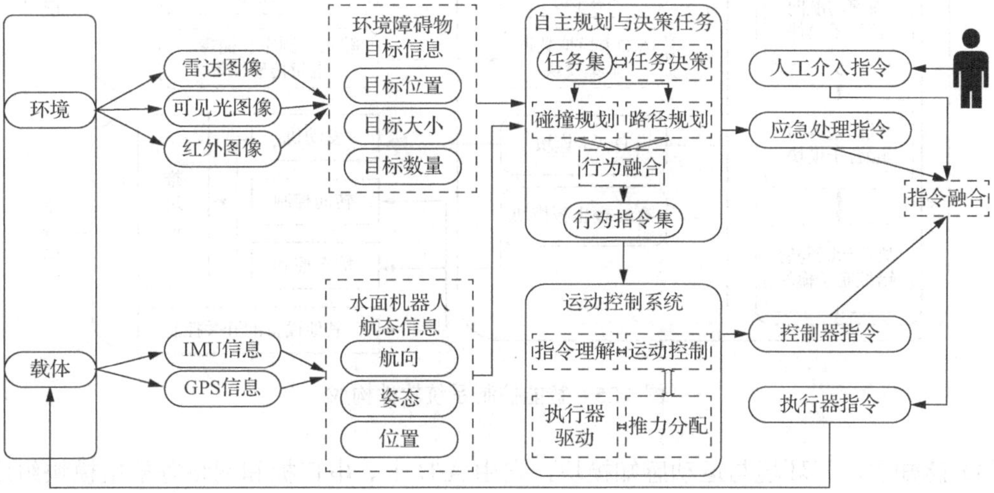

图3.24　智能控制系统工作原理

IMU-惯性测量单元

2. 软件系统

按照智能、信息、控制、行为的时空分布模式，并借鉴三层结构的思想，可将水面机器人智能控制系统软件分为控制层、通信层、感知层和执行层，如图3.25所示。

（1）控制层，可分为运动控制子层和智能决策子层，其中运动控制子层负责处理环境和位姿信息，并根据目标指令生成所需的控制指令，它包含航速与航向控制、数据处理与融合、故障诊断与容错控制等子模块，是控制系统的核心；智能决策子层负责维护环境和自体认知模型，受目标驱动决策行为意图，并规划出动作序列，综合考虑水面机器人的环境和自身状态生成目标指令。考虑到未来扩展需要，可将目标检测与模式识别、特殊使命任务等模块嵌入到控制层中，由智能决策子层来协调控制。

（2）通信层，主要负责整个系统的通信，包含串口的无线通信接口、TCP/IP（传输控制协议/互联网协议）的网络通信接口。

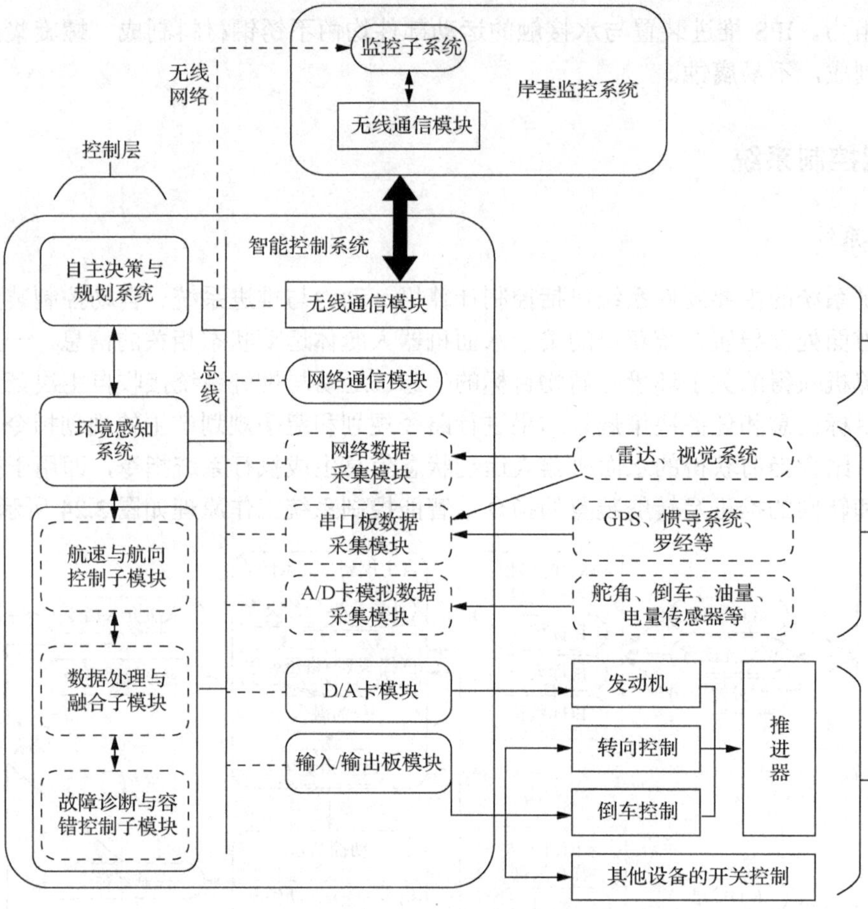

图 3.25　智能控制系统软件构成

（3）感知层，即环境与运动感知模块，它由 A/D 卡、串口板和网络等采集模块组成，负责水面机器人所处环境、位置和姿态等传感器数据的采集。

（4）执行层，即执行模块，负责控制指令的理解和执行，以完成执行机构和各类设备的控制[14]。

3.1.3　环境感知系统

环境感知系统（简称感知系统）是水面机器人的“眼睛”，主要用于对水面机器人所处周围环境进行感知与认知，通过雷达、可见光相机、红外相机等传感器对水面机器人周围障碍物和可疑目标进行检测与识别。环境感知系统由硬件系统和软件系统两部分组成，下面分别加以介绍。

1. *硬件系统*

环境感知系统硬件由视觉计算机、光电吊舱及雷达等设备构成。光电吊舱包含了可见光相机和红外相机。雷达、可见光相机和红外相机实时采集海洋环境中的图像信息，并将不同类型的图像数据进行融合，进而得出前方障碍物信息，然后将此信息通过通信系统进行共享给控制系统，如图 3.26 所示。

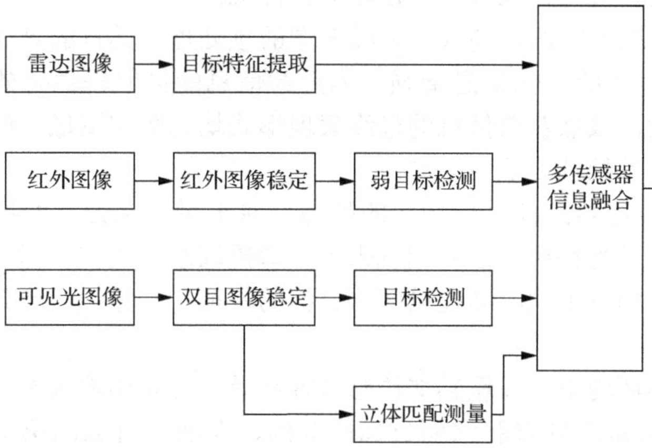

图 3.26　环境感知系统工作原理

2. 软件系统

基于环境感知系统中传递的数据信息，可按水面机器人软件数据结构的抽象程度将环境感知系统划分为由低至高五个层次，如图 3.27 所示。

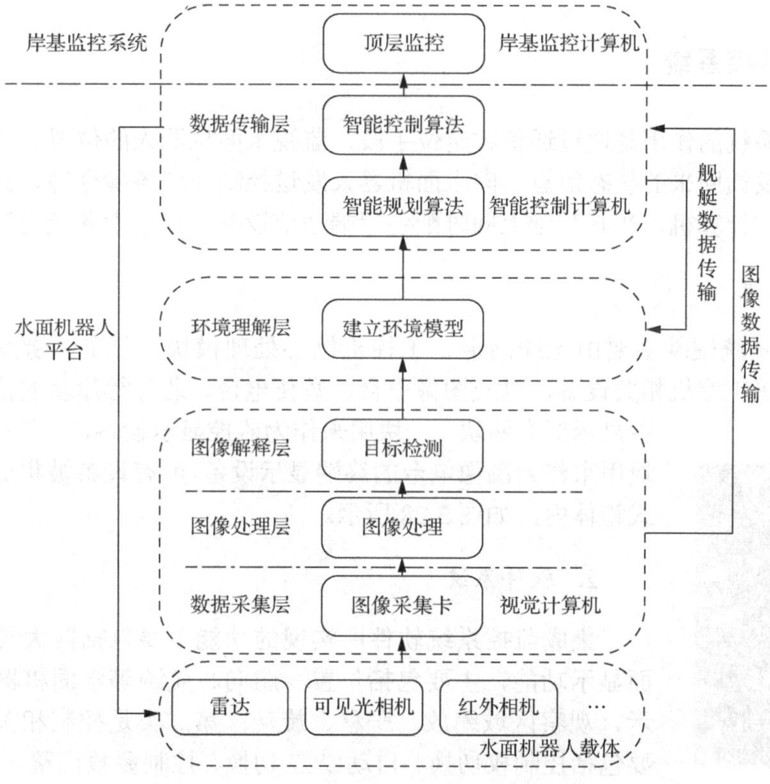

图 3.27　水面机器人环境感知系统软件构成

（1）数据采集层，主要通过图像采集卡采集环境感知传感器的数据。其基本原理是将雷达接收机输出的雷达图像视频流、可见光相机视频流、红外相机视频流以及双目相机视频流采集到视觉计算机中，并存入特定缓存区，再在缓存区读取单帧图像。

（2）图像处理层，是图像处理的基本阶段，完成对单帧图像的预处理，其目的是在最大限度地降低图像噪声的同时，进行适当的图像信息增强，为后续信息的提取提供有效的图像。由于每种传感器的功能不尽相同，虽然获取信息的最终表现形式均为数字图像，但各类图像都具有自身的特点，所以采取的预处理方法也不同。

（3）图像解释层，对预处理后的各类图像进行相应的处理，对于雷达来说，即提取目标，得到目标的方位及半径；对于可见光相机和红外相机来说，即提取水天线和目标，得到水天线方程及目标的位置；对于双目相机来说，即提取同一目标的特征，并匹配、计算出目标到水面机器人的距离。

（4）环境理解层，在复杂的海洋环境下，环境感知传感器容易受各方面环境因素等综合作用的影响，单一传感器难以获得对水面环境和水面目标的准确、全面、可靠的感知和辨识，若将上述环境感知传感器的信息做融合处理，能够加深水面机器人对环境的理解，扩展时间上和空间上的可观测范围，增强数据的可信度，系统的整体能力也将得到提高。

（5）数据传输层，一方面需要将经过图像处理层处理后的图像作为水面机器人远程控制的依据，通过高速无线电台将数据传输至岸基监控计算机；另一方面需要经过环境理解层处理后的目标信息作为水面机器人自主完成任务的依据，通过网络通信将数据传输至智能控制计算机[15]。

3.1.4　集成监控系统

集成监控系统的作用是通过通信、定位手段，监视水面机器人的位置、获得水面机器人采集的数据及反馈回来的状态信息、向水面机器人发送控制及任务指令等。其核心是安装有监控软件的监控计算机，在其基础上同时配备岸端通信设备、定位设备及电源等。

1. 硬件系统

集成监控系统硬件主要由无线网卡、工控机核心处理模块、显卡、键盘、摇杆、多串口卡及显示屏等工控机相关设备，以及图像电台、数传电台、北斗等岸基通信设备构成。其中显示屏有两块，一块用来作为监控显示设备，与工控机相连，另一块用来作为图像电台的终端显示设备。所有设备被集成在一个可开启式箱体内，如图 3.28 所示。

图 3.28　集成监控系统

2. 软件系统

集成监控系统软件所实现的功能主要包括四大类：第一类是界面显示功能，主要包括位置、艏向、航迹等水面机器人状态信息显示，观察区域缩放、平移、旋转；第二类是控制相关参数功能，主要包括控制权切换、自动/人工切换、控制参数调整、航行指令下达、设备开关指令下达等；第三类是任务控制相关的指令功能，主要包括二维地图生成读取、航行区域指令下达、航行参考轨迹下达等；第四类是后期数据处理功能，包括航行数据回放、目标数据回放以及航行/目标数据同步，如图 3.29 所示。

图 3.29　集成监控系统软件功能

3.1.5　通信与导航系统

1. 通信系统

水面机器人通信系统可包括无线电通信、卫星通信和以太网通信等，主要用于水面机器人与其他平台的通信，实现信息的双向传输。

1）无线电通信

无线电通信是利用无线电波传递信息而完成的通信，用于传递语言、文字、图像和数据等。无线电通信能与运动中的、方位不明的、受自然障碍阻隔的对象进行通信联络，通信建立迅速，便于机动。但信号易被敌方截收、测向和干扰，某些波段信道不够稳定，易受天气和其他干扰的影响。海洋环境和使用条件对无线电通信设备和天线等提出了特殊的性能要求。

水面机器人无线电通信主要使用超短波通信，主要用于水面机器人与母船（艇）、飞机、其他水面机器人的信息空中传输，以实现数据、信息和情报的空中无线传输。无线电通信方式传输数据量很大，可以实时传输静止图像信息。信息传输速率为 2.4～9.6KB/s，甚至更高，通信距离与通信频率和发射功率有关。采用超短波无线电通信时，通信距离为几千米到几十千米。

2）卫星通信

卫星通信是卫星地球站（简称地球站）之间利用人造地球卫星转发信号的无线电通信，属微波通信，可传送电话、电报、传真、电视和数据等信息，是海上无线电通信的重要方式。卫星通信具有通信距离远、容量大、质量高、覆盖面广、受地形地貌影响小、组网灵活，能在广阔的陆、海、空域实现全天候的固定与移动的多址通信等优点；但其传播损耗大、时延长、卫星寿命有限，信号易被干扰、截获。

水面机器人卫星通信主要用于水面机器人与岸上指挥中心、母船、飞机、其他水面机器人之间大信息量和短时间快速信息的空中传输，以实现数据、信息和情报的空中无线传输。水面机器人上装备卫星发射机和接收机及相应天线，利用现有的卫星通信资源，可实现水面机器人与其他平台的信息传输。目前，国内外水面机器人主要使用大型低轨道铱星通信和北斗卫星 1 代卫星通信。

3）以太网通信

水面机器人以太网通信通过无线网络（WiFi）传输数据，主要用于母船监视水面机器人和下水前的检查、下载使命规划和根据使命规划修改故障响应表及数据。也可将水面机器人数据记录系统和传感器获得的大量原始数据下载到母船上，使用人员利用专用数据分析处理软件对原始数据进行后处理，以得到有价值的信息和结论，为作战决策提供支持。以太网通信的信息传输速率大，一般信息传输速率为 1GB/s。采用以太网通信方式时，水面机器人一般已经回收到母船上或在母船附近。

2. 导航系统

水面机器人导航系统为水面机器人提供位置、航向、速度和姿态等信息，以保障机器人安全航行、作战或作业。主要导航系统和设备包括卫星导航系统、INS、组合导航系统等。

1）卫星导航

（1）GPS。

GPS 是由美国研制的卫星导航与定位系统，1994 年建成。GPS 由导航卫星、地面站、用户接收设备三部分组成，采用双频、被动时间测距定位体制。用户接收设备需要精确测量 4 颗卫星信号的传播时间，由此获得高精度的三维定位数据。

（2）北斗卫星导航系统。

中国的北斗卫星导航系统是中国自行研制的全球卫星导航系统。北斗卫星导航系统由空间段、地面段和用户段三部分组成，可在全球范围内全天候、全天时为各类用户提供高精度、高可靠定位、导航、授时服务，并具有短报文通信能力，定位精度 10m，测速精度 0.2m/s，授时精度 10ns。

（3）格洛纳斯导航卫星系统。

格洛纳斯导航卫星系统最早开发于苏联时期，后由俄罗斯继续该计划。俄罗斯从 1993 年开始独自建立本国的导航卫星系统。该系统于 2007 年开始运营，当时只开放俄罗斯境内卫星定位及导航服务。到 2009 年，其服务范围已经拓展到全球。该系统主要服务内容包括确定陆地、海上及空中目标的坐标及运动速度信息等[16]。

（4）伽利略导航卫星系统。

伽利略导航卫星系统是由欧盟研制和建立的全球卫星导航定位系统，由欧洲委员会和欧洲航天局共同负责。系统由 30 颗卫星组成，其中 27 颗工作星，3 颗备份星。

2）惯性导航

INS 也称作惯性参考系统，是一种不依赖于外部信息，也不向外部辐射能量（如无线电导航）的自主式导航系统[17]，其工作环境不仅包括空中、地面，还可以在水下。惯性导航的基本工作原理是以牛顿力学定律为基础，通过测量载体在惯性参考系的加速度，将它对时间进行积分并变换到导航坐标系中，得到测量载体在导航坐标系中的速度、偏航角和位置等信息。

INS 有如下优点：

（1）由于它是不依赖于任何外部信息，也不向外部辐射能量的自主式系统，故隐蔽性好，也不受外界电磁干扰的影响。

（2）可全天候、全天时地工作于空中、地面乃至水下。

（3）能提供位置、速度、航向和姿态数据，所产生的导航信息连续性好而且噪声低。

（4）数据更新率高、短期精度和稳定性好。

但其存在以下缺点：

（1）由于导航信息经过积分而产生，定位误差随时间而增大，长期精度差。

（2）每次使用之前需要较长的初始对准时间。

（3）设备的价格较昂贵。

（4）不能给出时间信息。

3）组合导航

惯性导航的精度随时间而变化，长时间工作会累积较大误差，这使 INS 不宜做长时间导航。而 GPS 具有较高的导航精度，但由于运动载体的机动变化，接收机不易捕获和跟踪卫星的载波信号，甚至对已跟踪的信号失锁。为发挥两种技术的优势，更有效、全面地提高导航系统的性能，增强系统的可靠性、可用性和动态性，采用多传感器数据融合技术将卫星导航与惯性导航相结合，称为姿态方位组合导航系统。

相比较单一导航系统，组合导航系统具有以下优点：

（1）能有效利用各导航子系统的导航信息，提高组合系统定位精度。例如，INS/GPS 组合导航系统能有效利用 INS 短时的精度保持特性，以及 GPS 长时的精度保持特性，其输出信息特性均优于单一 INS 或 GPS。

（2）允许在导航子系统工作模式间进行自动切换，从而进一步提高系统工作可靠性。由于各导航子系统均能输出水面机器人的运动信息，因此组合导航系统有足够的量测冗余度，当测量信息的某一部分出现故障，系统可以自动切换到另一种组合模式继续工作。

（3）可实现对各导航子系统及其元器件误差的校准，从而放宽了对导航子系统技术指标的要求。例如，INS 和 GPS 采用松耦合模式进行组合时，组合输出的位置、速度和姿态将反馈到 INS 和 GPS，对 INS 和 GPS 的相应误差量进行校准[18]。

3.1.6　任务载荷系统

水面机器人任务载荷是指为满足水面机器人使命任务、实现作战或作业功能而配置的水声、电子和光学等设备，以及水中武器、水面/水下作业工具等。水面机器人的使命任务决定其应具备的作战或作业功能，作战或作业功能决定其应配置的任务载荷。

1. 侦察探测设备

水面侦察探测设备主要包括雷达和光电探测设备，用于检测水面和近岸目标。水下侦察探测设备主要包括主被动探测声呐和水下摄像机等，用于对水下障碍物、水雷、沉船等水下固定目标的探测、分类、识别和定位，以及海上石油和天然气田调查、水下结构物和水下设备检查等。

1）雷达

应用于水面机器人的雷达包括航海雷达和激光雷达。航海雷达主要对机器人周围的大范围海域进行周期性扫描，对海面障碍物和典型目标进行及时检测、定位、跟踪，使任务规划系统可以利用光电探测系统对其中的可疑目标进行精确识别、跟踪、查证，或者用于运动控制系统进行航迹规划、危险躲避等行为，如图 3.30 所示。激光雷达则作为航海雷达盲区的补充，对近距离障碍物和目标进行精确检测与定位，如图 3.31 所示。

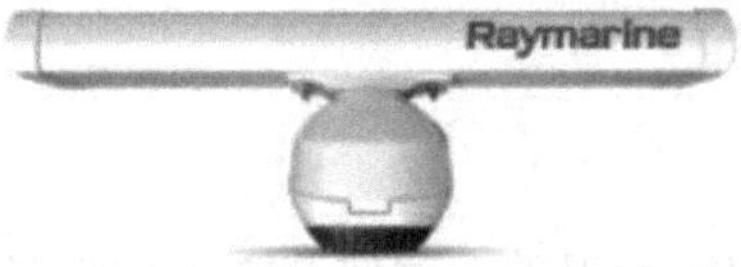

图 3.30　Raymarine 航海雷达

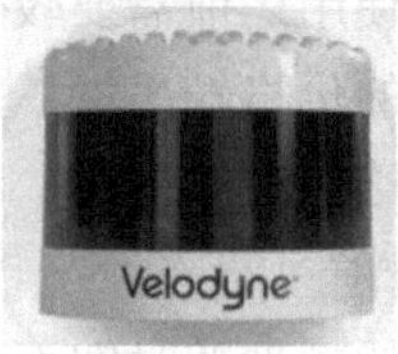

图 3.31　Velodyne VLP-16 激光雷达

2）光电探测设备

光电探测设备是应用光电技术对目标进行侦察、搜索、识别和瞄准跟踪的探测设备。检测海上目标的舰艇光电探测设备主要包括激光测距仪、红外热像仪、微光夜视仪、高清可见光摄像机、全景相机等。这些探测设备一般集成于带有伺服稳定机构的光电吊舱中，如图 3.32 和图 3.33 所示。

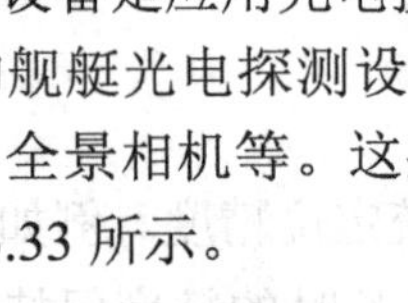

图 3.32　FLIR 光电吊舱

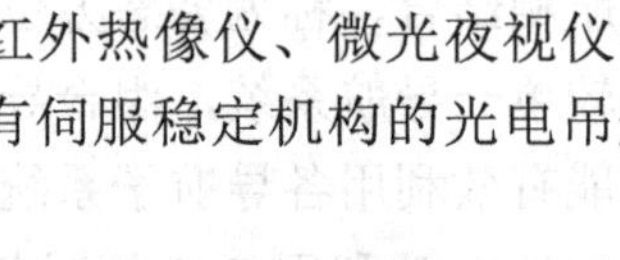

图 3.33　PHITITANS 全景相机

水下光电探测系统主要包括水下摄像机、水下探照灯、控制器、视频监视器和电缆等。工作原理与工业电视系统基本相同。水下摄像机通过控制器控制摄像机镜头旋回俯仰和水下探照灯的亮度、图像清晰度等，以摄取所需要的景物图像。录像机可随时录下所摄取的图像，供事后分析研究。水面机器人使用水下电视系统时，控制器和录像机将安装在水面机器人下方。水下电视系统用于水下侦察、探雷、防险救生、沉船打捞、水中武器试验、海道测量、海洋资源调查和勘探等[19]。

主被动探测声呐主要用于探测水下机器人、潜艇等机动目标，测定目标的距离和方位。按声呐阵在水面机器人上的安装方式，分为球鼻艏阵和拖曳阵声呐等。按照声呐工作原理，分为主动探测声呐和被动探测声呐。图 3.34 为艏部搭载探测声呐的水面机器人。

图 3.34　搭载探测声呐的水面机器人

2. 海洋测量设备

海洋测量设备包括测量海底地形地貌、海洋水文气象等的仪器。海底地形地貌测量设备包括侧扫声呐、多波束测深声呐等设备；海洋水文气象测量设备包括温盐深测量仪和气象站等设备。海洋测量设备用于海洋调查、海洋科学研究、海上航道和港湾的勘测等。有部分设备与侦察探测设备功能相同。

1）侧扫声呐

侧扫声呐由换能器基阵、收发机和记录器组成，如图 3.35 所示，通常装备在测量艇、拖鱼和水面机器人上。工作时，换能器基阵向载体两侧下方发射扇形波束的声脉冲，遇海底（或障碍物）产生反射波[20]，接收换能器按回波到达的时间先后依次接收。经信号处理后，在记录纸上形成许多平行又密集的线，从而构成二维声图。距离近的信号较强，记录黑度大，反之则黑度较小。若海底有一局部隆起的航行障碍物，则隆起物正面反射信号较强，记录黑度大，而其背面无回波信号，形成白色影区。从声图上可概略判读目标的位置、形状和高度。

2）多波束测深声呐

多波束测深声呐是可同时获得与舰艇等载体航迹相垂直的面内数十个深度值的回声测深声呐，如图 3.36 所示。原理和工作频率与回声测深仪相同，由窄波束测深设备（换能器基阵、载体姿态传感器、收发机装置等）和回声处理设备（计算机、磁带机、打印机、横向测深剖面显示器、实时等深线数字绘图仪等）两大部分组成。发射换能器收发装置发射一束扇形立体波束，垂直于前进方向的开角一般为 120°，平行于航迹方向开角为 30°～50°。接收换能器接收海底回波信号后，经过延时叠加，形成数十个相邻的窄波束，垂直于航迹方向的波束开角为 30°～50°，平行于航迹方向的开角为 100°～300°。组合发射和接收波束形成几十个窄的测深波束，通过计算机实时处理后，可获得全覆盖海底地形图及航行障碍物的位置和深度等资料。多波束测深声呐所覆盖海底横向宽度约为水深的 3 倍，是一种高效能、全覆盖的测深系统。适用于海上工程施工、重要航道、港湾、锚地和航行障碍物的精测，也可用于海底地形测量工作。多波束测深声呐为高频主动探测声呐，测深范围为几米至几百米，其测深数据可用于水下自主地形匹配导航。水面机器人的多波束测深声呐主要用于海洋学调查、海上搜救、管线检查、管线铺设监视、港口外围检查等。

图 3.35　Edgetech 侧扫声呐

图 3.36　Kongsberg 多波束测深声呐

3）温盐深测量仪

温盐深测量仪用于测量海水的温度、盐度和深度，这类仪器根据力学、热学、流体力学等原理制成，一般由电导率传感器、温度传感器、压力传感器组成。Valeport mini CTD 如图 3.37 所示。

4）气象站

气象站可综合测量风速、风向、大气压、温度、风寒温度、露点、热指数、位置、姿态等数据。采用超声传感器测量风速风向，可避免传统机械风速计轴承磨损等问题。在水面机器人运动时，可自动抵消水面机器人运动产生的风速，得出真实的风速。AIRMAR 气象站如图 3.38 所示。

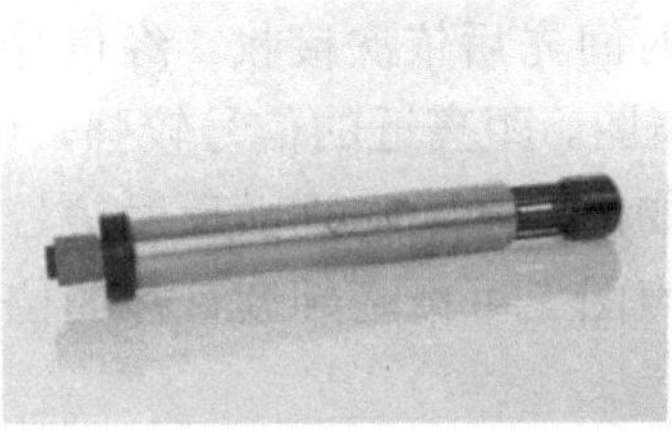

图 3.37　Valeport mini CTD

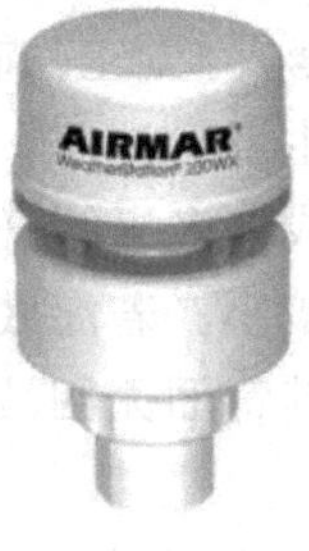

图 3.38　AIRMAR 气象站

3. 武器

水面机器人使用的武器主要包括水面武器和水中武器，其中水面武器包括遥控武器站、反蛙人火箭炮、非致命综合拒止系统、轻型导弹等，水中武器包括微型和轻型鱼雷、水雷、水下炸弹和灭雷炸弹等，主要用于毁伤舰艇目标、水下工程设施、水雷等。

1）水面武器

（1）遥控武器站。

遥控武器站可以用于对水面目标进行全天时检测、警戒、跟踪和解算，实施对目标的自动打击，可极大提升水面机器人的近程防御和执法能力。遥控武器站具有直观成像、全天时工作、自动化程度高、遥控操作和适装性好等特点。遥控武器站由显控台、挂壁箱和武器平台三部分组成，具有自动射击模式、半自动射击模式和手动射击模式。系统采用陀螺自主稳定，可消除平台摇摆，实现瞄准线稳定，可在维权执法、反恐、护航防御等非战争对抗冲突或低强度作战等任务执行中广泛使用。图 3.39 为搭载遥控武器站的水面机器人。

图 3.39　搭载遥控武器站的水面机器人

（2）反蛙人火箭炮。

在舰艇驻泊、锚泊时，水面机器人可执行警戒巡逻任务，采用单射、组射或齐射方式，有效歼灭蛙人等水下近区小型运动目标，保证舰艇安全。反蛙人火箭炮系统主要由反蛙人火箭炮、发射控制设备、反蛙人杀伤弹等组成。系统采用模块化设计，面积小，适装性好。各部件采用快速组装技术，装拆方便。该系统采用数字控制技术，响应速度快，精度高，且具有一定的故障诊断能力，智能化程度高，维修性能好，如图 3.40 所示。

（3）非致命综合拒止系统。

该系统集成激光炫目器、定向声波器、强光照射器、爆震弹、催泪弹等多种非致命武器，可有效对威胁目标进行警告、阻止、驱离、打击等，同时搭载高精度伺服稳定平台，配备红外、电视、激光测距等辅助传感器，可实现自主检测目标、准确锁定目标、精确打击目标。

（4）轻型导弹。

轻型导弹具有体积小、重量轻、射程近等特点，是水面机器人近距离精确打击的主要武器。这种导弹的制导方式一般比较简单，因弹体太小，无法装设雷达和微处理机等复杂的制导设备，故多采用光学、红外和复合制导等方式。图 3.41 为搭载轻型导弹的水面机器人。

图 3.40　反蛙人火箭炮

图 3.41　搭载轻型导弹的“瞭望者-II”面机器人

2）水中武器

（1）鱼雷。

鱼雷是非常主要的水中武器。微型和轻型鱼雷是水面机器人进行水下攻击的主要武器。美国的MK46-5轻型反潜鱼雷，重量235kg，装药量44.5kg，直径324mm，长度约2.6m，航程7315m，可用于水面机器人。以色列的“海鸥”水面机器人可搭载发射鱼雷，如图3.42所示。

图3.42　进行鱼雷发射测试的“海鸥”水面机器人

（2）水下炸弹。

水面机器人携带水下炸弹，可用于对水下目标或设施进行摧毁破坏。水下炸弹与水下作业工具结合，常用于猎雷和灭雷等，以消除水雷威胁。

3.1.7　水面机器人的布放回收

水面机器人可以通过布放回收装置快速、安全地部署到水面并高效、可靠地回收到母船。水面机器人的布放回收装置按照其在母船搭载的位置，分为船尾布放回收方式和船舷布放回收方式；按照布放回收工作原理，分为吊放式、滑道式、坞舱式。

1. 吊放式布放回收

吊放式布放回收是依靠母船上的起吊装置将水面机器人吊入（出）母船，为适应风浪条件下的布放回收，起吊装置需有一定的波浪补偿装置。但该方式布放回收作业速度慢，作业时间长，且受母船摇摆角度限制，当遇到较大风浪时，无法正常操作，所以技术难度较大，对海况条件要求也较高。

吊艇架一般安装于船只甲板的两侧，非工作时，艇身及布放回收装置处于甲板上，工作时布放回收装置摆出船舷外，将工作艇下放或吊起，按照起吊方式分为单点式和浮动托架式。

1）单点式

由于单点布放回收装置可靠性高、操作简单，受到越来越多的重视。大型舰艇上较常见的3种吊臂式布放回收均属于单点式，吊臂式布放回收装置的左侧为回转式吊架，中间为C型吊架，右侧为伸缩式吊架。以最常见的C型吊架为例，见图3.43，通常采用单点起吊波浪补偿装置，同时配备刚性对接连接器和防摆机构，可解决水面机器人单点起吊在空中运行时的晃动问题。然而其中刚性对接连接器需要人工辅助安装连接，如图 3.43 所示。图 3.44 为单点式吊放回收“斯巴达侦察兵”水面机器人。图 3.45 为濒海战斗舰伸缩吊放回收水面机器人。

图 3.43　单点式吊放

图 3.44　吊放回收“斯巴达侦察兵”水面机器人

图 3.45　濒海战斗舰伸缩吊放回收水面机器人

2）浮动托架式

水面机器人布放时，利用吊艇架将浮动托架和水面机器人一起吊下母船，当浮动托架与水面机器人入水后，松开锁定装置完成水面机器人与浮动托架的脱离，控制水面机器人行驶出浮动托架。脱离过程中需实时调整水面机器人和浮动托架的相对位置和姿态，克服海浪影响。待水面机器人完全移出浮动托架后，吊艇架回收缆绳，并将浮动托架吊上母船，完成布放过程。

水面机器人回收时，母船将浮动托架放入水中，让水面机器人驶入浮动托架中。在水面机器人进入浮动托架过程中，需对水面机器人和浮动托架的相对位置和姿态进行实时控制，克服海浪影响。当水面机器人进入浮动托架后，利用锁定装置将水面机器人与浮动托架锁定。最后利用吊艇架将浮动托架和水面机器人一起吊上母船，完成回收过程，如图 3.46 所示。

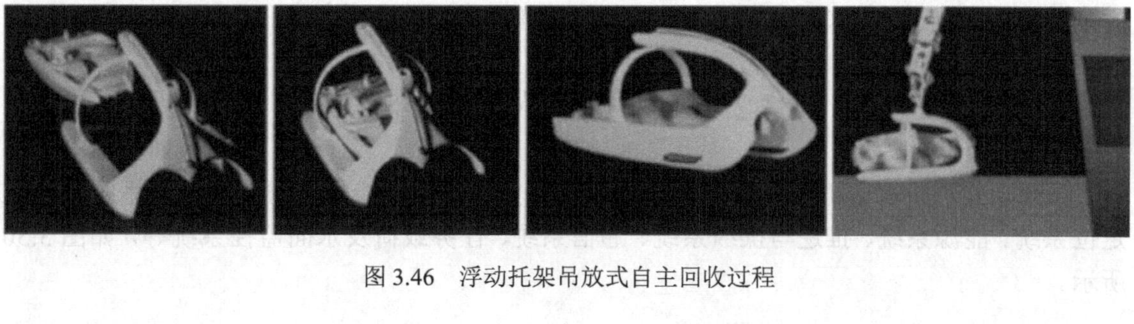

图 3.46　浮动托架吊放式自主回收过程

2. 滑道式布放回收

为适应高海况，新型的艉滑道式水面机器人快速布放回收方式是应用最多的技术。回收作业时，水面机器人以高于母船的航速冲进艉滑道，由滑道前方的绞车用钢缆把水面机器人拉离水面，回收到要求的位置，并可靠固定。释放水面机器人时，去掉固定的钢缆后，释放快速脱钩，水面机器人靠重力快速自动下滑到水面上，必要时，可用绞车将水面机器人缓慢下放到水面上，如图 3.47 所示。

美国海岸警卫队、法国的 Gowind 级护卫舰、荷兰的 Holland 级巡逻护卫舰、意大利的 FREMM 级护卫舰等护卫舰均已装备艉滑道式小艇布放回收系统，如图 3.48 所示。在回收速度、反应能力以及航行中的布放回收方面，滑道式布放回收较吊放式布放回收均具有优势。

图 3.47　“海上猫头鹰”滑道式布放回收装置

图 3.48　艉滑道式布放回收系统

3. 坞舱式布放回收

坞舱式布放回收具有受航速与海况影响小、布放回收时间短的优势，包括坞舱托架式和坞舱滑道式。坞舱托架式布放回收系统是将水面机器人存放在坞舱内的托架上，出舱前先打开舱门向舱内注水，此时托架上的水面机器人浮起，然后再打开锁定装置，遥控其驶离托架便可完成布放，而回收过程与此相反。坞舱滑道式布放回收系统则是在坞舱内设置倾斜滑道，回收时打开舱门向舱内注水，水面机器人只需驶入倾斜滑道便可通过牵引绞车等多种方式实现回收，而布放过程则仅需从滑道滑入水中即可。该布放回收系统可借鉴载人小艇布放回收装置，其布放回收设备布置在舱内，可用艉门遮挡存放[21]，如图 3.49 所示。

图 3.49　坞舱式布放回收系统

3.2　水下机器人系统构成

按照功能可将水下机器人系统划分为七个部分，包括智能规划与运动控制系统、导航定位系统、能源系统、推进与操纵系统、通信系统、任务载荷及水面监控系统等，如图 3.50 所示。

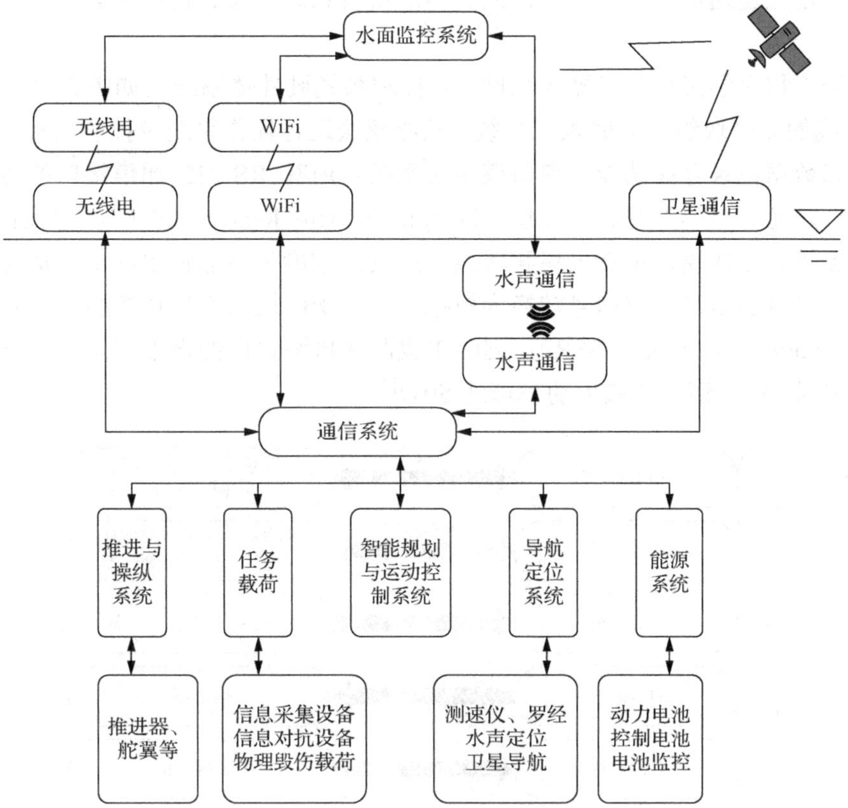

图 3.50　水下机器人系统组成

3.2.1　智能规划与运动控制系统

智能规划与运动控制系统（简称控制系统）是水下机器人的“大脑”，其作用相当于舰艇上的舰长、航海长和动力长三者职能之和，主要用于对水下机器人进行使命和任务规划，控制水下机器人上的推进器、舵等执行机构和探测声呐、光电探测器等任务载荷，按照要求完成航行机动、实施正确动作并完成相应的任务。水下机器人控制系统与潜艇、鱼雷等控制系统有很大差别，既不像潜艇那样严格依赖于艇员的操纵和控制，也不像鱼雷那样在较短的几十分钟内根据作战人员指令或预先编制的程序完成机动控制，而是需要在长时间无人介入的条件下自主操纵和控制，完成规定的任务、行为和动作。

1. 硬件体系结构

水下机器人控制系统的硬件可以分为水下机器人艇载硬件和水面监控系统硬件。水下机器人艇载硬件包括布置在水下机器人内部的主控单元、导航处理单元和任务载荷处理单元等；水面监控系统硬件主要是布置在母船（艇）或岸上的操作员工作台，或者是安装有控制系统软件的便携式计算机等。操作人员通过卫星通信、数传电台通信或水声通信等无线通信方式，光纤等有线通信方式，或者它们之间的组合方式指挥、控制、监测水下机器人；水下机器人可以通过上述通信方式，向操作人员传送自身状态信息、目标信息、环境信息、任务执行情况等。

以哈尔滨工程大学某水下机器人为例，其控制系统硬件体系结构如图 3.51 所示，用了基于 PC104 总线的多模块组成的嵌入式系统。核心模块运行操作系统及控制软件，同时承担网络通信功能和数据记录存储功能。串口模块负责接收所有 RS-232 通信接口的传感器原始数据，包括光纤陀螺、声学多普勒测速仪（Doppler velocity logger，DVL）、深度计、高度计、电源检测仪器等。A/D 模块负责采集和转换可燃气体浓度传感器输出的电压信号。D/A 模块负责将 8 个推进器的数字调速信号转换为模拟信号。DIO 模块用来直接驱动控制设备电源的固态继电器（solid state relay，SSR），同时采集漏水检测输出的报警信息。电源模块为整个嵌入式系统提供 5V 电源，其最大功率可达 50W[22]。

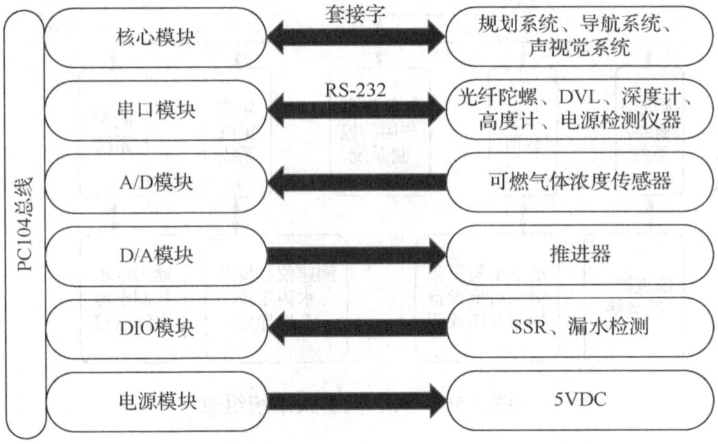

图 3.51　基于 PC104 总线的某水下机器人主控单元硬件体系结构

2. 软件体系结构

水下机器人控制系统的软件包括运动控制软件和智能规划软件。运动控制软件用于控制水下机器人的航行状态和姿态，并对部分传感器进行控制；智能规划软件用于完成水下机器人的使命规划、任务规划或航行规划。

控制系统软件体系结构是基于功能和抽象等级标准的模块化软件体系结构。水下机器人作为自主式智能平台，需要有较高的实时性和可靠性。以哈尔滨工程大学某水下机器人为例，其采用基于优先级的抢占式多任务调度的嵌入式实时操作系统——VxWorks，控制系统在 VxWorks 下的运行具体体现为多个任务的调度，任务的划分在软件体系结构中显得尤其重要。根据信息流程将任务划分为以下几类：

（1）无缆监控。从网络通信获取由规划系统转发的监控指令，将其同步至全局共享数据等待执行，并将机器人回复的信息反馈至规划系统，规划系统负责将该信息发送至水面监控系统。

（2）数据接收。接收传感器信号，完成数据格式转换，得到传感器原始数据并将其更新成全局共享数据。

（3）数据预处理。获得更新的传感器原始数据后，进行野点剔除，得到传感器数据，并将结果放入全局共享数据中。

（4）数据处理。对传感器数据进行平滑与滤波，得到机器人状态信息并将其更新成全局共享数据。

（5）控制器解算。根据当前机器人状态信息与规划指令信息计算所需控制力，并将其同步成全局共享数据。

（6）推力分配。将控制力分配到各个推进器，并完成推力-调速电压转换，由 D/A 模块发送至推进器。

（7）网络通信。从规划系统获得规划指令信息并将其更新至运动控制系统成为全局共享数据；将机器人状态数据发送给导航系统，并获取导航系统实时船位，推算得到大地坐标系下机器人位置信息并将其同步至运动控制系统成为全局共享数据；声视觉系统对水声图像进行处理，分析得到障碍物方位与距离信息并将其同步至运动控制系统成为全局共享数据。

上述功能模块之间通过共享内存的方式进行数据交换，例如某水下机器人控制系统信息流如图 3.52 所示。图中圆角矩形表示任务，平行四边形表示设备，圆形表示共享内存，双实线箭头表示信息交换，单虚线箭头表示功能模块执行的时间顺序。

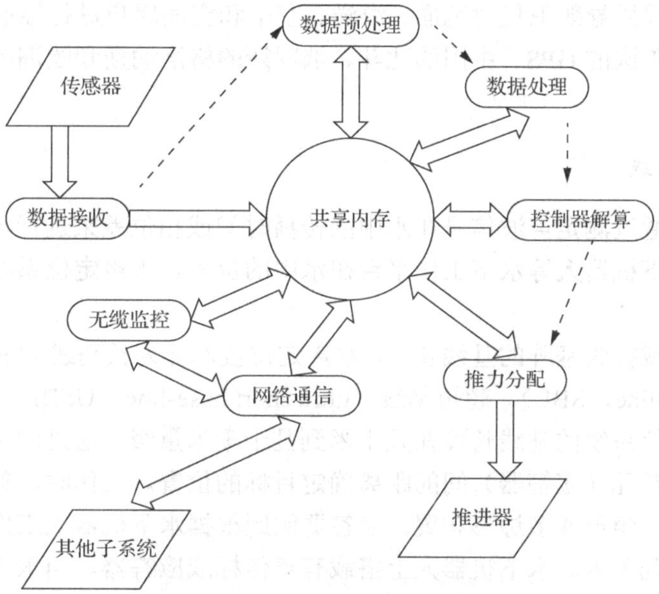

图 3.52　某水下机器人控制系统信息流

3.2.2　导航定位系统

水下机器人导航定位系统为水下机器人提供位置、航向、深度、速度和姿态等信息，以保障水下机器人安全航行、作战或作业。导航定位系统相关设备主要包括 INS、DVL、卫星定位系统（GPS、北斗、伽利略等），还有前视声呐、磁罗经、光纤陀螺、激光陀螺、深度计、高度计、测深仪、声学多普勒海流剖面仪（acoustic Doppler current profiler，ADCP）、水声定位系统（长基线、短基线和超短基线）等。

水下自主导航系统为满足水下机器人隐蔽或大范围机动要求，水下机器人导航系统主要采用自主导航方式。自主导航是指水下机器人不依赖外界导航信息，仅靠自身导航设备产生的信息就能够实现载体定位和导航[23]。目前常用的水下自主导航主要有两种：①基于 INS、声学测速仪（包括 DVL 和 ADCP）、压力传感器、高度计等设备的惯性组合自主导航；②基于罗经（包括光纤罗经、磁罗经等）、DVL、压力传感器、高度计等设备的船位推算自主导航，其基本思路是用 DVL 测量对地速度，用罗经测量航向角，从起始点通过推算计算相对位置，即通过对速度的时间积分来推算载体位置。惯性组合自主导航系统定位精度更高，最高可达航行距离的 0.1%，是目前使用最为广泛的水下机器人水下导航方式。

为更好地满足水下机器人高精度定位要求和长时间使用要求，水下机器人还可采用其他外部信息对 INS 进行校准，如采用 GPS 等卫星导航校准、地形匹配导航校准等。采用卫星导航校准时，水下机器人需上浮到水面接收卫星信息，与 INS 组合后的导航精度可达到 3～10m，有效保障水下机器人的长期导航精度。采用地形匹配导航时，水下机器人可根据匹配后得到的绝对地理坐标对 INS 进行校准。

1. 卫星导航系统

卫星导航是指采用导航卫星对地面、海洋、空中和空间用户进行导航定位的技术[24]。目前世界范围内仅有美国的 GPS、中国的北斗、俄罗斯的格洛纳斯和欧洲的伽利略四种商用卫星导航系统。

2. 水声定位系统

水声定位是指通过测定声波信号在水中的传播时间或相位差来进行定位的技术，用于跟踪、监视和测定水下机器人等水下工作平台在水中的位置。水声定位系统主要由应答器、声信标等构成。

按应答器基阵或接收基阵的基线长度，水声定位技术分为长基线（long base-line，LBL）、短基线（short base-line，SBL）、超短基线（ultra short base-line，USBL）三种。

长基线水声定位系统的基线长度在几千米到几十千米量级，通过测量水下目标（水下机器人）声源到各个基元（应答器）间的距离确定目标的位置。工作时，首先在海底布置不少于三个应答器，呈三角形或多边形布置，应答器间距根据水下机器人工作范围和应答器响应距离确定，一般为几千米。水下机器人上搭载有声信标或应答器。当水下机器人到达某一位置时，发出询问脉冲信号，各应答器收到信号后，立即发出应答信号，水下机器人上的水听器接收从各应答器返回的信号，根据信号往返时间，计算出水下机器人到各应答器的距离。再根据应答器的深度，解得水下机器人位置。长基线水声定位系统的定位范围大于 10km，定位精度为 2～3m，测距分辨率为 0.2m，方位分辨率为±0.30°或±0.50°。

短基线水声定位系统的基线长度一般在几米到几十米量级，利用目标应答器发出的信号到达接收基阵各个基元的时间差，解算目标的方位和距离。使用时，在水下机器人上布置一个应答器，在水面船等平台上布置一个询问器和三个水听器。水下机器人上的应答器接收到水面船上发出的询问信号后，立即发出应答信号，水面船通过测出应答信号到达三个水听器的时间差，可求得水下机器人相对于水面船的位置，再通过水下通信将位置信息传回水下机器人，以实现自身的定位。短基线水声定位系统的定位范围为几千米，定位精度为 1～5m，方位精度为 0.10°。声波在水中传播的速度约为 1500m/s，当 AUV 距离较远时，声波的传播需要一定的时间，从而导致定位存在时延。

超短基线水声定位系统将不少于三个声单元集中安装在一个换能器中组成声基阵，声单元之间的相互位置可以精确测定，组成声基阵坐标系，声基阵坐标系与搭载平台的坐标系之间的关系要在安装时精确测定，包括位置和姿态。声单元之间的距离一般为几厘米到几十厘米，因此系统通过测定声单元之间的相位差来确定基阵到目标（应答器或声信标）的方位（垂直和水平角度）；换能器与目标的距离通过测定声波传播的时间，再用声速剖面修正波束线确定距离。超短基线水声定位系统定位精度为 1m 左右，主要有两种使用方式：声基阵布置在水面船或其他平台上，应答器或声信标布置在水下机器人上，此时水面船等平台可获得水下机器人的位置，通过通信告知水下机器人来实现对其的定位，这种方式由于需要额外的通信转接，存在一定的定位时延；声基阵布置在水下机器人上，应答器或声信标布置在水面船等平台或海底，以此直接获取水下机器人的位置，由于不存在定位时延，定位实时性更好，适合自主导航应用，但声基阵尺寸和功耗较大，不适合小型水下机器人搭载使用。

3. 其他导航方式

随着技术的进步，研究人员又发展出了与地球物理属性匹配的水下导航定位系统，包括地形/地貌匹配导航、重力匹配导航、地磁匹配导航等。挪威“Hugin-1000”水下机器人就具备了地形匹配导航的功能。

3.2.3 能源系统

能源系统是为水下机器人运动提供动力源，为设备、任务载荷等提供电能的各种装置的集合，是提供水下机器人作战或作业能力的主要因素之一。水下机器人对能源系统的要求包括体积小、重量轻、比能量高、安全可靠和成本低等。

水下机器人应用的能源大致包括铅酸电池、银锌电池、镍基电池、锂电池、燃料电池、小型核动力装置、封闭式循环柴油机系统、海洋温差能等多种类型，下面分别加以简单介绍。

1. 铅酸电池

铅酸电池在 3.2.1 节介绍过，此处不做重复介绍。

2. 银锌电池

与铅酸电池相比，银锌电池的发展要晚一些。在商用蓄电池中，银锌电池具有如下优点：

（1）可提供较高的比功率。可连续供出 600W/kg 的比功率，短时脉冲可供出比功率 2500W/kg。

（2）比能量高。银锌电池的比能量理论可达 300W·h/kg，较铅酸电池高 1～3.5 倍。

（3）自放电率低，每月约 5%。

（4）机械强度高。

（5）能很好地承受短期超负荷，一直到放电结束其电压都保持相对平衡。

但是，银锌电池自身也存在诸多缺陷，如下所述：

（1）价格昂贵，为铅酸电池价格的 8～10 倍。

（2）湿态寿命短，低速率电池湿态寿命最长为 2～3 年，高速率电池湿态寿命只有 3～18 个月。

（3）容量衰减快，使可用的循环寿命降低，根据充放电速率和温度等使用条件，最长循环寿命为 50～100 次。

（4）充电时间长，约 15h。

上述不利因素限制了银锌电池作为水下机器人能源的应用。另外，深海的低温对银锌电池的性能存在影响，当温度下降时，会导致锌电极钝化，电解液电导率下降（电池内阻增加），从而极大影响电池放电性能。综上所述，由于水下工作环境的恶劣性及水下机器人艇体体积的严格限制，在水下使用银锌电池时更重要的是考虑可靠性和安全性。

3. 镍基电池

镍基电池主要是指镍镉电池和镍氢电池两类。与铅酸电池相比，镍镉电池在使用便捷性等方面取得了长足进步，但镍镉电池比能量较低，且其对环境的污染非常严重，在某些国家已被禁止生产。然而，镍镉电池在大电流放电、自放电和价格上的突出优点，使其在很多水下机器人应用中尚未被完全取代。20 世纪 70 年代中后期出现的实用化镍氢电池在许多方面优于镍镉电池，是镍镉电池的升级替代产品，近些年发展很迅速，和锂电池一同成为目前二次电池市场上的主流产品。镍基电池的发展为水下机器人提供了低成本、长寿命、中等能源密度的电池能源方案选择，如“Theseus”等水下机器人上就应用了镍镉电池。可见，镍基电池自身虽然存在某些缺点，但是随着技术的进步，它们在水下机器人上还是得到了一定的应用。

4. 锂电池

锂电池在 3.2.1 节介绍过，这里不做赘述。

由于锂电池突出的性能优势，其近几年在水下机器人中得到了较广泛的应用。如美国的“Bluefin”系列、“REMUS”系列［图 3.53（a）］、挪威的“Hugin”系列、英国的“Autosub-6000”、日本的“r2D4”［图 3.53（b）］等水下机器人都将锂电池用于其能源系统，并出色地完成了各自的使命任务，证明了锂电池在水下机器人应用中的优良性能。可以预见，锂电池将是未来二次高能电池的主要发展方向之一，必将对水下机器人的发展产生重大影响。

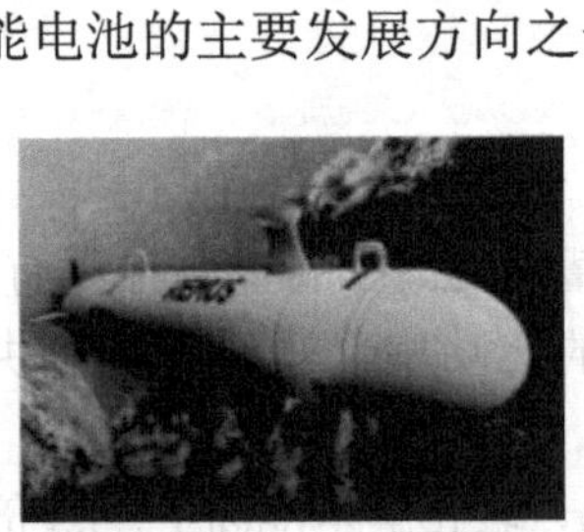

（a）

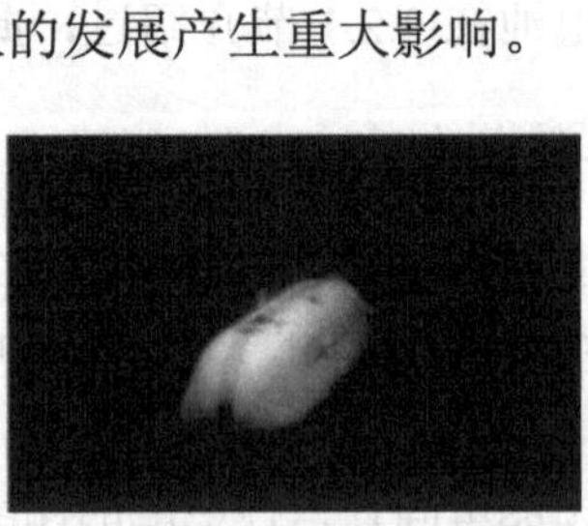

（b）

图 3.53　采用锂电池作为能源的水下机器人

5. 燃料电池

燃料电池是一种把燃料所具有的化学能直接转化成电能的化学装置。它以氢气为燃料，氧气作为氧化剂，直接将储存在燃料和氧化剂中的化学能等温、高效、环境友好地转化为电能。与其他类型的化学电池相比，燃料电池有如下突出优势：

（1）能量转化效率高。燃料电池能量转化效率高达 50%～60%，通过对余热的二次利用，总能量转化效率可高达 80%～85%，是普通内燃机的 2～3 倍。

（2）无污染。燃料电池可实现零排放，电池工作过程的唯一产物是水。

（3）效率随输出变化的特性好。燃料电池部分功率下运行效率可达 60%，短时过载能力可达到 200%的额定功率。

（4）运行噪声低，可靠性高。燃料电池无机械运动部件，工作时仅有气体和水的流动。

（5）构造简单，便于维护保养。燃料电池采用模块化结构，组装和维护方便。

（6）燃料（氢气）来源广泛，可再生。氢是世界上储量较多的元素，可再生，并且制备方法多样，可通过石油、甲醇等重整制氢，也可通过电解水、生物制氢等方法获取氢气。

（7）环境适应性强。燃料电池功率密度高、过载能力大、可不依赖空气，因此可两栖使用，适应多种环境及气候条件。燃料电池的诸多优点使其在水下机器人中得到了较多应用。

虽然在水下机器人中燃料电池得到了良好的应用，但要想完全取代其他电池，必须解决安全性、高效性、可靠性等问题，并确保在待命状态、存储状态、压载高变换状态下保持良好的工作性能。另外，燃料电池还应能在有限空间中高效工作，并能够妥善处理泄漏的氢氧原料，管理好氢氧的存储。总之，随着燃料电池能源总量及比能量的提高，在不久的将来，它将取代其他二次电池，被广泛高效地应用在工程实际中，成为在水下机器人上有着极大发展前景的能源。

6. 小型核动力装置

小型核动力装置水下续航力强、隐蔽性好、可达航速高、技术成熟，是一种有着极大发展前途的水下动力装置。小型核动力装置搭载到水下机器人上有以下优势：

（1）满足水下机器人的机动性和水下续航力等要求，可以为全航程提供足够的能源，不受下潜深度和潜伏时间的限制，且暴露率为零。

（2）固有安全性好，事故概率低，自然循环能力强。

（3）核燃料一次装料可在满功率下运行一年以上，中间不需要添加燃料。

虽然小型核动力装置具有以上优点，但仍存在一些问题：

（1）装备建造费用高于其他不依赖空气推进（air independent propulsion，AIP）系统的方案。

（2）退役处理比普通水下机器人复杂，需进行乏燃料及有关设备的后处理。

随着科学技术的不断发展，人类在海底活动的范围和规模会越来越大，因此对深海水下机器人的下潜深度和续航力等方面的要求也会越来越高。由于核动力的一些固有特性，在水下机器人上装备小型核动力装置是一种很有发展前途的技术方案。

7. 封闭式循环柴油机系统

众所周知，柴油机在陆地上得到了广泛的应用。如果能将柴油机排放物中的二氧化碳去除，并用氧气取而代之，则柴油机系统即可变成一个封闭式循环柴油机（closed cycle diesel engine，CCDE）能源系统，成为不依赖空气能源系统的一个不错的选择。此系统具有燃油原料价格低廉、运行成本低、可靠性高的特点。日本“R-one”号水下机器人（图 3.54）上便安装了 CCDE 能源系统。该系统的能量输出功率为 5kW，总能量为 60kW·h，直流电压为 280V。在 1997 年的海试中，该水下机器人以 4kn 航速，在水下 10～50m 深度内完成了 70km 的自主巡航，航行时间为 12h37min。对于“R-one”号水下机器人，应用 CCDE 能源系统与电池系统相比具有如下优点：

（1）系统的能源剩余量可以很准确地估算出来，从而在执行任务时可以不必预留过多的安全裕量。

（2）只要能够及时增添燃油和液态氧，并及时更换二氧化碳的吸收剂，此系统就可以重复使用，而电池系统需要长时间的充电，并且需要准备足够数目的电池以备更换。

（3）系统电压输出稳定。

然而，相对于电池系统，CCDE 能源系统的总能量较小，仅为 60kW·h。如果能够增加 CCDE 能源系统的燃油量和液态氧量，更换二氧化碳吸收剂，则更长的航行对于“R-one”号水下机器人将不再是一个难题。

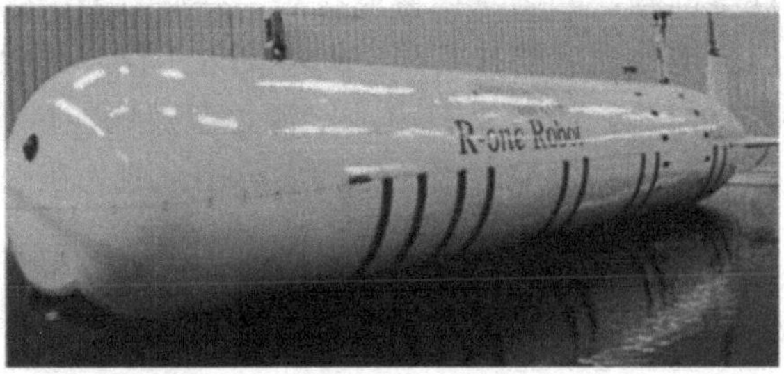

图 3.54 “R-one”号水下机器人

8. 海洋温差能

环境能源主要包括太阳能、海浪能和温差能。与其他环境能源相比，温差能比较可靠，只要有适当的温差就能产生温差能，而海洋表层水与深层水之间的显著差别之一就是温差。海洋温差能是一种可再生的清洁能源，温差能驱动装置中的热传导问题是影响装置功率的关键因素[25]，研究温差能驱动装置的关键问题是工质材料的选择。与以电能为动力的水下机器人相比，温差能驱动的水下机器人具有活动范围广、航行时间长、下潜深度深等特点，具有广阔的发展前景。

3.2.4 推进与操纵系统

推进与操纵系统是为水下机器人前进、后退、转艏、潜浮、悬停等机动行为提供驱动力的各种装置的集合，用于保证水下机器人按照指令完成航向、深度和速度的改变及保持，主要包括各种形式的推进器、操纵装置及无动力驱动装置。

1. 水下机器人推进器

水下机器人常用的推进器主要是基于螺旋桨的推进器，如图 3.55 所示，包括普通螺旋桨推进器、导管螺旋桨推进器、槽道螺旋桨推进器、轮缘螺旋桨推进器等。也有一些作为验证平台的水下机器人采用泵喷推进器、喷水推进器等特种推进器，但由于受水下机器人尺寸、排水量等的限制，相关小型化的技术尚未完全突破和普及，应用较少。

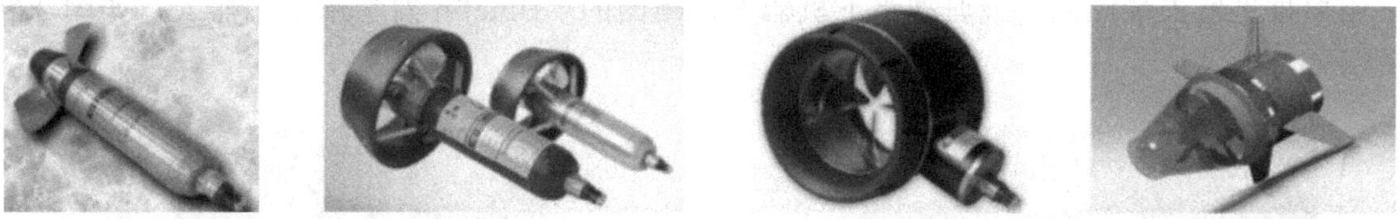

（a）普通螺旋桨推进器　（b）导管螺旋桨推进器　（c）轮缘螺旋桨推进器　（d）泵喷推进器

图 3.55　部分推进器示意图

水下机器人螺旋桨推进器主要包括驱动电机和螺旋桨。驱动电机通过传动装置驱动螺旋桨，或者与螺旋桨集成为一体构成推进装置（如轮缘螺旋桨推进器）。螺旋利用力的作用与反作用原理，通过其与周围水相互作用产生推力使水下机器人运动。大多数水下机器人采用普通螺旋桨或导管螺旋桨作为主推进器，用来提供水下机器人前进的动力。主推进器可以是单个，也可以是多个，主要根据动力需求和操纵要求来确定。辅助推进器多采用内嵌入水下机器人艇体的槽道螺旋桨推进器或布置在舷外的导管螺旋桨推进器，主要用于提供水下机器人转艏、俯仰、横移、升沉、悬停等机动行为的动力。

2. 水下机器人操纵装置

常用的水下机器人操纵方式主要有舵桨联合操纵、多推进器组合操纵、单推进器矢量操纵以及它们的组合。舵桨联合操纵主要是指艉部单个纵向推进器配合艇上布置的舵翼实现水下机器人的操纵控制，如图 3.56 所示。由于仅有一个纵向推进器，此时的水下机器人属于欠驱动系统。又仅依靠舵翼实现操纵控制，航速过低会导致舵翼失效，因此这种方式主要适用于大范围较高航速（不小于 1kn）的巡航水下机器人。

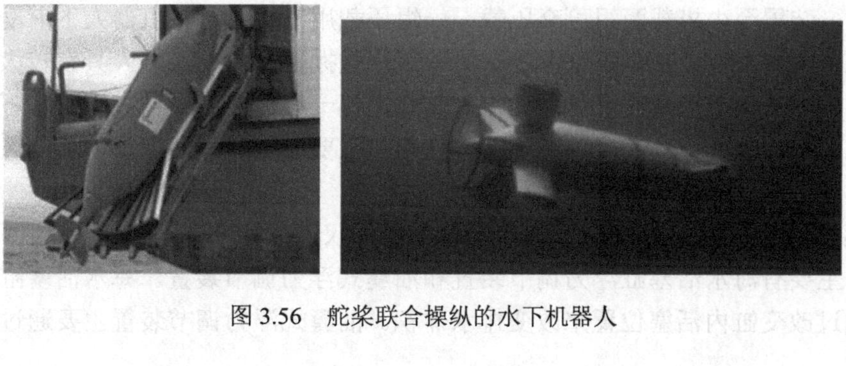

图 3.56　舵桨联合操纵的水下机器人

多推进器组合操纵主要是利用不同方向布置的推进器提供的直接推力和推进器间的差动来操纵水下机器人实现横移、潜浮、转艏、俯仰、横滚及悬停等操纵运动。纵向推进器配合舷外布置的多方向推进器如图 3.57 所示。由于在水下机器人不同方向均布置有推进器，这种方式的水下机器人一般多为全驱动或过驱动系统，操纵效率非常高，不仅可执行大范围高速巡航任务，也可执行小范围局部精细观测任务。但由于推进器能源利用效率不高，使用这种推进方式的水下机器人的续航力往往受限。

单推进器矢量操纵是指通过在推进器内布置驱动电机并利用相应的转动、传动机构驱动螺旋桨转动，进而使推进器可产生多个方向的推力，满足水下机器人操纵控制需求。当前采用单推进器矢量操纵的最典型水下机器人是美国的"Bluefin-21"水下机器人，如图 3.58 所示。

图 3.57　多推进器组合操纵的水下机器人

图 3.58　单推进器矢量操纵——美国"Bluefin-21"水下机器人

3. *无动力驱动装置*

无动力驱动是指水下机器人在执行推进或操纵运动时，驱动装置本身不持续输出动力，仅依靠装置动作后为水下机器人整体提供的额外浮力或重力来驱动实现推进与操纵运动。无动力驱动主要分为重力驱动和浮力驱动。

重力驱动装置是指不改变水下机器人总浮力而仅改变水下机器人总重量的无动力驱动装置，主要有基于高压海水泵的注排水装置和抛载装置。注排水装置通过向水箱注水（增加重量）和从水箱排水（减少重量）两个动作来改变水下机器人总重量。由于变化的重量来自海水，因此单个潜次中注排水动作可重复执行，既可用于驱动水下机器人做垂直面变深运动，也可作为操纵装置用于调整水下机器人姿态。但由于水箱需承受压力，且体积较大，这种驱动装置不适合大潜深水下机器人使用。抛载装置主要是通过抛弃压载来改变水下机器人总重量。使用时，装置至少搭载两组可弃压载：一组压载用来提供水下机器人下潜动力，抛掉后水下机器人具备中性浮力或微小正浮力；另一组压载抛掉后水下机器人具有较大正浮力，以此提供上浮动力。由于抛载装置每次动作后都要抛掉一组压载，一旦抛掉后水下机器人浮态便不可逆地改变，因此单个潜次内无法重复使用，主要应用于大潜深水下机器人的下潜和上浮驱动。

浮力驱动装置是指不改变水下机器人总重量而仅改变水下机器人总排水体积的无动力驱动装置，主要有海水活塞缸浮力调节装置和油囊式浮力调节装置。海水活塞缸浮力调节装置主要是通过改变缸内活塞位置来改变排水体积。油囊式浮力调节装置主要通过向裸露在水中的外油囊注排油来改变排水体积。这两种装置既可用于驱动水下机器人做垂直面变深运动，也可用于调整水下机器人姿态，平衡水下机器人重量浮力。

3.2.5 通信系统

水下机器人通信系统可分为水下通信和水面通信两类，主要包括水声通信、水下激光通信、水下电磁波通信、基于数传电台的无线电通信、卫星通信和基于 WiFi 的无线网络通信等手段，用于水下机器人之间、水下机器人与其他平台的通信，实现信息的双向传输。图 3.59 为水下机器人与水面及水下节点通信链路示意图。由于水下机器人需要长时间、远距离、隐蔽和自主地在水下执行任务，加之体积小、能源有限，因此要求其通信设备应是小型、低功耗和具有隐蔽性的，同时要具备耐水压能力。

图 3.59 水下机器人与水面及水下节点通信链路示意图

1. 水下机器人水下通信技术

目前，水下机器人的水下通信主要有水声通信、水下激光通信和水下电磁波通信三种手段。其中，水声通信距离最远，最远可达几千米到十几千米；水下激光通信距离一般在百米级别；而水下电磁波通信距离最近，目前在水下机器人上试验性应用的水下电磁波通信距离在几厘米到几十厘米范围。

1）水声通信

水声通信是利用声波在水中进行通信联络的技术，由于声波在水中衰减小，传输距离远，是目前最成熟、应用最广泛的水下通信手段，主要用于水下机器人之间、水下机器人与水底或水中节点（浮标、潜标、基站等）、水下机器人与潜艇或水面船之间的水下无线信息传输，以实现数据、信息和情报的交互。

水声通信设备即通信声呐，由声呐阵、发射机和接收机、信号处理设备等组成。由于水下机器人与舰艇、潜标或浮标等平台的尺寸、能耗、背景噪声相差很大，因此其上配置的通信声呐与平台上配置的通信声呐在外形、尺寸、能耗上可能不太一样，两者之间的双向通信也可能是非对称的，甚至通信体制也可能会不同。

目前，水下机器人等潜水器上搭载的通信声呐的通信距离一般在几千米范围内，部分能达到十几千米，通信速率从每秒百比特级到每秒几千比特级。通信频段越高，通信速率越大，但通信距离越短，即通信呈现高频近程高数据率和低频远程低数据率的特性。图 3.60 为美国 LinkQuest 公司的“UWM”系列水声通信机。

2）水下激光通信

水下激光通信技术是近几年发展起来的新型水下无线通信技术。水下激光通信是指利用海水透射窗——蓝绿激光作为载波进行通信，其工作过程可概括为：信息→压缩编码→调制→发射→接收→滤波→解调→解码→信息恢复。蓝绿激光的特点是可穿透云层和海水，与电磁波相比，其方向性强、信息隐蔽性好、传输速率高（可以轻松达到每秒百万比特级，甚至是每秒千兆比特级），可用于水下机器人水下协同通信和水下高速上传大容量数据[26]。

但是，水下激光通信也存在诸多缺点：仅在视距范围内通信，最大传输距离在百米级；通信信道是水体，易受水中悬浮颗粒和浮游生物散射影响；仅能实现点对点传输，且对发射端与接收端对准精度要求很高；由于刚刚发展起来，仅有极少的货架产品，成本非常高。图 3.61 为英国 Sonardyne 公司的 BlueComm 200 水下激光通信机。

图 3.60　“UWM”系列水声通信机

图 3.61　BlueComm 200 水下激光通信机

3）水下电磁波通信

相比于水声通信，电磁波在水中短距离传输时带宽更高，抗噪声能力更强，在较为复杂的自然水域中仍可保持较好的通信质量[27]。相比于水下激光通信，其不受水中浑浊物等水体环境影响。但由于电磁波在水中有很强的衰减，要想实现水中几米甚至百米级通信，天线尺寸会非常大，这对于水下机器人这种小尺寸平台很不适用。目前在水下机器人领域应用的水下电磁波通信距离仅为厘米级，用于水下机器人与水下基站间的非接触式数据传输，且尚处于小范围试验性应用阶段。

2. 水下机器人水面通信技术

1）基于数传电台的无线电通信

数传电台是数字式无线数据传输电台的简称，它是采用数字信号处理、数字调制解调、具有前向纠错、均衡软判决等功能的一种无线数据传输电台[28]。数传电台具有数话兼容、数据传输实时性好、专用数据传输通道、适用于恶劣环境、可靠性高等优点，但信号易被敌方截收、测向和干扰。数传电台通常提供标准的串行数据接口，可直接与计算机、数据采集器等连接，已经在许多行业得到广泛的应用。

数传电台主要用于水下机器人与母船（艇）、飞机、其他水下机器人之间的空气中信息传输。由于舰艇、水下机器人和飞机的无线电通信设备使用环境差别很大，因此水下机器人上配置的无线电通信设备与舰艇、飞机上的通信设备在外形、尺寸、能源消耗上可能不尽一致。数传电台通信距离与通信频率及发射功率有关，工作频段为 220～240MHz 和 400～470MHz 的数传电台在水下机器人上使用较多，此频段下有效通信距离为几千米到几十千米，通信速率一般为 9.6～19.2kbit/s。使用数传电台时，水下机器人必须上浮到水面状态工作，通常是在母船（艇）布放和回收水下机器人时使用。

2）卫星通信

水下机器人卫星通信主要用于水下机器人与岸上指挥中心、母船（艇）、飞机、其他水下机器人之间的超视距空中信息传输。采用卫星通信方式时，水下机器人必须上浮到水面状态工作。目前，国内外水下机器人主要使用铱星通信。随着我国北斗卫星导航系统的逐步发展与完善，我国水下机器人开始采用北斗卫星导航系统进行卫星通信。

3）基于 WiFi 的无线网络通信

WiFi 是一种基于 IEEE 802.11 协议的无线局域网接入技术，其突出优势在于有较广的局域网覆盖范围，其覆盖半径可达 100m 左右；传输速度非常快，可以达到 11Mbit/s（802.11b）或者 54Mbit/s（802.11a），适合高速数据传输业务；无须布线，因此不受布线条件的限制。

水下机器人采用 WiFi 构建无线局域网传输数据，主要用于水下机器人下水前的检查，下载使命规划指令，以及浮到水面后快速上传水下机器人内记录的状态信息数据和传感器采集的大量原始数据。采用 WiFi 通信时，水下机器人一般已经在母船附近或已回收到母船上，天线处在水线以上。目前，国内外已有多型民用水下机器人配备了 WiFi 通信功能，如美国的“REMUS-100”、挪威的“Hugin”系列等。

3.2.6 任务载荷系统

水下机器人任务载荷是指为满足水下机器人使命任务、实现作战或作业功能而配置的有关水声、电子和光学的设备及武器等。水下机器人使命任务不同，对任务载荷的功能和性能要求不同，对载荷的类别和数量要求也不同。一个使命任务可同时配置多种任务载荷，一种任务载荷可支持完成多个使命任务。鉴于水下机器人尺寸小、能源有限，不可能像舰艇那样将检测、对抗、通信、指挥控制、武器等系统或设备全部集成在一起[29]，因此一种类型水下机器人所能配置的任务载荷是比较有限的，所担负的使命任务也相对比较单一。水下机器人的排水量级别不同，其能源和任务载荷搭载能力不同，所能担负的使命任务也不同，即使担负同样性质的使命任务，执行任务时的工作范围、持续时间和能力也不一样。

1. 任务载荷类别及组成

按使命任务，水下机器人的任务载荷可分为环境信息采集载荷、信息对抗载荷、物理毁伤载荷等，如图 3.62 所示。按功能，水下机器人任务载荷通常包括侦察设备、探测设备、海洋测量设备、信息对抗设备、水中武器等。按使用环境，水下机器人任务载荷分为水面任务载荷和水下任务载荷。水面任务载荷主要为电子和光电设备，水下任务载荷主要为声学、光学、电磁学设备，以及水中武器等。

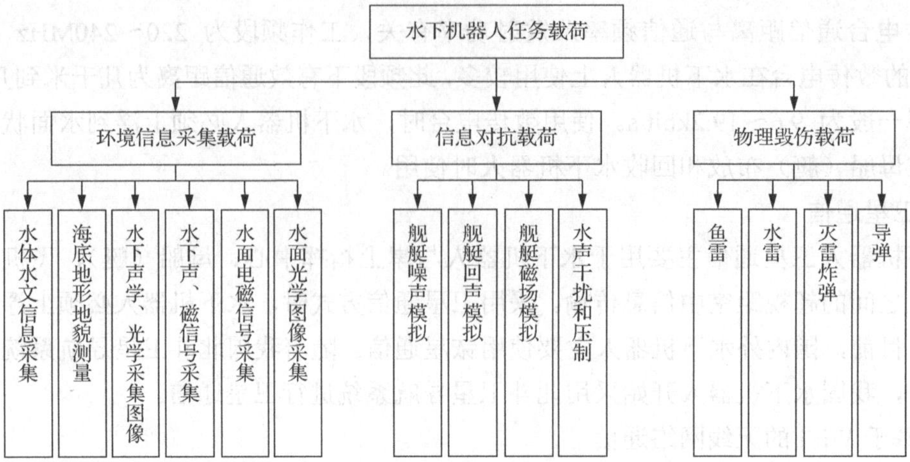

图 3.62　水下机器人任务载荷组成示意图

2. 环境信息采集载荷

这里的环境信息是一个广义概念，既包括水体水文信息、海底地形地貌信息等自然环境信息，也包括战场环境中的水面电磁信号、水面光学图像、水下声学/光学图像、水下声/磁信号等人造环境信息。

图 3.63　装备折叠式桅杆的美国“Echo Voyager”水下机器人

水面环境信息采集设备主要包括光电探测设备和电子（雷达、通信等）信号侦察设备等，用于对水面以上目标检测和电子信号实施侦察，获取目标电子信号特征和图像情报。光电探测设备通常包括红外热像仪和昼光电视仪等，电子信号侦察设备包括雷达信号侦察设备和通信信号侦察设备等[30]。水面环境信息采集设备主要安装在水下机器人的桅杆上（图 3.63），包括固定式桅杆、升降式桅杆和折叠式桅杆三种。使用水面设备时，水下机器人需浮到水面或近水面支起桅杆，桅杆以上的设备在水下机器人控制下突出水面，观察或获取水面以上信息。

水下环境信息采集设备主要有主动探测声呐（包括多波束成像声呐、侧扫声呐、浅层剖面仪、合成孔径声呐、探潜声呐等）、水文信息传感器（包括温盐深测量仪、ADCP、声速剖面仪、电磁海流计等）、水下摄像机/照相机、水下激光成像仪、水声信号采集/测量装置等，主要用于对目标水域海底地形地貌测量、水下目标探测/识别/定位、水下结构物或设施检查/调查、水文信息资料获取、非己方舰艇噪声信号采集、非己方防御声呐信号采集及定位等。

3. 信息对抗载荷

受限于水下机器人平台搭载能力和水下环境及任务的特殊性，当前水下机器人可搭载的信息对抗设备主要是水下声、磁装置，如舰艇噪声模拟装置、舰艇回声模拟装置、舰艇磁场模拟装置、水声干扰和压制设备等，主要用于模拟舰艇信号特征，伪装和欺骗敌方探测设备和水中自导兵器。

目前信息对抗载荷比较典型的应用是水下机器人以潜艇模拟器的角色与水声对抗设备一起工作，通过模拟潜艇辐射的噪声和反射的回波，来模拟潜艇在水下的航行机动，主要用于潜艇规避反潜潜艇和反潜航空兵的搜索、跟踪、监视和攻击，还可用于己方反潜部队的日常反潜训练。

4. 物理毁伤载荷

水下机器人可配置武器或武器发射舱，在己方其他平台指挥控制或自主决策下，从水下机器人上发射武器来打击目标。

当前，可供水下机器人使用的物理毁伤载荷主要包括鱼雷、水雷、灭雷炸弹等，主要用于毁伤敌方舰艇目标、水下工程结构设施、水下监听设施、水雷等。未来，随着指挥控制、自主决策及水下机器人平台技术的发展，水下机器人还将搭载各种导弹，执行防空、反舰、反潜、对地打击等任务。

3.2.7 水面监控系统

水下机器人水面监控系统的作用是通过水面/水下通信、定位手段，监视水下机器人位置、获得水下机器人采集的数据及反馈回来的状态信息、向水下机器人发送控制及任务指令等。

水面监控系统按集成度大致可分为三类：分散式监控系统［商业计算机（多为便携式笔记本电脑）+外部设备］、部分集成式监控系统（定制监控箱+部分外部设备）、集成式监控系统（监控台+天线/换能器）。

1. 分散式监控系统

分散式监控系统是指监控计算机与其他外部设备（如数传电台、WiFi、卫星通信与定位终端、水声通信终端、水声定位终端、电源、网络交换机、串口集线器等）通过线缆连接在一起，外部设备多为货架产品，每个设备独立工作，通过监控计算机分发数据。多个设备通过线缆互连，会使整个系统显得非常乱，而且可靠性不高。分散式监控系统的优点是监控系统集成工作非常少，当外部设备较少时便携性更好，适合系统简单的小型水下机器人使用。

2. 部分集成式监控系统

部分集成式监控系统的监控计算机是定制的，一般布置在具有一定三防能力、配有多种接口的定制监控箱中，箱中还同时集成数传电台收发模块、WiFi 模块、网络交换机、串口集线器、天线接口及相应电源等功能模块，需要时，可以通过线缆与水声通信终端、水声定位终端等连接在一起。由于监控箱把集线器、数传电台收发模块等小模块都集成在一起，只保留天线和水声终端等独立单元，整体更加整洁，便携性更好，不影响监控系统整体在不同搭载平台（母船）间的布置和使用。

3. 集成式监控系统

集成式监控系统按布置方式可分为固连在母船上的船载监控台和独立监控站。船载监控台是把监控计算机和所有相关设备都集成到一个工作台上，通过监控台上的接口和固连在船上的天线、水声换能器连接，由于所有设备均固连在船上，无法布置在其他母船上使用，适合搭载水下机器人开展特定任务的专业母船使用。独立监控站是一个独立站房，其上布置高度集成化的监控台和固定天线，通过外部接口与水声换能器等设备连接，由于其高度集成性和独立性，可以布置在不同平台（水面船、码头等）上使用，但由于监控站整体尺寸较大，会占用较大的船甲板面积，适合系统较复杂的大中型水下机器人使用。

3.3 思 考 题

3.1　水下机器人系统分为哪些部分，试讨论海洋机器人和潜艇以及鱼雷控制系统的区别。

3.2　水下机器人导航系统主要采用何种导航方式，如何满足水下机器人高精度定位和长时间使用两大要求？

3.3　水下机器人对能源系统的要求包括哪些特点，试比较各种能源系统的优缺点。

3.4　常用的水下机器人操纵方式主要有哪些，其中哪种操纵效率最高，它有什么缺陷？

3.5　水下机器人包括哪些通信手段？请总结出各种方式的特点。

3.6　水面监控系统按集成度大致可分为哪几类，它们分别适用于何种水下机器人？

3.7　表面桨通常应用场景有哪些？查阅资料总结出表面桨的优缺点。

3.8　水面机器人按照功能可以划分为哪些部分？请讨论水面机器人和水下机器人相同系统的异同点。

3.9　请查阅资料，收集 INS 的工作原理和优缺点，以及改进方法。

3.10　水面机器人的布放回收工作原理分为哪几种？各适用于何种场景？

参 考 文 献

[1] 冯栋梁. 便携式 UUV 平台开发及运动控制研究[D]. 大连: 大连海事大学, 2022.

[2] 岳伟. 微网并网装置控制策略的研究[D]. 北京: 华北电力大学, 2011.

[3] 覃宇夏. 锂离子电池大电流放电影响因素的研究[D]. 长沙: 湖南大学, 2008.

[4] 梁翠凤, 张雷. 铅酸蓄电池的现状及其发展方向[J]. 广东化工, 2006, 33(2): 4-6.

[5] 段冀渊. 锂离子电池安全性能评价技术研究[D]. 上海: 华东理工大学, 2013.

[6] 张访. 便携设备电池过压过流保护电路的设计[D]. 武汉: 华中科技大学, 2006.

[7] 景军军, 高峰, 王武兴, 等. 车载移动橇装式膜制氮装置简介[J]. 石油和化工设备, 2008, 11(5): 44-47.

[8] 张小海. 可调螺距螺旋桨动态加载装置刚体动力学分析[J]. 汕头大学学报(自然科学版), 2015, 30(4): 14-21.

[9] 刘佳. 表面桨推进系统发展与应用[J]. 中国水运(下半月), 2017, 17(7): 129-132.

[10] 冯世领. 合理选择高速船推进系统[J]. 珠江水运, 2016(10): 12-13.

[11] 谌月姣. 基于 CFD 的导管串列螺旋桨敞水性能研究[D]. 湘潭: 湘潭大学, 2015.

[12] 廖煜雷, 李晔, 刘涛, 等. 波浪滑翔器技术的回顾与展望[J]. 哈尔滨工程大学学报, 2016, 37(9): 1227-1236.

[13] 湖南金鲨动力科技有限公司. 一种水冷四冲程轻型柴油舷外机的制作方法: CN202120290228.4[P]. 2021-09-28.

[14] 廖煜雷. 无人艇的非线性运动控制方法研究[D]. 哈尔滨: 哈尔滨工程大学, 2012.
[15] 曾文静. 基于光视觉的无人艇水面目标检测与跟踪研究[D]. 哈尔滨: 哈尔滨工程大学, 2013.
[16] 徐志杰. 一种高精度 GNSS 测量型天线的研究[D]. 西安: 西安电子科技大学, 2015.
[17] 徐鼎, 孟坤, 李尚同. 基于 Android 端的惯性导航算法研究[J]. 软件导刊, 2017, 16(4): 35-37.
[18] 崔靖. 基于深度学习的自动驾驶车辆三维目标检测方法研究[D]. 太原: 中北大学, 2022.
[19] 陈强, 兰晓娟, 王霜. 国外 UUV 系统在海洋调查中的应用[J]. 舰船科学技术, 2012, 34(10): 133-136.
[20] 陈强. 水下无人搜探系统任务载荷使用模式分析[J]. 舰船科学技术, 2016, 38(9): 104-107.
[21] 沈海龙. 一种用于无人艇快速收放的海况自适应的布放与回收装置: CN202110287036.2[P]. 2022-01-25.
[22] 李岳明. 多功能自主式水下机器人运动控制研究[D]. 哈尔滨: 哈尔滨工程大学, 2013.
[23] 杨鸽, 滕世敏, 周建波. 无人水下航行器在水电站隧洞检查中的应用探讨[J]. 大坝与安全, 2018(3): 35-41.
[24] 唐瑞. 飞行员弹射救生座椅轨迹测试系统研究[J]. 电子测试, 2017(16): 34, 15.
[25] 王延辉. 温差能驱动的水下监测平台性能分析与试验研究[D]. 天津: 天津大学, 2004.
[26] 西安电子科技大学. 一种水下上行激光通信的蒙特卡洛仿真方法与流程: CN201910228615.2[P]. 2019-07-09.
[27] 聂志强, 王世练, 邓恬. 基于 OFDM 的水下短距离超宽带电磁波通信方法[J]. 舰船电子工程, 2017, 37(8): 70-74, 114.
[28] 陈高锋. 常用无线通信技术简介[J]. 电脑知识与技术, 2012, 8(5): 1062-1064.
[29] 何希盈, 蔡祥, 韩晓晨. 无人潜航器水下战场信息感知[J]. 水雷战与舰船防护, 2015, 23(4): 45-47, 69.
[30] 杨波, 李敬辉, 吉顺东. 水下战场 UUV 侦察与监视研究[J]. 舰船电子工程, 2014, 34(7): 15-17, 41.

第 4 章　海洋机器人载体系统与技术

4.1　水面机器人载体

4.1.1　载体及特点

水面机器人的载体通常为舰艇型式，其艇型可以分为低速艇型和高速艇型。低速艇型由于相对简单，这里不做详细介绍；高速艇型一般包括滑行艇、M 形艇、水翼艇、气垫艇、地效翼艇、小水线面双体艇等。下面对这几种类型高速艇的主要特点进行简要的介绍和分析。

1. 水面机器人载体选型

载体技术是提升水面机器人快速性和稳定性的关键技术[1]。西方发达国家在研制水面机器人时，往往结合其执行的具体任务选择合适的艇型。下面通过介绍美国所采用的艇型，来为我国的水面机器人载体设计提供借鉴。

2007 年，美国海军发布《海军无人水面艇主计划》，为水面机器人赋予了 7 项任务，同时还界定了水面机器人的艇型、尺寸和标准等要素。该主计划推荐了一个非标准级的水面机器人和三个标准级的水面机器人，并推荐了这四个级别的水面机器人艇型：

（1）“X”级水面机器人，它是一种长 3m 或更小的非标准级水面机器人，采用非标准模块建造，能够支持特种部队作战及海上拦截作战任务。

（2）“海港”（Harbor）级水面机器人，主要是在海军标准 7m 刚性充气滑行艇基础上研制的。

（3）“斯诺科勒”（Snorkeler）级水面机器人，是一种长 7m 的半潜式水面艇，在航行过程中，除通气管之外，艇体其余部分均在水下。

（4）“舰队”（Fleet）级水面机器人，是一种长 11m 的滑行艇或半滑行艇，其在拖曳扫雷具时具有中等航速/续航力，而在支持反潜战、水面战或电子战作战时，具有较长的续航力。模块化结构支持快速更换任务载荷，24h 内可转换为有人驾驶模式。

有统计资料显示，国外海军装备的水面机器人主要采用了半潜式艇、常规滑行艇、半滑行艇、水翼艇等载体，但在研型号多采用常规滑行和半滑行两种艇型。半潜式艇的大部分艇体在水下，与常规艇体设计相比，兴波阻力较小，平台稳定性高，航速在 25kn 以下。常规滑行艇通常采用 V 形、深 V 形或 M 形，综合性能好，拖曳能力强，航速超过 20kn，但其艇体阻力对负载分布非常敏感，稳定性较差。半滑行艇与常规滑行艇相比，具有较低的阻力和较高的适航性，耐波性好，是一种效费比高、稳定的无人水面平台，航速超过 30kn。水翼艇在所有艇型中阻力最小、适航性最好，是中等海况下比较稳定的平台，航速超过 40kn，但缺点是不适合拖曳且成本较高。其他艇体类型主要包括纯排水型、小水线面双体艇、穿浪型和多体艇型等，这些艇型适合特定需求，通用性较差。

表 4.1 对几种高速艇进行了比较。由于无人艇对艇型的航速、耐波性、适航性、平台稳定性、效费比、可搭载性、布放回收等都有一定的特殊需求，综合上述关于高速艇的分析可知，滑行艇比较符合这些要求，是一种较为通用的艇型。

表 4.1　几种高速艇的比较

	三体滑行艇（M 形艇）	常规滑行艇	双体滑行艇	水翼艇	气垫艇
航速范围	40～80kn	20～50kn	25～43kn	40～60kn	40～70kn
航行原理	静止时，由浮力抬升艇体；高速时艇体由水动升力和空气动升力共同支撑	静止时，由浮力抬升艇体；高速时艇体由水动升力支撑	由两个细长的单体艇通过上层建筑连成一体，无论静止还是高速运行都由浮力支撑	高速运动时由水翼所产生的水动力将艇体托离水面	利用在艇底和支撑面之间形成气垫使艇体离开水面，通过减少与水的摩擦阻力提高航速
艇型优点	① 速度快、稳性好； ② 耐波性好； ③ 海况适应能力强； ④ 兴波、喷溅小	① 建造工艺相对简单，易于实现，风险小； ② 技术成熟，成本低	① 高速时，阻力性能好； ② 甲板面积大，便于布置； ③ 良好的操纵性和稳定性	① 阻力性能优良； ② 航行平稳； ③ 一定范围内受波浪影响较小	① 具有两栖性； ② 能够用于地理位置复杂，常规艇难以达到的航线
艇型缺点	① 排水航行状态阻力较大； ② 艇型有待进一步优化	应用受风浪影响很大，多海况应用能力差	① 采用的铝合金结构耐冲击性较差； ② 吃水大，不利于浅水等复杂海底区域航行； ③ 高海况下晃动大、续航能力差	① 航速超过 60kn 时水翼产生空泡，性能急剧恶化； ② 操控复杂，静吃水较深； ③ 水翼容易被撞伤甚至遭到破坏	① 操纵复杂，成本较高； ② 高速时稳定性差

2. 滑行艇的艇型特点

1）常规滑行艇

水面艇按航行方式一般分为排水型艇、滑行艇、气垫艇、水翼艇等。与常规排水型艇不同，滑行艇是以实现高航速、良好的适航性和相应的经济性为主要目标的艇。滑行艇在高速航行时全部或部分脱离水面，以减小水的阻力，尤其是兴波阻力，同时大幅度地减轻波浪造成的艇体的摇摆，从而能有效提高艇的航速和耐波性。这类艇在高速航行时，艇体所受的浮力很多时候已经不作为支撑艇重量的主要因素。

常规滑行艇的艇型如图 4.1 所示，其特点是在高速航行时，仅部分艇底与水面接触。滑行艇的艇型与一般艇型不同，它的底部比较平坦，当艇高速前进时由于艇底向前挤压水，从而使底部的水压力升高，形成水动升力，艇体的重量主要是靠所形成的水动升力支撑。这种艇在纵向没有设置断级，所以也称为“无断级滑行艇”。这种艇一般采用舭部带折角的 V 形线型，艇底与舷侧以折角线连接，以使艇底水流在舷侧处抛出，从而使艇体表面湿表面积减少。同时，艇底也成为一个滑行面，所产生的升力将艇体大部分托离水面，从而达到减少水阻力的目的。当滑行艇的航速达到某个临界值时，艇体在水动升力的作用下从水中被托起，达到全滑行速度后，艇的浸水长度和湿面积大为减少，较大幅度地降低摩擦阻力从而实现高速航行。常规滑行艇的航速可达 20～50kn。

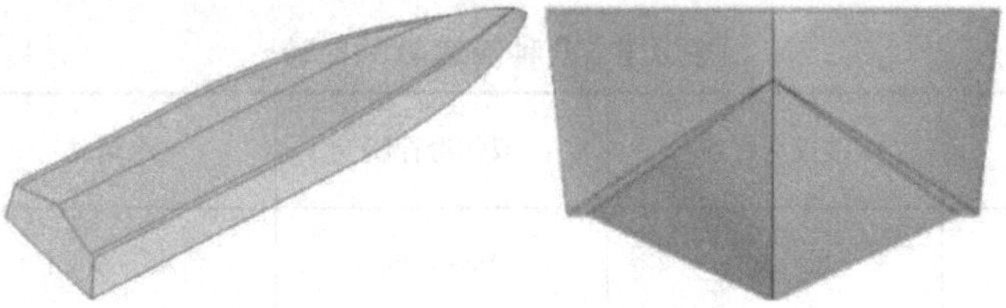

图 4.1 常规滑行艇艇型的基本特征

常规滑行艇的主要缺点是耐波性较差，不适于在大风浪中航行，滑行状态时波浪对艇体产生很大的砰击力，因此需要有较高的艇体结构强度。

2）断级滑行艇

断级滑行艇的艇型如图 4.2 所示，这一特殊的艇型因设置于艇底的断级而得名，常见于高速快艇。

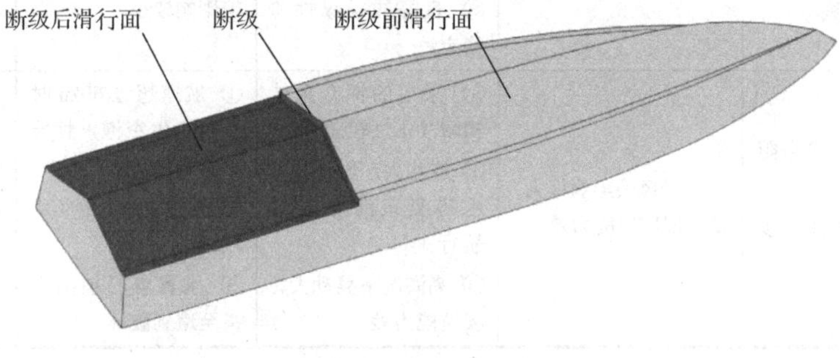

图 4.2 典型的断级滑行艇的艇型特征

断级滑行艇与常规滑行艇的差别在于它是由两个或多个滑行面支撑，由于断级的存在，艇底浸湿表面积比无断级滑行艇少，因而阻力减少，升阻比大，适用于较高航速的要求。

常规滑行艇因为浸水长度过长而使滑行艇摩擦阻力较小的特长未得到充分发挥。断级滑行艇的艇底被横向的断级分成前后不连续的滑行面，当航速足够高时，来流会在断级处与艇底脱离，并经过一定距离后再次与断级后滑行面接触，导致断级与再接触点之间无浸湿，利用空气润滑减阻原理，降低艇的滑行摩擦阻力。断级滑行艇在高速航行时的浸湿表面积较常规滑行艇有了大幅降低，相应地，其阻力性能则得到了明显的提升，但耐波性能不如无断级滑行艇。

同常规滑行艇相比，断级滑行艇最大的优势在于高航速下优异的阻力性能，并且断级滑行艇的艇底被分成若干个滑行面，艇底动升力的分布较为分散，避免了常规滑行艇高航速下动压力集中所导致的运动失稳，即降低了发生海豚运动的风险。上述因素决定了断级滑行艇成为滑行艇设计师冲击高航速的最佳选择，现有的高速滑行艇几乎全部采用断级滑行艇艇型，并且以双断级居多，亦有少数采用三断级。

在实际的应用中，为了获得更好的阻力性能，断级滑行艇通常辅以压浪条和尾压浪板等减阻附体，这样既弥补了断级滑行艇低速时阻力性能较差的缺陷，又在一定程度上降低了高航速下的阻力。

3）槽道滑行艇

槽道滑行艇是 20 世纪 70 年代末英国研制出的一种高速艇。它应用了流体力学的基本原理，使艇体大部分的重量由水动力支撑，形成了非常小的排水体积，吃水很浅，大大减少了艇体兴波。其有别于常规滑行艇的主要特征是：在滑行艇的底部以纵中剖面为对称并纵向贯通的一条槽道，把艇底分为三个滑行面，即槽道顶滑行面和两个底侧滑行面。艇的艏部槽道宽度逐渐增大以形成喇叭状的开口，图 4.3 中列举了四种典型槽道滑行艇艏部视图。槽道滑行艇高速滑行时，在冲压的作用下，空气从艏部槽道口处进入，并与槽道内水流的飞溅相混合形成气水混合物，航速越高，则空气进入量越多，越有利于形成空气层。由于空气或气水混合物的密度比水小得多，因此空气层可以起到对槽道顶滑行面的润滑降阻作用，使艇的摩擦阻力大大减小。此外，空气润滑层有一定的吸收能量的作用，可缓和艇在波浪中所受到的冲击。槽道的存在，相当于增加了滑行艇底部的“深 V”程度，这对滑行艇在波浪中的摇荡和底部的抨击起到减缓作用。另外，槽道中的水流在艉部以喷柱形式射出，有利于减小艇的升沉和纵摇，因而槽道滑行艇还具有良好的耐波性和风浪中的稳性[2]。

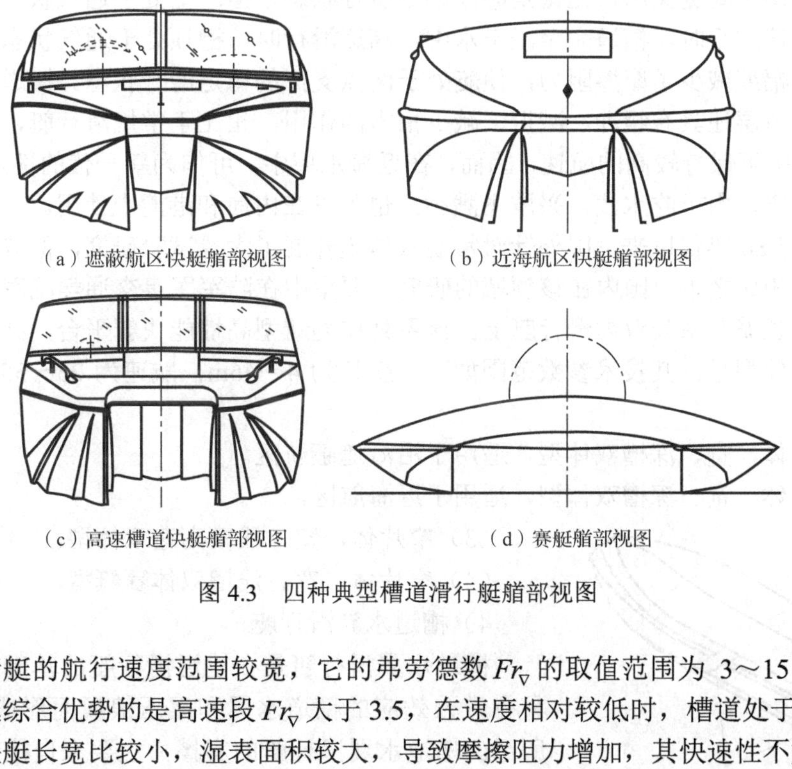

（a）遮蔽航区快艇艏部视图　（b）近海航区快艇艏部视图

（c）高速槽道快艇艏部视图　（d）赛艇艏部视图

图 4.3　四种典型槽道滑行艇艏部视图

槽道滑行艇的航行速度范围较宽，它的弗劳德数 Fr_∇ 的取值范围为 3～15。最能充分发挥槽道滑行艇综合优势的是高速段 Fr_∇ 大于 3.5，在速度相对较低时，槽道处于非通气状态，此时因双体快艇长宽比较小，湿表面积较大，导致摩擦阻力增加，其快速性不如常规单体滑行艇；当 Fr_∇ 的取值范围为 3.5～4.0 时，槽顶处于全通气状态，槽顶滑行面与水之间形成空气润滑层或因流体密度发生变化，从而较大幅度地减小了摩擦阻力，此时双体滑行艇在快速性方面具有一定优势；当 Fr_∇ 大于 6 时，空气润滑的效果更为明显，加之槽道侧壁起到滑行面的端板作用，使槽道滑行面的压力不会泄漏，而且其压力随 Fr_∇ 的增大而递增。根据自由表面无变形条件，槽道内水面具有刚性固面性质，同时由于"端板"的存在，使槽道滑行面相当于无限展长的机翼，不产生下洗现象及诱导阻力。由流体力学可知，当无限翼展机翼在靠近刚性固面（如地面或水面）运动时，会因流场受挤压而产生显著的地面效应，地面效应又使机翼的升力增加，从而提高了滑行效率或升阻比，这是双体滑行艇在高速段具有明显优势的一个重要原因，因此槽道滑行艇的设计试验一般都是针对高速段的。

另外，如图 4.4 所示，槽道的存在使艇具有较宽的甲板面积，因而有利于总布置。在采用双机双桨时，因两个螺旋桨的轴线间距较大，故槽道滑行艇又具有良好的操纵性。

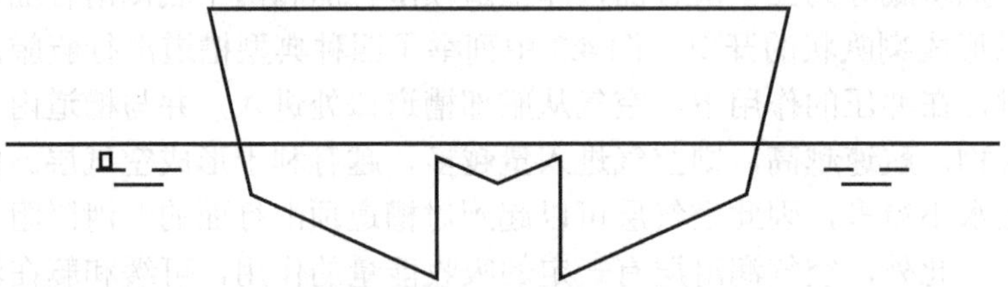

图 4.4　槽道滑行艇横剖面形状

槽道滑行艇艇型既不同于常规滑行艇，又有别于常规双体艇。常规双体艇没有滑行面，且艇宽较大，槽道既宽又深，无论是静浮还是航行状态，槽顶均处于通气状态；而槽道滑行艇在静浮或低速航行时，槽道完全浸于水中，高速滑行时，槽顶处于通气状态并形成空气润滑层，从而大幅度减少了摩擦阻力，使艇处于两点支撑的稳定滑行状态。槽道滑行艇在高速滑行时空气润滑层还具有缓冲、减振、减少拍击的作用，相比于常规滑行艇，具有明显的优越性，在风浪中可保持较高的航速，因而，在近海水域中，可作为新一代的巡逻艇。侦察艇、救生艇和交通艇，由于吃水浅，兴波飞溅小，也可以在内河和港湾中使用。

自 20 世纪 80 年代以来，国外针对常规双体艇开展了大量试验研究，但取得的系统性成果相对有限。相比之下，国内在该领域的研究主要集中在陆军军事交通学院军事交通运输研究所研发的"长城"系列双体滑行艇上。该系列作为新型高性能快艇平台，共包含四种基本类型数十个具体型号，其技术参数范围如下：艇长为 4～46m，航速为 25～55kn。四种主要类型包括：

（1）宽片体，宽、深槽双体型，适用于沿海遮蔽航区。

（2）宽片体，宽、深槽双体型，适用于近海航区。

（3）窄片体，宽、浅槽高速双体型。

（4）窄片体，宽、浅槽双体赛艇型。

4）槽道水翼滑行艇

槽道水翼滑行艇是在槽道滑行艇的基础上，通过加装具有升力效应的槽道水翼和尾压浪板而形成的，如图 4.5 所示。槽道水翼滑行艇的支撑力主要来自槽道滑行面所产生的流体动升力，其次来源于槽道水翼的升力。滑行艇的尾板处安装压浪板，对降低滑行艇的峰阻有较大的作用。

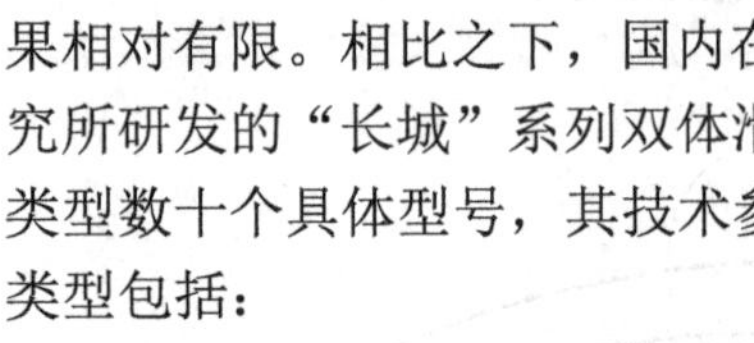

图 4.5　槽道水翼与尾压浪板布置

3. 水翼艇的艇型特点

水翼艇如图 4.6 所示，该艇是从滑行艇演变和发展而来的一种艇型。它是在常规滑行艇的底部加装水翼变化而成，水翼的横截面呈机翼形状。水翼艇在高速航行时，利用艇底设置的水翼所产生的升力将艇体托起。当水翼所产生的升力与排水量相等时，水翼将艇体托离水面，只有水翼、推进器和支架与水接触，这种状态称为翼航状态。翼航状态下，水翼艇所受的阻力特别是兴波阻力以及波浪对艇体运动的扰动都将大大降低，从而使水翼艇获得较高的航速和良好的耐波性。水翼所产生的升力随航速的不同而改变，航速越高，升力也越大[3]。当水翼艇低速航行或静止时，它和排水型艇一样，艇体所受的浮力与重力平衡，这种状态称为浮航状态。

图 4.6　带水翼的滑行艇

水翼艇按水翼数量的多少，分为单水翼艇（只有前水翼，又称翼滑艇）和双水翼艇（前后水翼）。图 4.7 列举了几种常见的水翼类型，单水翼艇艏部一般通过浅浸式水翼支撑艇体，艉部为滑行面，双水翼艇则利用前后两个水翼支撑艇体航行。双水翼艇可以实现翼航状态，按翼航时水翼是否穿越水面，分为割划式、全浸式；按水翼攻角可否调节，可分为自控和非自控（固定）两种。

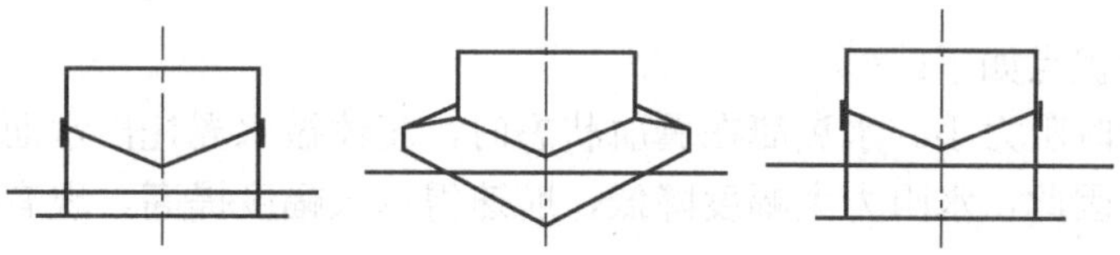

（a）浅浸式水翼　　（b）割划式水翼　　（c）深浸式水翼

图 4.7　几种常见水翼类型

割划式水翼在航行时有一部分露在水面之上，仅部分面积浸没在水中，它依靠改变水翼浸水状况来调节水翼升力，而不需要其他附属设备，因此结构简单，使用可靠。水面割划式水翼艇的优点是自稳性好、储备水翼面积大、进入翼航状态速度低等。它的缺点是对波浪扰动比较敏感，在波浪中不容易维持稳定的升力，不适宜在风浪较大的海域高速航行。

全浸式水翼艇的结构特点是水翼全部浸沉在水中，艇体由连接水翼的垂直支柱支撑。全浸式水翼艇按照水翼浸深的不同，可分为浅浸式和深浸式。水翼浸水深度小于水翼弦长的称为浅浸式，大于水翼弦长的为深浸式。浅浸式水翼艇利用水翼浸水深度的变化来控制艇体的稳定，因为水翼浸水深度不大，当艇体发生倾斜时，一侧水翼可能被抬出水面，产生的升力减小；而浸水深度大的一侧水翼则产生比另一侧更大的升力，以这一方式所形成的回复力矩将倾斜的艇体扶正。割划式水翼的平衡原理与浅浸式水翼大致相同，都是利用两侧水翼的升力差异产生的回复力矩来扶正艇体，浅浸式水翼艇和割划式水翼艇都具有自稳性。而深浸式水翼艇的水翼所产生的升力不会因为水翼浸水深度的改变而改变，这个特性使得深浸式水翼艇能在一定风浪条件下平稳高速航行时不具备自稳性的功能。深浸式水翼艇水翼升力的调节主要是通过自动控制系统控制水翼的攻角或调节水翼后缘襟翼的攻角等来实现，以此来维持深浸式水翼艇航行过程中的稳定[4]。

全浸式水翼艇按前后水翼所承担的载荷不同通常分为三种：

（1）鸭式布置。即后翼为主翼，承担70%艇重，前翼承担30%艇重。此时，前翼兼起舵的作用。

（2）飞机式布置。即前翼为主翼，承担70%艇重，后翼兼起舵的作用并设置推进螺旋桨。

（3）串列式布置。前后水翼各承担50%艇重。

鸭式布置的优点是它在波浪中的操纵性能好，尤其是当前翼出水时不会像飞机式布置那样产生激烈的纵摇、横摇和偏航；飞机式布置的优点在于能利用后翼设置推进效率较高的螺旋桨，低速浮航状态时机动性好，但在波浪中的操纵性能不如鸭式布置；串列式布置的特点在于其推进系统采用前后直线排列的双桨配置，能够通过差速控制实现无舵转向功能，在巡航状态下可自动保持最佳纵倾平衡。

全浸式水翼艇一般通过控制系统来调节水翼的攻角，使之根据水翼艇前波浪扰动的改变来维持水翼艇的平稳航行。当某个外界因素使水翼艇的航速降低时，该系统会自动将水翼的攻角增大，使之升力提高；当航速增加以至引起升力增大时，该系统又能自动减少水翼的攻角，使其升力降低以便与艇体的重量相平衡。正是这种可以迅速调节攻角的全浸式水翼在波浪中的灵敏反应，使水翼艇具有良好的适航性，可以在不规则变化的海浪中高速平稳航行。但是，由于这种水翼系统的水翼支架结构复杂，控制系统及附属的液压操纵设备复杂而且昂贵。

水翼艇的主要优点如下：

（1）高速航行时阻力小。水翼艇在翼航状态时，艇体被水翼托出水面，水下部件只有水翼、舵和轴系等。因此，水阻力大幅度降低，航速得以大幅度提高。现有的水翼艇最高速度可达60kn。

（2）耐波性好。由于翼航状态时艇体被托离水面，波浪对水翼艇的扰动降低，故水翼艇在风浪中的摇荡运动减小，其耐波性得到较大的改善。

（3）高速航行兴起的波浪小。由于翼航状态时仅有水翼、舵等部件处于水中，所以兴起的波浪很小。因此，水翼艇十分适合于内河航运，它可以大大地降低兴波对堤岸的破坏。

（4）物理场辐射性低。水翼艇在翼航状态时，由于艇体被托离水面，艇体的物理场辐射将会减弱，特别是声辐射将会大幅度降低。水翼艇的低物理场辐射特性有利于提高舰艇的隐身性，降低遭水下攻击的危险。

（5）操纵性好。水翼艇在翼航时，利用襟翼和舵的联合作用，使艇体产生具有安全性的内倾回转，因而具有较好的回转性。

水翼艇的主要缺点是：艇体之下有水翼，不适用浅水航道；水翼宽往往大于艇宽，靠泊码头不方便；为减轻主机重量常采用高速内燃机或燃气轮机，使用寿命短，对燃油要求高，经济性较差；由于水翼升力和结构强度的限制，难以大型化。

水翼艇可用于军用和民用。军用水翼艇有炮艇、导弹艇、巡逻艇、猎潜艇等。民用水翼艇有游艇、客艇、客货艇、渡艇等。

4. 气垫艇的艇型特点

气垫艇（air cushion vehicle）在艇底和水面之间充入高于大气压的空气，使之产生气垫，利用这一被称为静态气垫的支撑力把艇抬起，由于艇体被抬离了水面，摆脱了水阻力束缚，从而可以实现高航速。图 4.8 与图 4.9 分别列举了几款典型的气垫艇，气垫艇的航速一般为 40～70kn，军用气垫艇可达 90～100kn。

图 4.8　英国“Griffon”气垫艇

图 4.9　美国“LCAC”气垫艇

气垫艇形成气垫的方法有许多种，较为常见的是用离心式风扇来产生增压空气。空气通过气垫艇下部四周的环状喷嘴喷出，形成气幕，气幕围蔽气垫艇下方的空气而形成静态气垫，气垫的压力高于外界大气压，进而将艇垫升至离开水面一定高度。气垫艇按气垫封闭装置的类型分为全垫升式和侧壁式两种。

全垫升式气垫艇的艇体四周采用柔性围裙将增压空气围起形成气垫，气垫支撑了艇体的全部重量，艇体完全脱离水面。全垫升式气垫艇推进通常采用空气螺旋桨或喷气推进器，装在其后方的垂直尾翼则起舵的作用，控制气垫艇的前进方向。全垫升式气垫艇具有独特的两栖性和良好的通航性。它不仅能在江河湖海、急流险滩地区航行，也能在草原、沙漠、沼泽、冰雪地等复杂环境下行驶，而且具有一定的越障能力。其缺点是：耐波性和操纵性稍差，噪声大，空气螺旋桨推进效率低。全垫升式气垫艇可用作登陆艇、导弹艇、巡逻艇、短途高速客艇等。

侧壁式气垫艇的两舷用和艇体做成一体的刚性侧壁插入水中，围住气垫，只有前后两端才用柔性围裙阻拦空气逸出，空气溢出率较全垫升式气垫艇低，因而可以降低鼓风风扇的功率需求。侧壁式气垫艇不全部脱离水面航行，气垫支撑艇体的大部分重量，采用水动力螺旋桨或喷水推进器推进，艇能在水面航行。它虽然不再具有越障和两栖的能力，但速度高，吃水浅，有较好的操纵性和航向稳定性，加之所消耗的垫升功率较小，经济性比全垫升式气垫艇好。因此，侧壁式气垫艇民用更多。其在民用上可作气垫高速客艇、内河浅水航道的运输艇等；在军用上可作巡逻艇、导弹艇等。

由于气垫艇的垫升合力随艇体尺度的加大而增加，艇越大底面积愈大，气垫产生的垫升合力也越大，所以气垫艇在尺度上的限制比其他类型的高速艇小，容易向大型化方向发展[5]。

与其他类型的舰艇相比，气垫艇具有以下特点：

（1）阻力低、航速高。气垫的作用摆脱了常规排水量艇高速航行时水阻力随航速呈指数增长的障碍，为较大幅度提高舰艇的航速提供了基础条件。

（2）两栖性。全垫升式气垫艇具有独特的两栖性，能够穿越浅水、沼泽、冰雪、滩涂及陆地等，具有良好的通航性，无须码头设施即可登陆及越障。

（3）可设置宽大的甲板面积和舱容。由于气垫艇艇体大部分脱离水面，体积增大不至于产生过大的阻力，因此可以按需要设置宽大的甲板面积和舱容而不会构成太大的阻力障碍。

（4）良好的超载能力。与水翼艇、滑行艇不同，气垫艇是靠与推进系统分离的垫升系统产生垫升力的，超载只会引起航速的缓慢下降，不像滑行艇或水翼艇那样因超载而无法滑航或翼航导致航速突降。

（5）物理场辐射性低。气垫对水表面的作用是一个均匀的低压力场，其水下噪声也因采用空气螺旋桨或喷水推进器而较低，物理场辐射性比常规舰艇要低得多。由于气垫艇航行时没有深入水下的艇体，因此水雷对其威胁的程度比常规舰艇要低得多。因此，气垫艇也可以用于布设水雷。

5. 小水线面双体艇的艇型特点

小水线面双体艇（small-waterplane area twin-hull ship，SWATH ship），如图 4.10 与图 4.11 所示，是将双体艇的片体在水线处缩小形成狭长流线型截面的双体艇，有时又称为小水线面半潜式双体艇。与普通双体艇相比，小水线面双体艇兴波阻力进一步减小，耐波性也得到了进一步改善。小水线面双体艇主要由上艇体、支柱体和下潜体三部分组成。

图 4.10 “沈括”号小水线面双体艇

图 4.11 “安艺”号小水线面双体艇

小水线面双体艇的上艇体（亦称箱体）的建造材料一般为钢结构、铝合金或玻璃钢。由于不必过多地考虑阻力性能，上艇体通常采取相对容易建造的简单造型，外形一般呈长方形，内部设置舱室，顶部为宽阔的甲板平台，可根据不同的功能要求布置有效载荷。这些载荷可以是各种设备、武备、舱室、直升机或集装箱货物等。下潜体（又称下艇体）为两个彼此平行而且相互对称的流线型箱体结构，艉部装有推进器。正常航行时这两个下潜体没入水中，小水线面双体艇的主要浮力由下潜体提供。推进器或推进器传动机构、稳定鳍的控制执行机构以及各种油水舱一般也都布置在下潜体内。支柱体横截面为流线型。它从下潜体向上穿过水面与上艇体连接，将上艇体与下潜体构成了一个整体。支柱体也是上下艇体之间的联系通道。

这种小水线面双体艇，由于提供主要浮力的下潜体完全浸没在水中，上艇体（主艇体）被支撑于水面之上，支柱的水线面积又很小，航行时水面波浪不容易对双体艇造成大的摇荡运动，这极大地改善了艇的耐波性；同时又因为高速航行时兴波阻力较小而使其可以达到较高的航速。

小水线面双体艇的主要优点如下：

（1）高航速时阻力性能好。对于小水线面双体艇而言，提供艇体浮力的排水量集中于距水面较深处的下潜体，使得水线面积大为缩小，航行中艇体兴波和兴波阻力明显减小。

（2）推进效率高。由于螺旋桨安装在一种外形为流线型的下潜体艉部，螺旋桨得以在伴流比较均匀的流场中工作，这有利于艇身效率的提高。另外，由于螺旋桨沉深较大，螺旋桨直径受限制较少，可采用推进效率较高的大直径、低转速螺旋桨。

（3）耐波性能好。与单体艇不同，小水线面双体艇的几何形状变化的自由度较大[6]。设计者可以通过改变艇体的几何形状、重量分布方式等手段，调整小水线面双体艇的垂荡、纵摇、横摇运动固有周期，以避开海区中波浪出现频率高的周期，从而降低其在海上的运动响应。小水线面双体艇排水量大部分分布在远离水表面下潜体中，当其在波浪中航行时，所受到的波浪扰动力也较常规单体艇和常规双体艇明显减小。所以，小水线面双体艇的耐波性要比相等排水量的单体艇好得多。

（4）甲板面积大。双体艇的甲板面积比相同排水量的单体艇要大得多，空间的使用比较充裕，这有利于设计者根据需要进行合理的总体布置。

（5）操纵性好。小水线面双体艇的下潜体与支柱体构成两个细长片体，从而保证了其航向稳定性不论在低速还是高速均较好。此外，小水线面双体艇为双桨双舵艇，相距中纵剖面较远的两个螺旋桨正反转时可以产生比较大的回转力矩，同时也使安装在桨后的舵的操舵效率提高，从而使低速航行时的回转性亦较好。

（6）静稳性好。虽然小水线面双体艇支柱体的水线面较小，但由于两支柱体的间距大而有较大的水线面惯性矩，因而具有很好的静稳性。

小水线面双体艇的主要缺点如下：

（1）与同排水量的单体艇相比，小水线面双体艇空艇重量大 10%～15%，部分结构需要采用轻金属以减轻重量，造价相对较高。

（2）湿面积大，摩擦阻力较大。与相当排水量的单体艇相比，小水线面双体艇的湿表面积增大，所以小水线面双体艇低速航行时，由于摩擦阻力显著增加，其总阻力也会较大。

（3）因为下潜体与支柱体内部空间较小，所以轴系的维护与检修比较困难。

（4）由于水线面面积较小，所以较小的重量变化（如航行过程中燃油的减少）就会引起吃水的大幅度变化。另外，小水线面双体艇的每厘米吃水吨数仅相当于同排水量单体艇的20%～40%，破舱后对其浮态影响较大，破舱稳性较差[7]。

（5）由于纵稳心高远远大于横稳心高，对单体艇通常只需考虑其横稳性。而小水线面双体艇横倾回复力矩大致与单体艇相同，但由于其长宽比较小，纵倾时的回复力矩仅为单体艇的10%～20%，所以小水线面双体艇的纵稳性也是设计时必须考虑的一个因素。

6. 地效翼艇的艇型特点

地效翼艇（wing-in-ground-effect craft）也称冲翼艇、表面效应艇、掠海地效翼艇、地效飞行器、冲翼艇、冲压式气垫艇、气翼艇等。图 4.12～图 4.14 列举了几款典型的地效翼艇。地效翼艇的形状像飞机，两侧有形似机翼的艇翼，有的艇身也做成翼状。在高速航行时，艇体离水面或地面较近，使得进入艇体与水面之间的空气被强烈阻滞，翼面下的压力增高，形成动态气垫，从而将艇体托离水面以上一定距离的空气中。

图 4.12　新加坡公司设计的“Airfish-8”新型地效翼艇

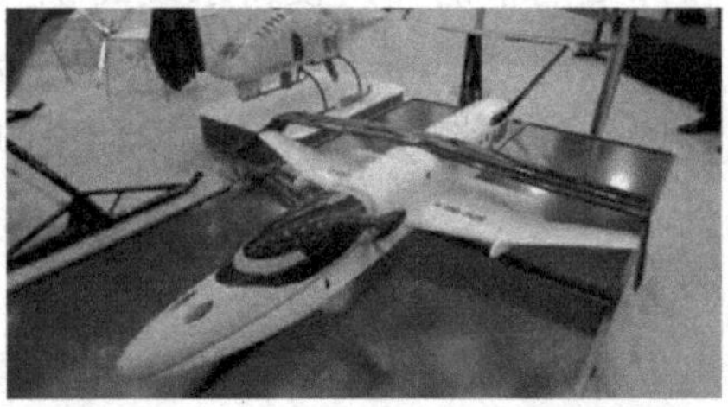

图 4.13　俄罗斯“奥兰”地效翼艇

图 4.14　我国自主研发的“信天翁”地效翼艇

地效翼艇可以说是介于飞机和船舶之间的一种新型的运载工具，它是一种充分利用地效、掠海低飞或浮水航行等特性的高技术艇型。所谓“地效”是地面效应的简称，指飞行器在低高度飞行以及在起飞和着陆过程中地面产生出一种使机翼诱导阻力减少、升阻比增加、飞行器升力显著提高的效应。大量风洞试验结果表明，当机翼距地面高度为机翼长度的 15%时，地面效应最明显，机翼的升阻比可提高 30%以上，这一区域被称为地效区。

地效翼艇在航行时不与水面直接接触，只是贴近水面飞行。地效翼艇最低可在紧贴水面 0.5m 的高度稳定飞行。地效翼艇巡航飞行高度通常为其翼展的 0.05～0.2 倍，属特超低空飞行，这是它与飞机的最根本区别。它又能在水面或码头停泊，仍具有艇的特征。基于这些理由，我们把这样一种利用地面效应的飞行器归类为高速艇。地效翼艇的航速介于飞机和船舶之间，可达到 100～300kn，是当今航速最快的艇[8]。

由于地效翼艇外形与飞机相似，而且也在空中飞行，所以很容易被误认为与飞机的飞行原理相同。实际上，飞机同地效翼艇的飞行机理有较大的差别。飞机是利用飞行时机翼在其上下表面产生的压力差所形成的升力来支撑其重量的，而地效翼艇是利用空气的动力效应在艇翼下产生的动态气垫来获得支撑力的。由于地效翼艇在地效区内比飞机有更大的升阻比、更高的气动效率。因此，它只有在地效区内飞行才能将其优越性显示出来，如图 4.15 所示。研究表明，地效翼艇的地面效应是地效翼艇相对飞高（地效翼艇空气动力中心距地面的高度与 2 倍艇翼展长之比）和艇翼展舷比的函数，相对飞高越小、艇翼展舷比越大，地面效应越强。

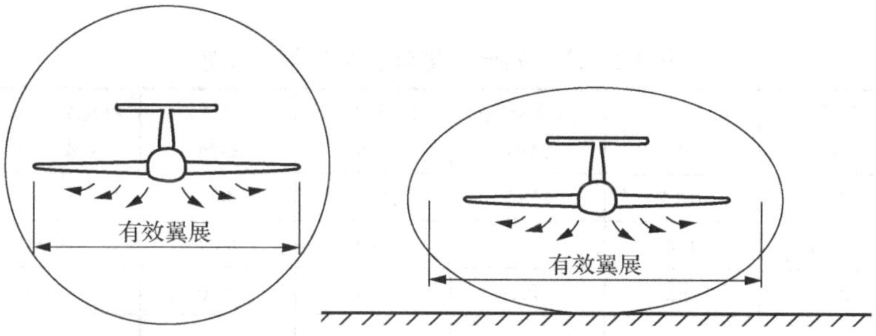

（a）无地面效应　（b）有地面效应

图 4.15　有效翼展

地效翼艇与常规船舶和常规飞行器相比，具有以下特点：

（1）高速性。由于地效翼艇完全脱离水面，没有水阻力，它的航速可大幅度地提高，其航速一般为 100～300kn，是船舶的数倍至数十倍。

（2）隐蔽性。地效翼艇可在超低空海面（地面）雷达的盲区飞行，不易被敌方发现，也不易被攻击。作为作战舰艇，它具备了隐蔽性和突袭性的优势。

（3）适航性。由于地效翼艇脱离水面飞行，海面波浪对它不会造成太大的干扰，具备了良好的适航性。由于地效飞行器吃水很小，又可在水面随处起飞和降落，它可以抵达一般船舶和飞机难以到达的岛屿和水域。

（4）经济性。地效翼艇利用了地面效应原理，其升阻比要比一般飞机大 1.5～2 倍，因此在相同装载量与航速条件下，需要的发动机功率较低。另外，地效翼艇在地效区内飞行，而不是在同温层大气飞行，其舱室不需气密；它在水面起降，不占用宝贵的土地资源，并可节省大量的机场和跑道建设费用，其通信、导航、空地勤保障条件要求也较低，所以它的建造和运营成本明显低于飞机。

（5）安全性。地效翼艇贴近水面飞行，一旦出现紧急情况，可随时在水面停泊，安全性高。

（6）舒适性。地效翼艇在水面以上飞行，不直接受海浪冲击，所以颠簸程度比船舶小得多，也没有高空强气流造成的颠簸。舱内噪声程度与大型客机相当。

（7）两栖性。除了水面之外，地效翼艇还可以在草原、滩涂、沼泽、冰雪平原等各种地区航行。

4.1.2 载体结构

水面机器人的结构设计需要采用和建立适宜的结构设计方法、试验方法，并采用良好的结构材料，在确保机器人结构强度的基础上，尽量减少结构的尺寸和重量。

1. 结构材料

目前，水面机器人常用的结构材料有钢材、铝材、玻璃钢和碳纤维。以上材料的性能比较见表 4.2。

表 4.2　水面机器人载体材料的性能比较

材料	密度/（t/m^3）	抗拉强度/MPa	抗压强度/MPa	屈服应力/MPa	弹性模量/GPa	单位重量强度/（MPa/t）	单位重量刚度/（GPa/t）
钢	7.80	413.7	413.7	206.8	206.8	53.04	26.51
NP5 可焊铝合金	2.70	214	—	110	68.7	79.26	25.44
508 铝合金	2.66	262	179.3	124	71.0	98.50	26.69
毡+布玻璃钢积层板	1.54	196.2	151.7	159	9.81	127.4	6.37
粗纱布玻璃钢积层板	1.65	206.8	179.3	—	13.8	125.3	8.36
碳纤维+玻纤维积层板	1.45	298.2	—	—	16.48	205.6	11.37

注：数据因材料牌号的不同而有所出入，该表仅作为一般性参考

1）钢材

钢材是传统的金属材料，具有成本低、便于维修、耐碰撞等优势，但钢材的重量对水面机器人而言代价过高，因此应用较少。但为了降低建造和使用成本，部分执行水文信息收集、海上巡逻等任务的水面机器人采用钢制结构。

2）铝材

铝材具有较高的强度-重量比、维护要求低等优势，广泛应用于高速水面机器人领域。焊接带来的铝板变形将影响艇体表面光滑度及型线精度，需要高质量的施工将这种变形降至最低，以及相对较少的拼接以产生平滑的表面。但由于铝材的模压成型技术应用范围较窄，因此铝材在复杂曲面艇体上的应用受到限制，如果采用较多的焊接对曲面进行拼接，则将抵消部分重量优势。

3）玻璃钢和碳纤维

玻璃钢材料的物理力学性能及工艺性能与金属材料不同。钢材的物理力学性能在出厂时是已确定的，并在质保书中标明。而玻璃钢的物理力学性能则要在成型过程中形成，且具有可设计性，它本身不仅仅是材料，也是结构，这就使得玻璃钢在结构设计上具有与船用钢不同的独特之处。

玻璃钢、碳纤维等复合材料相对于船用钢、铝合金等金属材料，具有重量轻、比强度和比刚度高、耐化学腐蚀、抗疲劳、耐磨、绝缘、无磁以及吸波/透波性好等一系列优势，能够满足未来水面机器人在隐身性、减重等方面的发展需求。另外，复合材料耐化学腐蚀、抗疲劳等特性也较传统金属材料更适用于水面机器人的运行环境。因此，若无特殊要求，采用复合材料是未来水面机器人的发展趋势。

2. 结构设计方法

水面机器人结构设计是指依据机器人所承受的载荷与能力，对载体结构的构件尺寸进行计算和校核。目前，水面机器人的结构设计采用的主要方法有以下两种。

1）规范设计法

根据水面机器人主尺度、使用要求、结构材料、施工方法及工艺要求，按照《国内航行海船建造规范》的有关规定，确定结构形式、构件布置和尺度，再进行总强度与局部强度、结构稳定性等校核。

但是由于艇型及构件布置等要素的不同，规范中的简化公式未能充分考虑结构的详细应力分布、边界条件、结构布置，而实际结构破坏模式是多种多样、复杂又相互关联的。因此，使用规范设计法时，抵抗破坏的安全裕度是未知的，设计者无法确切地知道所得到的设计结果是恰当的还是偏于保守的。

对于水面机器人而言，必须以“斤两计较”的态度严格控制结构重量。因此，规范设计法可用于水面机器人的初步设计阶段，后期应对该设计结果进行进一步优化。

2）直接计算法

该方法基于结构力学的知识，根据各种构件和受力情况，直接进行强度计算以求得构件尺度。这种方法具有较高的力学合理性，而且可以预先选择目标函数，进行优化设计，可更好地实现轻量化目标。

然而，直接计算法有时难以估计施工的工艺性或者使用上的特殊要求，如树脂流动的不均匀性、舱容、腐蚀、维修和航运要求等，因此，优化的结果可能陷入局部最优点的搜索。

3. 结构优化方法

在水面机器人的结构设计过程中，为了得到理想的设计方案，传统上会采用逐次逼近的方法进行设计。首先，根据同类型结构的已有经验，加上设计者的判断，拟定初步设计方案，然后进行结构的强度、刚度和稳定性的计算分析，再通过设计人员进行修改、分析，但是这样反复的“计算分析-修改-计算分析”的设计过程效率较低，且最终设计方案的经济性和合理性往往伴随设计者的主观性。

随着智能算法的发展、有限元分析技术的成熟与计算机技术的飞速发展，结构优化技术经历了从产生到发展并逐步走向成熟的过程，完成了从经验到理性的转变[9]。虽然初始的设计方案还需要设计人员的参与，但优化设计的过程由计算机自动完成，节省了大量的人力物力，缩短了设计周期，设计质量也可大幅提高。

水面机器人的结构优化设计是指在满足某种规范或某些特定使用要求的条件下，使结构的某种性能指标（如重量、造价、刚度等）达到最佳状态，也就是说，在可行的设计方案中，按照某种特定的标准找到最佳设计方案。其结构优化过程大体可分为以下几个阶段。

1）建立数学模型

水面机器人结构优化设计遵循的原则与目的是使设计方案达到最优。为了达到这一目的，就需要建立一个能够正确反映设计问题的数学模型。建立数学模型的过程是指根据水面机器人具体的结构形式、受力特点及结构变形条件，将该工程结构问题转变成一个可用于优化设计的数学问题。

2）选定合理的、有效的优化方法

优化方法的选取要根据所要设计的具体工程而定，如构件尺寸优化过程中的变量是离散变量或是连续变量，优化问题是否有约束等，这些都是选择优化方法的参考依据。我们需要根据优化问题的性质及特点进行合理的选择。

结构优化设计过程中所使用的方法包括传统的数值优化方法和现代智能优化算法，这些方法都会使计算机按照设计者的意图，向着使方案变得更好的方向自动调整设计变量，从而得到一个最优化设计方案或者近似最优设计方案。

其中，数值优化方法具有坚实的理论基础和广泛的适应性，如序列线性规划方法、求解约束优化方法的可行方向法，都在艇体结构优化中得到了大量应用，惩罚函数法的应用最为广泛。数值优化方法具有理论严谨、适用面广、收敛性有保证等优点，但是存在计算量大、收敛慢，尤其是对多变量的优化问题更加明显。水面机器人的结构优化设计一般都属于混合变量优化设计问题，智能优化算法不需要利用目标函数的导数值信息，在求解这类复杂结构优化问题时具有相当的优越性。目前主要用于船舶结构优化设计的智能优化算法有遗传算法、模拟退火算法、人工蚁群算法、粒子群算法等，目前，遗传算法在艇体结构优化设计中的应用最为广泛。

3）编制通用计算程序

计算机程序是优化设计的手段。可以通过自编程序或现有通用软件的优化模块进行水面机器人载体结构优化。

一般来讲，水面机器人载体的结构优化设计按其实现方法可分为两大类。

（1）基于规范的结构优化设计。

该方法基于水面机器人设计经验及规范设计结果，确定问题的约束条件，根据相应的载体类型和结构特点确定问题的设计变量和目标函数，通过高效的优化算法对载体结构进行优化设计。

（2）基于计算的结构优化设计。

该方法对水面机器人进行有限元分析，直接提取结构相应的应力响应作为约束条件，并确定设计变量和目标函数，选择一定的优化策略，进行载体结构优化设计。

目前，基于规范的结构优化设计方法的可靠性和适用性更好，在水面机器人的结构优化设计应用较多。

4.2　水下机器人载体

4.2.1　水下机器人总体外形

遥控潜水器的长宽比直接影响其水动力性能。细长的遥控潜水器通常在较高的速度下具有较低的阻力特性，但是稳定性欠缺。较短的遥控潜水器在三个方向（x、y、z）上具有更好的稳定性和更高的机动性，但随着速度的增加，其阻力增幅显著高于细长的遥控潜水器。水下机器人非常典型的外形是鱼雷形状，如图 4.16 所示，具有高展弦比和最小数量的推进器，加上控制鳍，用于长距离高速航行。遥控潜水器通常用于需要维持稳定性（或慢速观察）的任务，用于近距离检查、传感器和工具使用与传递等。

水下机器人通常有一个封闭的外壳，用于排开水流使其在水下机器人周围流动（为了在高速下阻力最小），而遥控潜水器因为内部安装了更多的推进器，如图 4.17 所示，通常有一个开放的框架，允许水流通过框架。

在遥控潜水器的系列中，具有更大高宽比的遥控潜水器用于更长距离的航行任务（如测量管道或区域横断面等），而小高宽比的遥控潜水器用于贴近检查或需要较高稳定性的任务。

图 4.16　流线型的水下机器人——哈尔滨工程大学“橙鲨”号水下机器人

图 4.17　开架式的遥控潜水器“FMC Technologies”

1. 水下机器人艇型

水下机器人艇型是指其最外层壳体包络线呈现的形状，主要有回转体艇型、扁平体艇型、立扁体艇型、矩形截面艇型等。

回转体艇型是指水下机器人主艇体横截面为正圆形的艇型，由于横截面为正圆形，主艇体在垂直面和水平面内的运动特性更均衡，相同包络体积下纵向投影面积和湿表面积更小（对于减小阻力更有利）。常见的回转体艇型水下机器人大多包含一段平行中体，以增加水下机器人的有效内部容积。由于这种艇型形状与鱼雷相似，也称为鱼雷形艇型，如图 4.18 所示。鱼雷形艇型因在三维空间各方向阻力和结构性能均衡、加工工艺相对简单、便于结构扩展等优势，成为目前采用最多的艇型方案。

扁平体艇型是指水下机器人艇体横截面的宽度大于高度的艇型，如图 4.19 示。与包络体积相同的回转体水下机器人相比，扁平体水下机器人水平投影面积更大，侧投影面积更小，使得其垂直面运动稳定性更好，对于提高低速横移快速性和水平面回转机动性更有利，且侧面目标回声强度低，有利于中浅水深时的作战隐蔽性。但这种艇型的水下机器人垂直面机动性和快速性变差，因此不适合用于大潜深水下机器人。

图 4.18　鱼雷形水下机器人“Autosub-6000”

图 4.19　扁平体水下机器人“Sea Otter MK-II”

立扁体艇型是指水下机器人艇体横截面的高度大于宽度的艇型，如图 4.20 所示的中国科学院沈阳自动化研究所的 4500m 级水下机器人“潜龙三号”等。与包络体积相同的回转体水下机器人相比，艇体侧投影面积变大、水平投影面积变小，使得水下机器人水平面运动稳定性更好，垂直面快速性和机动性更佳。这种艇型的水下机器人由于纵向和垂向快速性相对较均衡，在大潜深水下机器人领域应用较多。

总长不变的情况下，相同宽度和高度的艇体，矩形截面水下机器人内部有效容积大、总布置方便、易于测试和维护、加工更加简单，艇体有效搭载能力更强，适合于对搭载能力要求更高的水下机器人，目前主要用于大型和超大型水下机器人上，如美国的“Echo Voyager”水下机器人（图 4.21 所示）。

图 4.20　立扁体水下机器人“潜龙三号”

图 4.21　矩形水下机器人“Echo Voyager”

艇型的选择要考虑以下原则和要求：①阻力小，航行性能好；②便于总布置；③测试、维护方便；④足够的强度；⑤具有大的生命力；⑥良好的工艺性。

2. 水下机器人外形设计方法

传统的水下机器人外形优化常采用建立数学模型进行参数计算优化的方法，然而这种方法理论性较强，计算获得的结果和实际情况也有相当大的差别，且直观性较差，不能准确反映出水下机器人结构变化带来的阻力变化。通过水动力试验方法获得的结果虽然准确，但是试验费用较高，尤其对于水下航行的物体，其试验安装、测量都比水面物体更困难，花费更高（图 4.22）。而且对于变参数的研究，对应不同的模型参数，需要制造不同的试验模型，不仅工作烦琐，模型加工制造费用和试验费用也会很高。

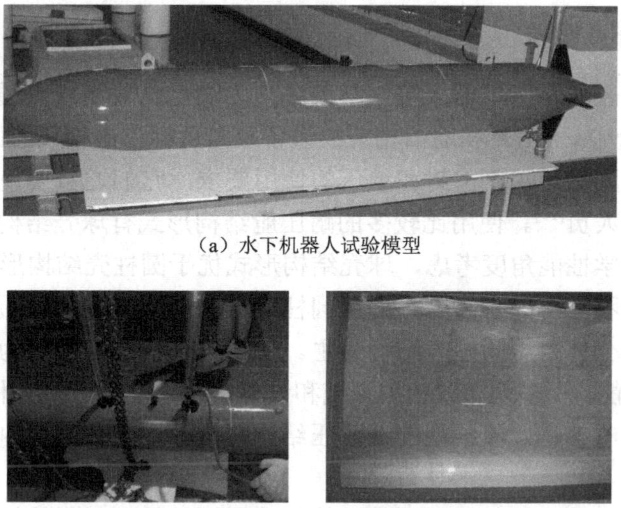

（a）水下机器人试验模型

（b）模型与测力天平集成　（c）试验中的水下机器人模型

图 4.22　水下机器人模型水动力试验

近年来，随着计算机硬件能力的迅速发展，计算流体动力学（computational fluid dynamics，CFD），包括网格生成技术、算法、湍流模型等在内的技术得到了巨大的发展，使得复杂流动现象的仿真得以实现。由于其良好的计算精度，CFD 仿真已成为在设计及其优化阶段水下机器人动力学特性分析和预报的重要工具。Fluent 软件是一种较为突出的流场分析软件，具有丰富的物理模型、先进的数值方法以及强大的前后处理功能。如图 4.23 所示，利用 Fluent 软件，针对设计的水下机器人进行水动力特性的计算与分析，能够完成水下机器人流罩的优化设计。

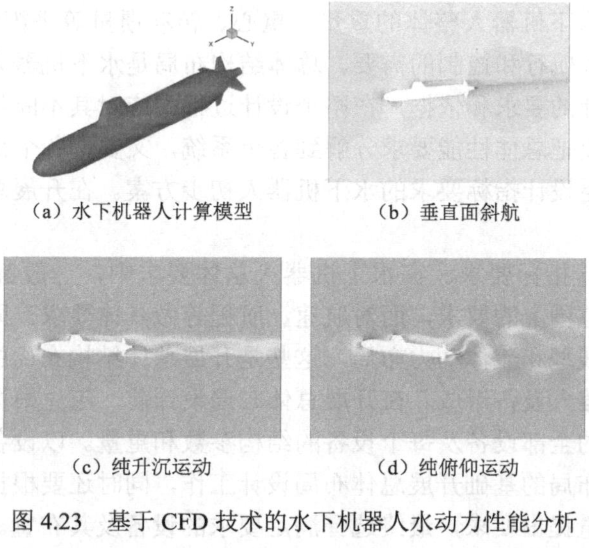

（a）水下机器人计算模型　（b）垂直面斜航

（c）纯升沉运动　（d）纯俯仰运动

图 4.23　基于 CFD 技术的水下机器人水动力性能分析

4.2.2 载体结构

1. 水下机器人结构形式

鱼雷、水雷、潜艇和水下机器人等水下装备，为满足作战需求，通常要配置与能源、推进、控制、导航、探测（引信）和通信相关的设备及与目标攻击相关的武器（战斗部），潜艇还需配备作战人员。为满足水下密封和承压的使用要求，它们通常要使用耐压舱结构，以容纳上述设备、武器和人员[10]。使用比较多的耐压舱结构形式有球壳结构和圆柱壳结构。从承受深水压力的结构力学性能角度考虑，球壳结构形式优于圆柱壳结构形式[11]，从设备及武器布置的可行性及空间利用率综合考虑，选用圆柱壳结构形式比较多。通常，鱼雷、水雷和部分单壳体潜艇，以单壳体耐压圆柱壳结构为主。除了耐压舱结构外，为了保证这些水下装备拥有良好的水动力性能，更多地布置相关系统和设备，满足装备战术技术性能指标要求，有的需在耐压结构外采用具有良好流线型的非耐压结构包覆。双壳体潜艇内层为耐压结构，外层为非耐压结构。

水下机器人载体结构一般包括耐压舱结构和非耐压结构。耐压舱结构既有采用单个整体耐压圆柱壳结构的，也有采用多个分散耐压圆柱壳结构和多个球壳结构的，或它们的组合。耐压舱结构内主要布置电池、导航和控制等设备及传感器，耐压舱结构采用铝合金、钛合金、碳纤维等材料制成非耐压结构保证水下机器人具有较好的低阻低噪外形，确保水下机器人的航行稳定性。非耐压结构采用玻璃钢、碳纤维等材料制成。近年来发展的几种水下机器人，其非耐压结构甚至耐压结构已经大量应用了碳纤维材料，减轻了重量，有利于更多地配置任务载荷。

2. 总体结构布局

总体结构布局是根据水下机器人的主尺度及线型等要求，确定舱内/舱外各部分设备的安装位置和方式。布局过程需充分考虑各部分的结构尺寸、重量、功能及对工作环境的要求。布局过程中，对水下机器人整体的重量、重心、转动惯量等平衡参数进行分析、计算，保证能满足水下机器人航行和控制的需要。总体结构布局是水下机器人设计的基础，其结果将作为其他系统和设计的要求和依据，在整个设计过程中应对其不断修改完善[12]。

总体结构布局既要把总体性能要求分解到各个系统，又要把各个系统合理地集成为水下机器人总体，形成满足设计指标要求的水下机器人初步方案。在开展总体结构布局设计前，首先要完成如下工作：

（1）明确总体设计指标要求。在水下机器人总体要求中，一般都有对水下机器人排水量、长度、直径等做范围上的要求，而对航速、航程等做具体要求。同时，在设计初期，应确定水下机器人艇体线型和流体动力布局，这些是开展总体结构布局的基础。

（2）明确水下机器人设备组成。在开展总体布局设计前，应先根据水下机器人的任务要求，确定其所要搭载的全部设备及每个设备的结构参数和重量。以设备的工作原理及对工作环境的要求作为总体布局的基础开展总体布局设计工作，同时还要根据总体布局的情况，对设备的结构参数和重量提出要求，最终选择满足要求的设备及其布置。

水下机器人总体结构布局的目的是通过合理安排和布置所有设备，尽量缩小设备所占用的空间，在满足任务技术指标要求和航行稳定性、机动性要求的前提下，最小化水下机器人总体重量及排水量，提高水下机器人总体性能。在进行总体结构布局时，应考虑以下几方面要求：

（1）考虑水下机器人所搭载设备的功能、工作原理及对工作环境的要求。在进行结构布局设计时，将功能和对环境要求比较接近的设备集中布置，减少电磁干扰。例如，将无线电天线和 WiFi 天线布置在艇尾，而将磁罗经布置在艇首。

（2）考虑航行性能对平衡参数的要求。水下机器人平衡参数是决定水下机器人稳定性、机动性等航行性能的重要因素[13]。在进行总体结构布局时，应根据航行性能的要求，对重量、重心、转动惯量、排水量、浮心等平衡参数进行合理设计，在保证水下机器人具有一定正浮力前提下，最小化航行时的平衡舵角和平衡攻角，提高平衡质量。在水下机器人结构设计及实际使用中，经常通过增加压载及浮力材料的方式来满足其对平衡参数的要求。

（3）考虑水下机器人布放回收对艇体表面突出设备布置的影响。对于潜艇鱼雷管回收，水下机器人艇体表面不能有任何突出布置的附体；对于喇叭口坞站、伸缩滑道和吊网回收，艇体表面附体不能突出艇体过大，否则在布放回收过程中极易造成损伤；对于吊点式回收，尽可能保证突出附体远离吊钩，避免起吊过程中被吊钩刮碰损伤。

（4）考虑水下机器人的使用、维修及保障要求。为了使用、维修和保障方便，在结构布局设计时，对于水下机器人使用和保障过程中经常操作的部分，要尽量布置在靠近艇体表面或耐压舱端面的位置，减少保障时拆装的工作量，降低工作难度。

总体结构设计流程如下：

（1）根据水下机器人任务要求，确定所需的设备方案，再根据所选设备的功能、原理及对工作环境的要求，确定设备的布置方案。

（2）根据水下机器人总体给出的艇体线型等参数完成耐压壳体结构的基本设计，根据步骤（1）确定的设备布置方案，完成水下机器人耐压壳舱外的设备布置，对于本设计来说，即确定艇体艏艉段结构形式、设备布置及装配形式。

（3）利用三维建模软件（AutoCAD、SOLIDWORKS、CATIA 等）完成水下机器人总体结构布局的虚拟设计，然后对水下机器人总体结构参数（包括平衡参数、结构强度、装配形式等）进行核算。

（4）根据核算结果对总体结构布局进行调整，包括耐压壳尺寸及非耐压结构尺寸，必要的话还可以重新选择相关设备，以满足总体布局需要。

（5）通过反复修改和核算，最终完成总体结构布局。

3. 非耐压结构

非耐压结构是指水下机器人上不承受静水压力的结构，其通常将耐压壳体包围在内部，也称为外部结构。非耐压结构主要由外部流线型壳板（蒙皮）、内部框架、浮力材料等组成，与耐压壳体一起决定着水下机器人的外形和结构形式，其主要作用如下：

（1）提供光顺或流线型的外形，以提高水下机器人在水中运动时的水动力性能，减少航行阻力。

（2）为设置在耐压壳外的设备提供支撑和基座。

（3）保护耐压壳以及在耐压壳外的设备，防止它们直接与外界物体碰撞。

与耐压壳体相比，非耐压结构的最大不同之处在于不需要构成密闭的常压空间。当水下机器人潜入水中时，非耐压结构内部进水，并与外部的海水相连通，因而内外压力平衡，所以结构本身不承受海水的压力作用，因此，其不要求有耐压壳那样高的强度，但要保证水下机器人在吊放及航行中的结构强度。

1）非耐压结构外形与结构形式

水下机器人的非耐压结构形式随主尺度、下潜深度、使命任务和航速的不同而不同。

对于主尺度较小（直径不超过 533mm）的小潜深（100～300m）水下机器人，通常没有非耐压结构，直接由耐压壳体来构成它的外形，耐压壳一般是由圆柱形壳、艏艉锥形部分及球形封端组成，如“GAVIA”（图 4.24）“REMUS-100”等。有些水下机器人也采用圆柱耐压壳和非耐压结构组合的形式，如哈尔滨工程大学的“WL-3”水下机器人，艏艉部分为非耐压结构，中间为圆柱形耐压壳，非耐压结构部分主要是为了搭载独立承压密封的水下设备，如水下摄像机、声呐、承压电机及舵机等，如图 4.25 所示。

图 4.24 “GAVIA”水下机器人

图 4.25 “WL-3”水下机器人

对于潜深较大（大于 300m）或主尺度较大的水下机器人，由于使用全耐压壳结构会使艇体重量过大、加工成本过高，一般采用非耐压结构和耐压壳的组合形式，尺度相对较小的耐压壳布置在非耐压结构内。为减少航行阻力，非耐压结构外表面采用具有光滑外形或流线型的薄壁壳体，如英国“Autosub-6000”水下机器人（图 4.26）；或直接采用具有流线外形的浮力材料，如美国“REMUS-6000”水下机器人（图 4.27）。

图 4.26 英国“Autosub-6000”水下机器人

图 4.27 美国“REMUS-6000”水下机器人

目前常用的非耐压结构的形式主要是立体框架形式，如图 4.28 所示。该结构中主要受力部件是梁柱杆件，周围的壳板、蒙皮、浮力材料等不承受主要载荷[14]，仅提供流线外形以减少艇体航行阻力，因此蒙皮可以采用易于成型、重量较轻的复合材料制造，而且可以由许多块板组成，这些板通过螺钉与骨架相连。这样的结构便于将整个或者部分蒙皮移去，进行设备的安装和维护，而不会影响结构的整体强度。

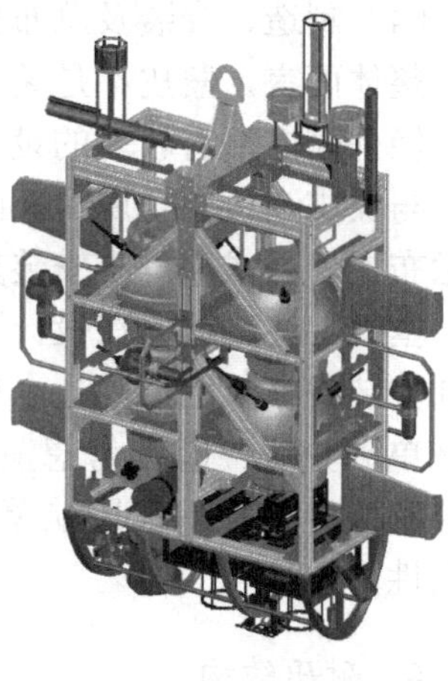
图 4.28　立体框架结构的水下机器人

2）非耐压结构材料选择

目前，水下机器人非耐压结构中，蒙皮较多地采用可设计性强、抗疲劳和耐腐蚀能力好的玻璃纤维和碳纤维等材料，也有部分水下机器人仍然采用铝合金板材制作蒙皮。框架结构多选用铝合金材料，以减小艇体的总重量，部分水下机器人在铝合金框架受力较大位置采用钛合金进行加强，如吊点处。大型水下机器人由于尺寸、重量较大，也有采用高强度钢制作水下机器人主框架，局部采用铝合金材料[15]。

3）非耐压结构设计要求

非耐压结构设计的主要目标是：在满足使命要求和结构强度的前提下，获得的结构重量最轻，成本最低。因此，外部结构设计应首先在给定的外形下获得最轻结构重量，并且材料和结构形式应能承受规定载荷。然后，再考虑非结构因素（如成本、维护等因素），进行综合性能优化和平衡。这个设计流程的好处是使设计师能定量地评估重量优化与成本优化之间的关系。

水下机器人非耐压结构在设计中要考虑以下几个方面因素：

（1）强度要求。

由于非耐压结构强度要求不如耐压壳那样严格，故在已有的与水下机器人相关的规范中，都没有对非耐压结构设计、设计载荷、强度计算方法、制造要求等关键技术作明确的规定，但是非耐压结构根据实际应用仍需满足一定的强度要求。

在布放过程中，海水不能迅速进入非耐压结构内部而使得蒙皮外部承受一定水压；船舶随波浪摇摆产生的加速度会增加水下机器人主框架及吊点受力。在回收过程中，在重力及起吊加速度作用下，非耐压结构内部的海水使蒙皮内表面承受压力；未能及时排出的海水和起吊加速度增加了水下机器人主框架及吊点的受力。此外，在操作失当及恶劣海况下，水下机器人与母船也可能发生碰撞，因而也要求非耐压结构局部能够承受一定的碰撞载荷；大尺度水下机器人在近水面或水面航行时，会受到波浪力而产生总纵弯曲。

（2）蒙皮的外形要求。

水下机器人蒙皮外表面是按照型线光顺的，所以按制造工艺和性能要求都不应当在外表面设置加强筋、凸台等结构，以免损害其光顺的外形。

（3）防腐要求。

非耐压结构内外都要与海水接触，并且经常处于干湿交替状态，因此它的腐蚀问题比较突出，设计时需重点考虑。

（4）制造、安装及总布置要求。

整体而言，蒙皮不是关键件，而是易损件。这就要求蒙皮局部损坏后能够便于拆换。此外，轻外壳内部有较多的设备，这就要求蒙皮便于安装、拆卸以利于内部设备维护。

与蒙皮连接的金属框架的安装位置要根据水下机器人内部结构总布置来确定，因而不能任意布置，要求蒙皮与安装支架能配合良好。

基于上述制约，在设计过程中，通常对蒙皮进行合理划分，分块制造，然后将每块蒙皮分别安装到框架上形成一个整体。在划分区域时，应遵守如下原则：①易损区域和局部加强区域单独分块；②在考虑蒙皮安装便利基础上应尽量减少蒙皮分块，分块较多会产生大量接缝和固定螺栓等，影响蒙皮整体表面光滑，不利于航行阻力；③考虑内部设备拆装维修便利性。

4. *耐压结构*

1）耐压结构形式

水下机器人的耐压结构形式主要包括球形、圆柱形、椭球形、锥形和倒楔形等多种形式。目前，普遍采用球形、圆柱与半球组合、圆柱与平板组合的耐压壳体形式[16]。球形耐压壳（图 4.29）主要用于最大工作深度大于 1000m 的水下机器人上，圆柱与半球封头组合耐压壳（图 4.30）多用于潜深 600～3000m 的水下机器人上，圆柱与平板封头组合耐压壳（图 4.31）加工成本低，多用于潜深不大于 1000m 的水下机器人上。由于耐压壳形式的选择与舱室的内部总布置和使用要求、耐压壳材料及加工工艺和制造条件、经济性、可靠性、流体阻力等众多因素有关，因此上述规律并不绝对。几种常见耐压壳体形式的优缺点如表 4.3 所示。

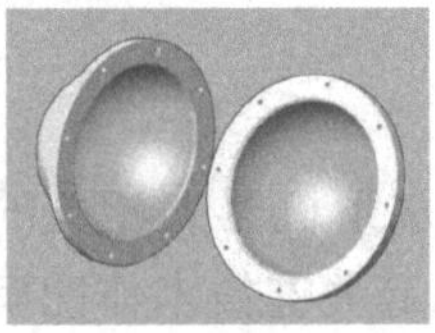

图 4.29　球形耐压壳三维模型图

图 4.30　圆柱与半球封头组合耐压壳

图 4.31　圆柱与平板封头组合耐压壳

表 4.3　几种常见耐压壳体形式的优缺点

耐压壳体形式	优点	缺点
球形	① 具有最佳的重量-排水量比； ② 容易制造壳体杯形管节； ③ 容易进行应力分析而且准确； ④ 稳定性高、体积密度小； ⑤ 材料利用率高	① 不便于内部舱室布置； ② 流体运动阻力大； ③ 不易加工制造； ④ 空间利用率低
椭球形	① 具有较好的重量-排水量比； ② 能较有效地利用内部空间； ③ 容易安装壳体贯穿件	① 制造费用高； ② 结构的应力分析较困难

续表

耐压壳体形式	优点	缺点
圆柱形	① 最易加工制造； ② 容易进行内部舱室布置； ③ 内部空间利用率最高； ④ 流体运动阻力小	① 重量-排水量比最大； ② 内部需要用肋骨加强； ③ 稳定性较差； ④ 材料利用率较低

球形壳体具有稳定性高和体积密度小的优点，由于球形壳内表面积与容积的比值小，因此壳体上适于简易地切割舱口、舷窗和电缆套管孔。其缺点是不便于对舱内设备进行布置，因此舱容利用率往往不高。虽然增加直径可以增加容积，但同时也会使水下机器人整体变大进而增加运动阻力，从而降低了水下机器人的续航力和速度。为了保证水下机器人具有良好的线型，通常采用的改进方法包括：①多球形壳体组合形式；②两个孤立球形壳体的组合形式；③由圆柱形隧道连接两个半球的组合形式。

对于圆柱形耐压壳体结构形式来说，通常采用肋骨加强来保证圆柱形壳体的结构稳定性，但当圆柱形部分的直径和长度不大并且外压力相对较小时，稳定性可通过增加外壳板厚度来保证。

2）耐压结构材料

耐压壳体的材料选择对于水下机器人的可靠性、安全性、经济性等是非常重要的，而水下机器人的使用条件也对其耐压壳体的材料提出了诸多特殊要求[17]。耐压壳体的材料包括金属和非金属两类。常用的金属材料包括高强度铝合金、钛合金、高强度船用钢等。非金属材料包括玻璃、陶瓷、各种塑料、玻璃纤维增强复合材料、碳纤维增强复合材料、金属基复合材料和陶瓷复合材料等。为了确保所设计的水下机器人在限定的海洋环境下具有良好的性能，在选择水下机器人的耐压壳体材料以及它们的焊接或连接材料时，应从比强度（材料屈服强度与密度之比）σ_s/γ、比刚度（材料弹性模量与密度之比）E/γ、可设计性、可装配性、可生产性、重量-排水量比以及经济性（材料成本和建造经费，甚至包括维修费用）几方面对其进行评价，图 4.32 为几种典型材料的性能比较。

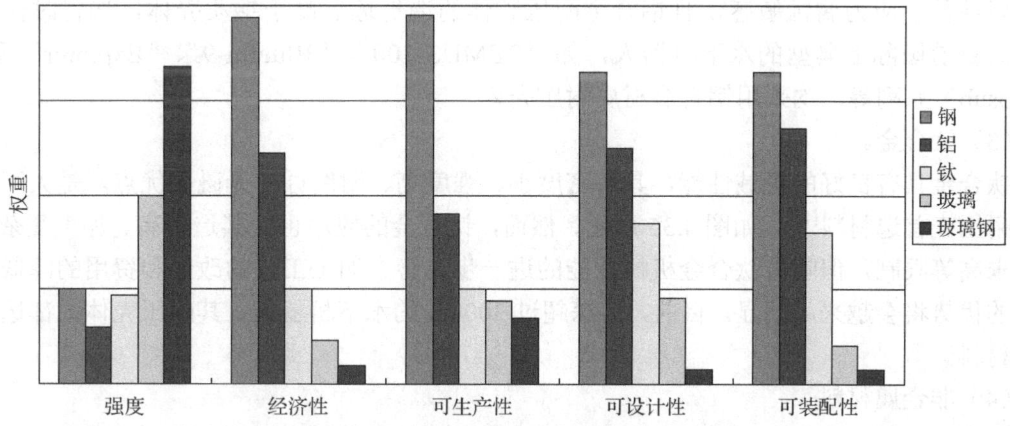

图 4.32　目前几种耐压壳体备选材料的性能比较

强度表示比强度与比刚度的综合性能

材料的选择应使壳体具有最低的相对重量，使之在同样结构重量的情况下，水下机器人能获得更大的潜深，或者在需求的深度下，具有最轻的结构重量。另外，从加工方面考虑，还包括可成型性、抗腐蚀性、可焊性等。

各种材料都具有其优点和缺点，材料的选择取决于水下机器人的结构、下潜深度、用途及其他因素。下面对几种典型耐压壳体材料加以概述。

（1）碳钢和合金钢。

对于尺寸较大的耐压壳体，设计者往往采用高强度钢，如图 4.33 所示，这主要因为它具有很高的屈服极限、较好的疲劳和断裂强度、较高的比强度以及较好的制造工艺性、经济性，设计者和制造者对钢材在海洋环境下的应用也积累了丰富的经验，而且加工工艺都已成熟。但由于比强度、比刚度较小，应用到大潜深水下机器人上时会严重超重。

图 4.33　不锈钢耐压舱

（2）铝合金。

铝合金重量轻，具有较高的单位强度。由于铝合金具有低密度特性，所以可以在重量与排水量比较小或相同的情况下，使水下机器人增大负载能力或增大作业深度。高强度的铝合金已经广泛用于制造中小型水下机器人的框架和耐压壳体，如图 4.34 所示，但高强度的铝合金可焊性差、应力腐蚀敏感，且铝合金耐压壳体的造价远远高于钢质壳体，选材时需综合考虑。目前国际上典型的水下机器人，如“REMUS-100”、“Bluefin-9”、“Explorer”系列、“Autosub”系列等，均采用铝合金材质耐压壳体。

（3）钛合金。

钛合金具有良好的机械性能，具有密度小、强度高、耐腐蚀、无磁等优点，是大深度潜水器耐压壳首选材料[18]，如图 4.35 所示，然而，钛合金的应用也受其造价高、加工复杂、焊接要求高等限制，但随着钛合金机械性能的进一步完善、加工工艺的改进和费用的降低，钛合金的优势将会越来越明显。目前，潜深超过 3000m 的水下机器人，其耐压壳体大都选用钛合金材料。

（4）非金属材料。

非金属材料主要包括下述几种。①玻璃和陶瓷。从强度与重量比出发，玻璃和陶瓷是最有前途的耐压壳体材料，但是由于材料特性、工艺、制造经验等方面与金属材料的截然不同，而且抗拉与抗压屈曲强度十分不对称，从而限制了其广泛的应用。美国的全海深水下机器人

“海神”耐压壳体采用陶瓷材料制成（图 4.36）。图 4.37 为采用高硼硅玻璃球作为设备耐压舱的水下机器人内部图。②复合材料。近年来由于复合材料的迅速发展和在航天航空领域的成功应用，最初制约其应用的一些因素（如价格、工艺等）正逐步克服，已经开始在包括水下机器人等在内的潜水器上作为结构部件开始应用，并越来越显示其优越性。如图 4.38 所示，对于大潜深水下机器人来说，具有优异的力学性能和耐腐蚀性的先进复合材料（如碳纤维增强复合材料、陶瓷等）不失为一种最适用、最有前景的耐压壳体可选材料，但是对于相应的结构强度与稳定性的分析方法还有待进一步研究。

图 4.34　铝合金耐压舱

图 4.35　钛合金耐压舱

图 4.36　“海神”水下机器人的耐压壳

图 4.37　采用高硼硅玻璃球耐压壳的水下机器人

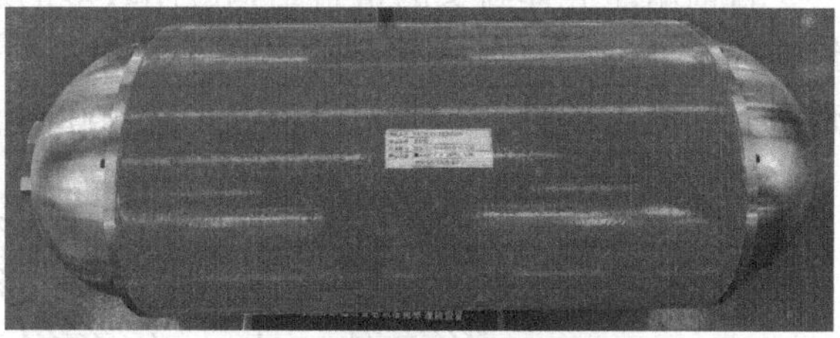

图 4.38　碳纤维耐压舱

除此之外，水下机器人耐压壳还可采用以上各种材料组成的混合式结构，如钛合金套在玻璃钢外面、在耐压壳的圆柱形部分和封头部分采用不同的材质等。

3）耐压结构密封

水下机器人耐压壳体的密封一般选用拆装方便、密封可靠的 O 形橡胶圈作为密封元件。O 形橡胶圈是一种使用广泛的挤压型密封件，在安装时 O 形橡胶圈截面被压缩变形，堵住泄漏通道，从而起到密封的作用。使用 O 形橡胶圈进行密封，具有下列优点：

（1）结构简单、占用体积小、安装部位紧凑、拆装方便、加工容易。

（2）具有自密封作用，不需要周期性调整。

（3）适用参数范围广，使用温度范围为-60～200℃，用于动密封装置时，密封压力可达 35MPa。

（4）价格便宜。

密封圈沟槽形状有矩形、V 形、半圆形、燕尾形和三角形等（表 4.4），应用最为普遍的是矩形沟槽。

表 4.4　各种密封沟槽的形状与特点

沟槽形状	沟槽名称	特点
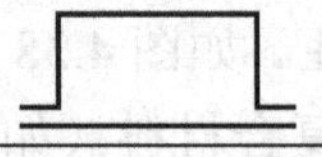	矩形沟槽	适用于动密封和静密封，是使用最普遍的一种
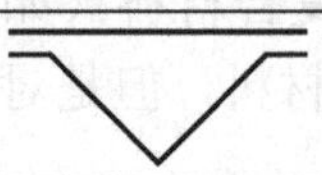	V 形沟槽	只适用于静密封或低压下的动密封，一般因摩擦阻力大，易挤入间隙
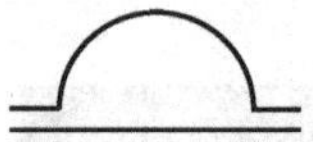	半圆形沟槽	仅用于旋转密封，且不普遍
	燕尾形沟槽	适用于低摩擦密封，因工艺性差，一般不采用
	三角形沟槽	仅用于法兰盘及螺栓颈部比较狭窄的地方

实践表明，O 形橡胶圈的损坏相当部分是装配造成的。原因可能是配合尺寸或公差不合理、没有适当的工艺斜角、装配时零件不清洁等。因此，在装配 O 形橡胶圈时，常常在密封圈上涂少许硅脂，目的在于一方面补偿 O 形橡胶圈和密封表面光洁度的不足，另一方面起到润滑作用。

目前耐压壳体封头的密封结构应用较多的通常有如图 4.39 所示的三种形式。径向与轴向组合的双 O 形橡胶圈密封结构多用于潜深不小于 3000m 的环境中，如“CR-01”水下机器人耐压壳即采用这种密封形式，经过多次 6000m 级水深试验，证明其是非常可靠的密封结构。

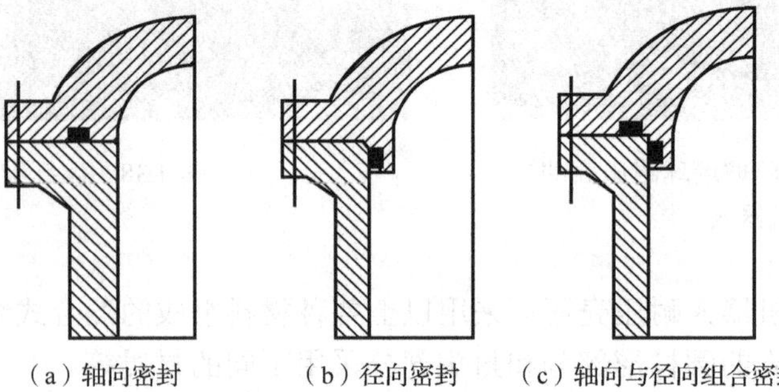

（a）轴向密封　　　（b）径向密封　　　（c）轴向与径向组合密封

图 4.39　耐压壳体封头的常用密封结构形式

4.3　计算机辅助载体设计方法

4.3.1　结构三维建模

1．建模方法介绍

在整个潜水器设计过程中，三维计算机辅助设计（computer aided design，CAD）系统的应用发挥了极大的作用。根据事先设想好的草图，设计者将复杂的潜水器系统分解为若干部分，如舱室、蒙皮、舵翼等，在计算机中生成各模型，然后装配成完整的三维模型。与二维建模相比，三维建模能够在计算机内部完整和唯一表示零部件的几何形状和相互关系，因此，可以自动地推导出来剖视图和辅助视图，为后续工作提供了很大的帮助。

对于同一个零部件的三维建模，不同的软件中所用的方法不同，而且即使在同一个软件中也可以使用不同的方法实现建模。这里，常用的建模方法是指线框造型、曲面造型、实体造型、基于参数化和特征的实体造型。

（1）线框造型。它是CAD／计算机辅助制造（computer aided manufacturing，CAM）技术早期应用的三维模型，通过一系列空间点、直线和曲线组合，用来描述产品的三维轮廓外形。线框造型具有数据结构简单、运算速度快的特点，但是没有面和体的概念，线框造型有很大的局限性，其几何描述能力差，如不能区别物体的内部和外部，不能自动消隐，导致其应用受到很大限制。目前，很多商业化的CAD系统已不再采用线框造型。

（2）曲面造型。它能够对物体各个表面或曲面进行描述，可以很好地表现出物体的外观。曲面造型增加了面、边的拓扑关系，因而可以进行消隐处理、剖面图的生成和渲染等操作。但曲面造型仍缺少体的信息以及体、面间的拓扑关系，无法区分面的哪一侧是体内或体外，不能进行模型物理特性的计算和分析。曲面造型的核心内容是复杂曲面的数字化定义和表示方法，在飞机、船舶、汽车的流线外形设计上应用广泛。

（3）实体造型。它以立方体、圆柱体、球体、锥体、环状体等基本体素为单元体，通过集合运算，生成所需要的几何形状。这些实体三维模型是封闭的结构，具有完整的几何信息，可以实现干涉检查、模拟装配、模拟加工等操作，并且可以通过接口为其他应用程序提供计算模型和数控加工信息等。实体造型为实现产品由设计到生产的环节采用同一数据信息提供了技术上的可行性，极大地促进了CAD技术的发展。

（4）基于参数化和特征的实体造型。经过十几年的发展，在传统的实体造型技术的基础上，很多主流的CAD系统开始广泛应用基于参数化和特征的实体造型。所谓参数化造型（建模）是指，用参数来定义几何图形的尺寸数值，并构造尺寸关系，然后提供给设计者进行几何造型的一种方法。它通过利用几何约束和几何元素上的尺寸数值来定义和构造模型，从而结束了自由模型的无约束状态。约束是指用一些法则或限制条件来规定构成物体的各元素之间的关系，一般可分为几何约束和几何拓扑约束。因此，设计中只需要对尺寸参数进行赋值，通过几何约束即可以得到对应的模型。与传统的设计不同，体现了尺寸驱动的参数化模型可以通过设置不同的参数值来达到更改设计的目的，特别适用于设计者在优化设计过程中的思维和工作方式。将参数化模型集成到优化设计过程中，可以将模型对应的计算结果返回到对应的控制方程，最终驱动几何模型的改变，实现设计-修改-计算的自动循环执行。参数化建模是CAD技术的重要发展，它提高了设计效率，加强了设计和生产之间的联系。也是采用计算机实现完全自动化和智能化优化设计的基础条件，因此得到了软件开发商和相关研究部门的高度重视。

特征造型是一种以基本特征单元为基础的设计方法，它提供用以定义特征尺寸的参数，通过改变特征的尺寸就可以用有限的特征构建出各种几何体，因此特征造型是参数化建模的一个特例。特征可以被定义为一个包含工程含义或意义的几何原型外形。特征在此已不是普通的体素，而是一种封装了各种属性和功能的功能要素。它使产品的设计工作在产品投标的一开始就进行，设计者的操作不仅是线条和体素，而是产品的功能要素。因此，特征造型可以更好地表达产品完整的技术和生产管理信息，有助于加强和提高产品的设计、分析、计算、工艺准备、加工、检验等部门的联系与平行作业，为开发基于统一产品模型的新一代 CAD/计算机辅助工程（computer aided engineering，CAE）/CAM/产品数据管理（product data management，PDM）一体化集成系统打下了基础。

2. 建模工具软件介绍

用于 CAD/CAE/CAM 一体化设计的高端三维设计软件有 CATIA、UG、Pro/E 等，它们都具有特征造型、模拟装配、分析计算和加工方面的功能。而一般的用于低端平台的三维设计软件，如 AutoCAD、Solid Edge、SOLIDWORKS 等，简单易用而且价格相对便宜，在业界也有着良好的口碑。以下对目前在潜水器领域常用的软件逐一做简单介绍。

（1）CATIA 是法国达索公司开发的跨平台的商业三维 CAD 设计软件。CATIA 从产品的概念设计到最终产品的形成，以其精确可靠的解决方案提供了完整的二维和三维参数化建模、电子样机建立及数据管理手段，同时，作为一个完全集成化的软件系统，CATIA 将机械设计、工程分析仿真、数控加工及 CATweb 网上解决方案有机地结合在一起，为用户提供了严密的无纸工作环境。

CATIA 的优势在于赏心悦目的界面、易用而强大的功能。具备图形化的造型特征树，能够清晰反映整个设计流程，可以对整个特征组进行管理操作，以加快产品的设计更改效率；能够快速创建、修改和模拟复杂的零部件、装配和系统，支持多种数据导入和导出格式，能够与其他 CAD/CAE 软件无缝集成。

（2）SOLIDWORKS 软件是世界上第一个基于 Windows 开发的三维 CAD 系统。它包括从产品开发到产品数据管理和产品数据发布等一系列完整的 CAD/CAE/PDM 解决方案。其主要包括三维 CAD 工具、二维设计工具、产品的设计验证和分析仿真工具、产品的数据管理工具，以及产品数据发布工具等。利用 SOLIDWORKS 可以方便地创建任何复杂的实体、快捷地组成装配体、灵活地生成工程图，并可以进行相应的钣金设计、管道设计、工程分析、高级渲染，以及数控加工等。

SOLIDWORKS 具有三个功能强大的基本模块，即零件模块、装配体模块和工程图模块，分别用于完成零件设计、装配体设计和工程图设计。这三个模块处于不同的工作环境中，但依然保持了二维与三维几何数据的全相关性。在任意一个模块中对设计所做的任何修改，都会自动反映到其他模块中，从而避免了对各模块的分别修改，大大提高了设计效率。

（3）AutoCAD 是最为众人熟知和用途广泛的 CAD 软件。它的二维工程绘图能力强大、精度高，几乎可以满足机械制图中的所有要求。此外，它的三维建模功能也很强大。AutoCAD 除本身的 DWG 文件格式外，DXF 格式几乎是所有软件都能使用的通用格式。充分地利用 AutoCAD，能够让设计者极其方便地与他人交流和共享设计。

AutoCAD 提供给用户轻松的设计环境，使之能摆脱对键盘输入的依赖；同时它的多文档设计环境还能使用户在多个 DWG 文件窗口中协同设计；AutoCAD 的自动跟踪和图形捕捉能力使得绘图非常容易地达到较高精度。此外，AutoCAD 强化了 Internet 功能，能直接存取网上的图形文件和相关数据，并提供了以电子格式输出图形文件的方法。

（4）UG 软件是当今世界上最先进的计算机辅助设计、分析与制造软件之一。它的 CAD/CAE/CAM 系统主要是基于工作站，UG 提供了一个基于过程的产品设计环境，使产品开发从设计到加工真正实现了数据的无缝集成。它为用户的产品设计及加工过程提供了数字化造型和验证手段，可以轻松实现各种复杂实体及造型的建构。UG 在设计过程中可以进行有限元分析、机构运动分析、动力学分析等，提高了设计的可靠性，并且其三维模型可以直接生成用于数控加工的代码。UG 的二次开发工具允许用户扩展 UG 的功能，强大的编程框架使用户可以开发出可供 UG 集成的相关应用程序。

（5）Pro/E 软件是美国参数技术公司（Parametric Technology Corporation，PTC）的重要产品。Pro/E 也是一个全方位的三维产品开发软件，包括在工业设计和机械设计等方面的多项功能，还包括对大型装配体的管理、功能仿真、制造、产品数据管理等。Pro/E 第一个提出了参数化设计的概念，并且采用了单一数据库来解决特征的相关性问题。另外，它采用模块化方式，用户可以根据自身的需要进行选择，而不必安装所有模块。Pro/E 基于特征方式，能够将设计至生产全过程集成到一起，实现并行工程设计。Pro/E 不但可以应用于工作站，而且也可以应用到微机上。

4.3.2 结构有限元分析

1. *有限元分析法介绍*

在计算机出现以前，求解微分方程的方法大都表示成级数展开的形式，通称为解析法，它们只能求解极其简单的微分方程和极其规则的区域问题。但是，绝大多数实际的微分方程的求解问题，方程和区域都是十分复杂的，因此解析法远远不能满足实际的需要。有限元分析法原则上可以求解任何复杂的偏微分方程和任何复杂的求解区域问题，它是一种使复杂工程解获得近似解的数值分析技术。有限元分析理论所涉及的内容非常广，如结构静力学分析、结构动力学分析、温度场问题分析、流体力学分析、电磁场问题分析等。CAE 是以有限元分析技术为基础，综合了计算力学、计算数学和相关的工程科学、工程管理学和现代计算技术而形成的一门综合性、知识密集型学科。相对于传统的设计分析手段，如规范设计、试验设计、经验方法等，CAE 具有极大的优势。它提供了一个计算设计分析平台，完成产品设计仿真工作，在很大程度上优于昂贵的试验设计和失误较多的经验方法。如今，计算机技术已经得到极大的提高和普及，有限元分析法在工程分析中的作用已从分析和校核扩展到了优化设计，已成为设计产品的强有力的工具。它能够减少设计与制造费用，降低生产成本，辅助设计人员在设计阶段即可找到最优的设计，带来极大的可靠度和经济效益。

从应用角度看，无论何种有限元分析，其过程均可以分为以下三个阶段。

1）建模阶段

建模阶段的任务是根据工程系统及其实际工况条件建立有限元分析的计算模型，主要包括结构形式处理、几何单元建立、单元特性定义、单元质量检查、编号顺序优化以及模型边界条件的定义等。结构离散化是核心环节，其本质是将连续工程系统转化为由有限个离散单元组成的计算模型，这一过程通常称为网格划分。

2）计算阶段

计算阶段的任务是完成有限元分析法有关的数值计算，包括从单元特性分析计算出需要的物理量等步骤。由于有限元计算的运算量非常大，所以这部分工作由有限元分析软件在计算机上自动完成。需要的操作包括对计算方法、计算内容、计算参数和工况条件等进行必要的选择和设置。

3）后处理阶段

后处理阶段的任务是对计算输出结果进行必要的处理，并按一定的方式显示或打印出来，以便对结构性能的好坏或设计的合理性进行评估，并作相应的改进或优化，这也是进行有限元分析的目的所在。

在上述三个阶段中，建立有限元模型是整个有限元分析过程的关键。首先，有限元模型为计算提供所有原始数据，这些数据的误差将直接决定计算结果的精度，模型误差太大，则有可能产生与实际完全不符的分析结果；其次，有限元模型的形式将对计算过程产生很大影响，合理的模型既能保证计算结果的精度，又不致使计算量过大而导致计算时间冗长；再次，结构形状和工况条件的复杂性使得建立一个符合实际情况的有限元模型并非易事，它需要综合考虑的因素很多，如结构形状的简化、单元类型的选择、边界条件的处理等，从而对分析人员的专业知识、有限元知识和软件使用技能等方面都提出了较高的要求。

2. *有限元分析软件介绍*

目前，世界上已有很多功能强大的有限元分析软件系统，如 ANSYS、ABAQUS、MSC.Patran/Nastran 和 I-DEAS 等。以下主要介绍应用范围最为广泛的 ANSYS 和 MSC.Patran/Nastran 软件。

ANSYS 软件具有多种多样的分析能力，从简单的线性静态分析到复杂的非线性动态分析，而且 ANSYS 还具有产品优化设计、估计分析等附加功能。目前，ANSYS 已经广泛应用于航空航天、土木工程、舰船、汽车交通、地矿、轻工业等众多科学研究领域。ANSYS 软件主要包括三个部分：前处理模块、分析计算模块和后处理模块。前处理模块提供了一个强大的实体建模和网格划分工具，用户可以方便地建立各类有限元分析模型，它提供了 100 种以上的单元类型，用来模拟工程中的各类结构和材料。在 ANSYS 的前处理模块中，用户可以实现自顶向下的实体建模，可以直接定义三维图元，如球、圆柱等，也可以通过布尔操作实现复杂实体的创建，还可以使用拖拉、延伸、旋转、拷贝等命令。ANSYS 软件能够使用四种方法实现对 CAD 模型划分网格，分别是延伸划分、映射划分、自由划分和自适应划分。分析计算模块包括结构分析、流体动力分析、电磁场分析、声场分析以及多物理场的耦合分析，可以模拟多种物理介质的相互作用，具有灵敏度分析及优化分析能力。后处理模块可将计算结果以彩色等值线显示、梯度显示、矢量显示、粒子流迹显示、立体切片显示、透明及半透明显示等图形方式显示出来，也可将计算结果以图表、曲线形式显示或输出。ANSYS 软件还提供了两种优化方法——零阶方法和一阶方法，这两种方法可以处理绝大多数的优化问题。ANSYS 建模过程可以通过自定义参数，实现基于命令流的建模过程，然后在优化阶段，通过定义设计变量、分析文件、目标函数、循环控制等，实现循环设计直到满足设计要求。

MSC.Patran/Nastran 软件诞生于 1980 年前后，是在美国国家航天局（National Aeronautics and Space Administration，NASA）资助下，随着计算机及其交互技术的发展，应运而生并日益完善的新一代 CAE 分析前后处理系统，已被广泛应用于各大工程领域。MSC.Nastran 是一款具有高度可靠性的结构有限元分析软件，有着 40 多年的开发和改进历史，并通过 5000 多个最终用户的长期工程应用的验证。MSC.Nastran 为用户提供了方便的模块化功能选项，其重要功能模块有基本分析模块（包括含静力、模态、屈曲、热应力、流-固耦合及数据库管理等）、动力学分析模块、热传导模块、非线性模块、设计灵敏度分析及优化模块、超单元分析模块、气动弹性分析模块、直接矩阵抽象程序（direct matrix abstraction program，DMAP）用户开发工具模块及高级堆成分析模块。MSC.Patran 是有限元分析的前后处理软件，用户可以通过图形交互界面方便地完成网格划分、模型描述等工作，从而使工程分析人员从繁重的数据准备工作中解脱出来，并且能将计算结果以多种方式提供给用户，以便用户在方便时获取信息并完成后处理。通过 MSC.Patran 可以和多种 CAD、CAE 软件相连接。几何模型可以通过 CAD 软件导入 MSC.Patran 中，也可以在 MSC.Patran 中直接建立。MSC.Patran 具备强大的网格划分功能，可实现曲线、曲面及实体的各类网格划分；同时支持对几何或单元的载荷与边界条件进行多样化定义，还能完成材料模型、单元属性、工况及场的定义，为不同分析求解器设置分析参数，并进行分析结果的显示。

3. *有限元分析实例*

环肋圆柱壳作为一种耐压结构，在潜水器中有着广泛的应用。相比球形耐压壳，环肋圆柱壳利于内部舱室的布置，易于加工，水中的运动阻力小。其内部装有电子部件、检测仪器、能源电池等，可以说是潜水器核心设备的保护体。一旦耐压壳体出现结构破损，耐压舱室进水，将引发各电子仪器、电池的短路失控，甚至发生电机击穿导致整个电控系统毁灭以致潜水器丢失的恶性事故。鉴于此，对潜水器耐压壳体进行结构应力分析，确保其具有足够的强度和刚度将是潜水器设计中十分重要的一项任务[19]。下例中将采用 ANSYS 有限元分析的方式对潜水器耐压结构进行强度分析，为潜水器结构设计提供可靠的参考。

示例中进行某环肋圆柱壳结构强度分析。结构的相关参数如表 4.5 所示。圆柱壳壳体、肋骨及法兰都选用同一种材料，为铝合金 7075，其物理属性为：弹性模量 $E=7.1\times10^4$MPa，泊松比 $\mu=0.3$，屈服强度 $\sigma_s=435\text{MPa}$，密度 $\rho=2860\text{kg/m}^3$。该耐压壳的设计潜深为 1000m。

表 4.5　环肋圆柱壳的有关参数

总长 L	内半径 R	壳板厚度 t	肋骨个数 n	肋骨宽度 W	肋骨高 H	法兰宽度 w	法兰高度 h
1075mm	380mm	14mm	8 个	20mm	46mm	25mm	46mm

在工厂加工时，整个舱段是在车床上铣出来的，以保证壳体、肋骨、法兰的一体性。考虑到圆柱壳的中面曲率半径远大于壳板厚度（>20 倍），可以用薄壳理论来分析此环肋圆柱壳。在几何建模时，将圆柱壳、环形肋骨及法兰的三维实体模型全部用面表示，并粘合成为一个整体，模型如图 4.40 所示。网格划分时，采用壳单元 Shell93 对环肋圆柱壳及肋骨进行网格划分，划分完网格的环肋圆柱壳模型如图 4.41 所示。

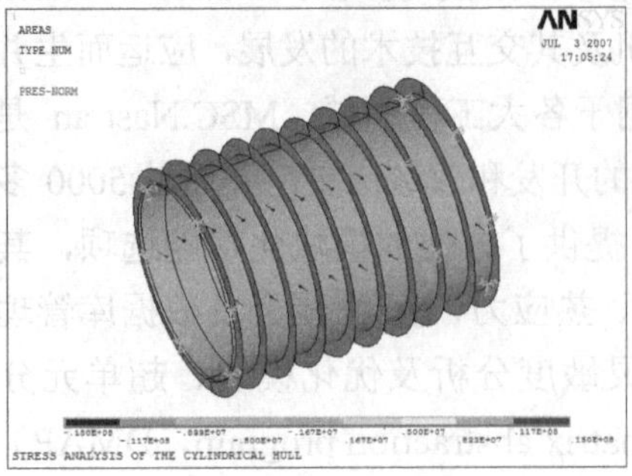

图 4.40　几何模型

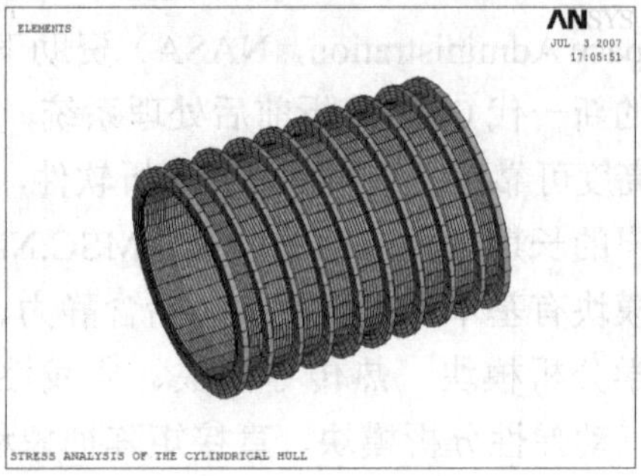

图 4.41　网格模型

考虑到耐压壳体在安装到潜水器中时，两端需要用球形封头进行密封，并且要固定在承载框架上。因此，在对模型添加几何约束时，将耐压壳两端进行简支约束。安全系数取 $n_s = 1.5$，则在耐压壳体上施加的面载荷为 $P_j = \rho gh \times n_s = 15\text{MPa}$，启动 ANSYS 求解器进行求解。

选用静力求解方式进行分析。求解完毕后，得到耐压壳体的变形图，以及其在径向、周向及轴向的应力云图如图 4.42～图 4.45 所示。

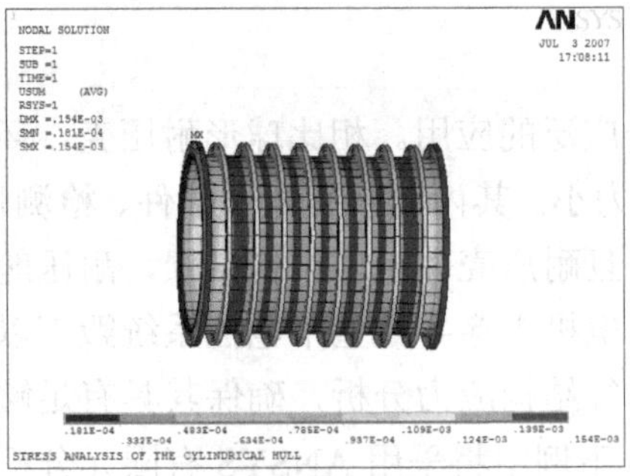

图 4.42　变形图

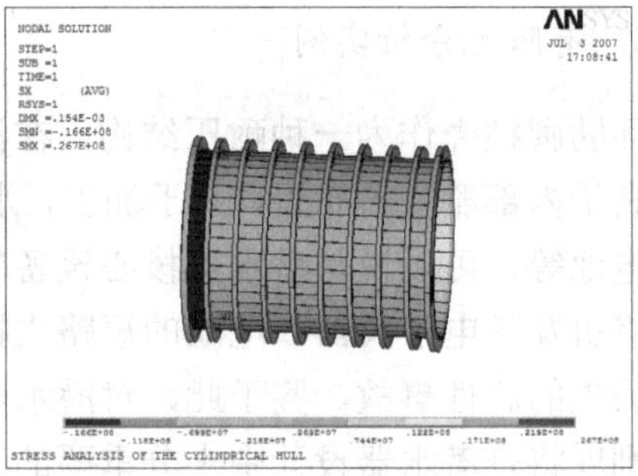

图 4.43　径向应力云图

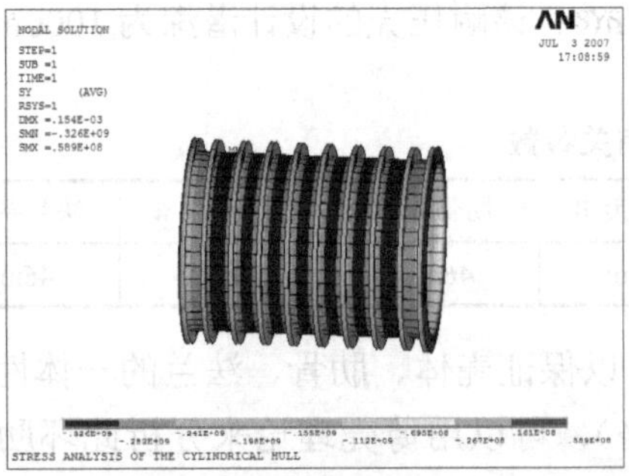

图 4.44　周向应力云图

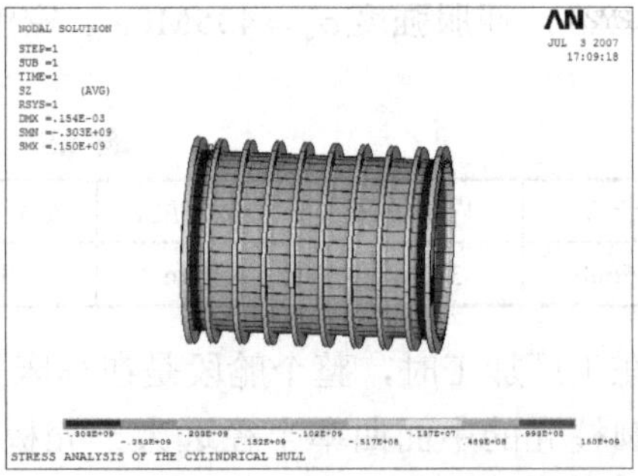

图 4.45　轴向应力云图

从图 4.44 和图 4.45 中可以清楚地看到，壳板周向最大应力出现在相邻肋骨跨度的中点处，而壳板轴向最大应力发生在肋骨与圆柱壳连接处，这与理论分析吻合。

利用 ANSYS 后处理器中设定路径获取指定位置应力的方法，依次得到相邻肋骨跨度中点处壳板周向应力、肋骨与圆柱壳连接处壳板轴向应力及肋骨应力，如表 4.6 所示。

表 4.6　ANSYS 计算壳板应力值

载荷	壳板周向应力 σ_1	壳板轴向应力 σ_2	肋骨应力 σ_3
15MPa	310.7MPa	303.0MPa	210.5MPa

按照《潜水系统和潜水器入级规范》中的公式对壳板及肋骨强度进行校核。

（1）相邻肋骨中点处壳板的周向应力应满足 $\sigma_1 \leqslant 0.85\sigma_s$ ，计算结果为 $\sigma_1 = 310.7\text{MPa} \leqslant 0.85\sigma_s = 369.8\text{MPa}$ ，满足要求。

（2）肋骨与圆柱壳连接处壳板的轴向应力应满足 $\sigma_2 \leqslant 1.15\sigma_s$ ，计算结果为 $\sigma_2 = 303.0\text{MPa} \leqslant 1.15\sigma_s = 500.3\text{MPa}$ ，满足要求。

（3）肋骨应力应满足 $\sigma_3 \leqslant 0.6\sigma_s$ ，计算结果为 $\sigma_3 = 210.5\text{MPa} \leqslant 0.6\sigma_s = 261\text{MPa}$ ，满足要求。

4.3.3　虚拟样机技术

虚拟样机技术（virtual prototype technology，VPT）是一种基于计算机仿真模型的数字化设计方法，是伴随着计算机技术发展而发展起来的一项新型的 CAE 技术。它是多学科的一种融合，主要是以机械系统的运动学、动力学和控制理论为核心，结合成熟的三维计算机图形技术和基于图形的用户界面技术，模拟该机械系统在真实环境下的运动学和动力学特性，并通过仿真分析，输出结果通过对机械系统的不断优化，寻求最优设计方案。它将分散的 CAD 和有限元分析（finite element analysis，FEA）融合在一起，通过计算机构建产品的整体模型，并针对产品在未来使用中的各种工况条件开展计算机仿真。通过仿真来预测产品的整体性能，进而改进和优化产品的设计，实现产品性能的提高。它通过设计中的反馈信息不断地指导设计，保证产品寻优开发过程的顺利进行。在机械工程中它又被称为机械系统的动态仿真技术。

通过对水下机器人虚拟样机模型的建立，可以实现水下机器人的运动性能的测试。水下机器人的运动，主要是靠控制策略来引导。而 MATLAB 无疑是提供算法的最佳仿真平台，并且 MATLAB 中的 Simulink 模块更是为控制系统的搭建提供了极大的便捷。因此构造 ADAMS 和 MATLAB 的联合控制仿真系统，能够很好地对水下机器人的空间运动性能和控制算法的优劣进行评判，为水下机器人下水前提供可靠的参考依据。

4.4　思　考　题

4.1　水面机器人载体的选型主要从哪些方面考虑？

4.2　滑行艇的技术特点是什么？常规滑行艇和槽道滑行艇在减阻设计上有何异同？

4.3　什么是翼航状态；什么是浮航状态？水翼艇的水翼布局会影响哪些因素？

4.4 对比气垫艇、小水线面双体艇和地效翼艇的技术特点，分析各自不擅长哪些应用领域。

4.5 试归纳水面机器人在选材、结构设计和结构优化的流程，并总结要注意哪些问题。

4.6 结合前面几章内容，试思考遥控潜水器在设计上需要考虑哪些方面内容。

4.7 水下机器人艇型结构的不同对性能有哪些方面的影响？试着使用 Fluent 软件仿照书中水下机器人外形建模并进行仿真及优化。

4.8 水下机器人结构设计需要进行哪些方面的工作？非耐压结构有什么作用？设计蒙皮时需要考虑哪些问题？

4.9 试制图表，总结各种耐压壳材料的优缺点及技术特性。

4.10 实操 CATIA、SOLIDWORKS、AutoCAD 及 UG 等主流建模软件，思考它们在功能上适合什么领域，各自又有哪些缺点。

4.11 仿照书中 ANSYS 仿真实例，自行设计一个圆柱与半球组合耐压壳进行应力仿真，并根据仿真结果进行设计优化。

4.12 什么是虚拟样机联合仿真技术？结合之前所学知识，谈谈你的了解。

参 考 文 献

[1] 张韩西子, 倪海参, 石正坤, 等. 水面无人艇发展趋势及关键技术展望[J]. 舰船科学技术, 2024, 46(8): 108-111.

[2] 戈亮, 冯鸿渔. 某高速槽道滑行艇船型优化研究[J]. 广东造船, 2023, 42(5): 30-34.

[3] 唐建飞, 杨帅. 高速艇水翼减阻方案及翼滑艇阻力估算方法[J]. 船舶力学, 2015, 19(1-2): 69-77.

[4] 牛鸿敏. 全浸式水翼艇纵向运动姿态控制技术研究[D]. 哈尔滨: 哈尔滨工程大学, 2021.

[5] 周红友. 气垫艇及其军事用途浅析[J]. 舰船电子工程, 2008(2): 20-23, 163.

[6] 牛杰. 小水线面双体船纵向运动耐波性研究[D]. 大连: 大连理工大学, 2021.

[7] 张旭. 某小水线面双体船下水强度计算[J]. 广东造船, 2021, 40(5): 54-58.

[8] 伍赛特. 地效翼船的应用前景展望[J]. 机电信息, 2018(36): 62-63.

[9] 李永胜, 王纬波, 张彤彤. 复合材料地效翼船结构设计计算方法研究[J]. 中国舰船研究, 2020, 15(4): 73-81.

[10] 郭佳, 赵春城, 倪天, 等. 小型观察级 ROV 耐压舱结构设计与仿真分析[C]. 第五届水下无人系统技术高峰论坛: 以深制海, 智领发展, 2022: 125-128.

[11] 朱宝星, 于复生, 梁为, 等. 水下机器人结构形式及其发展趋势分析[J]. 船舶工程, 2020, 42(2): 1-7, 84.

[12] 孙栋, 汤奇荣, 李江, 等. 便携式水下机器人系统设计与实现[J]. 自动化与仪表, 2023, 38(7): 47-51, 56.

[13] 宋佳玲, 刘爱荣, 周浩翔, 等. 水下机器人在桥梁检测中的应用及其抗流性技术综述[J]. 世界科技研究与发展, 2023, 45(3): 365-382.

[14] 王光越. 基于 ANSYS 的水下机器人框架结构设计分析[J]. 机械研究与应用, 2020, 33(3): 163-165.

[15] 刘贵杰, 刘展文, 田晓洁, 等. 智能材料在水下仿生机器人驱动中的应用综述[J]. 中国海洋大学学报(自然科学版), 2018, 48(3): 114-120.

[16] 包海默, 马宏宇, 乔松, 等. 水下捕捞机器人耐压舱仿生造型设计[J]. 机械设计, 2022, 39(5): 135-141.

[17] 马骋, 李宪栋, 许维军. 水下航行器复合材料耐压壳优选设计研究[J]. 装备环境工程, 2023, 20(9): 58-65.

[18] 颜家杰, 高德峰, 廖宇辰, 等. 钛合金在新型水下航行器上的应用研究进展[J]. 兵器装备工程学报, 2022, 43(7): 52-57.

[19] 张洪彬, 徐会希. 球柱壳耐压舱体极限承载力研究[J]. 海洋工程, 2022, 40(2): 154-161.

第 5 章　海洋机器人环境感知技术

5.1　水面机器人环境感知技术

5.1.1　雷达目标感知技术

航海雷达是水面机器人必须配备的重要传感器，具有检测范围大、受海况和天气条件影响小的优点[1]。研究航海雷达感知技术，使水面机器人能够完全自主地处理并理解雷达数据，实现对雷达图像中的目标、障碍物、环境特征的快速检测，并对运动目标进行实时跟踪，是水面机器人实现局部最优路径规划、做出准确的行为决策、对局部环境准确理解并建模的基础，能够有效保障水面机器人准确执行使命任务的能力和航行的安全性。

1. 雷达目标检测技术

航海雷达目标检测分为雷达图像处理、雷达目标提取两部分，其中雷达图像处理包括图像的平滑和分割。通过图像平滑可以抑制雨雪杂波、海杂波、内部噪声等对目标提取时的影响，提高目标检测的准确度；图像分割的目的是将雷达图像二值化，使目标与背景的灰度值有明显差异，从而将目标从雷达图像中分离出来。雷达目标提取包含目标标记和特征提取。通过对分割后雷达图像的连通区标记，提取目标的位置和面积特征，目标识别还应具有旋转、平移和尺度不变性，因此以旋转不变矩特征作为目标的另一个主要特征信息。

1）雷达图像的特点

虽然航海雷达图像与光学图像在本质上都是能量的平面或空间分布图，但由于雷达波的传输过程及回波显示方式都与普通光学图像不同，即使是原理相似的激光雷达图像和声呐图像也有诸多不同，因此，需要根据雷达图像的特点来决定图像处理算法。

选取几种典型的航海原始雷达图像，分别为湖泊内避障试验雷达图像、港口内自主出港试验雷达图像、近海岸雷达图像和远海避障试验雷达图像（图 5.1）。图 5.1（a）中正上方目标为避碰用 10m 长目标船，左右大片目标为湖岸；图 5.1（b）中左下条形目标为某港口防波堤，右方大片目标为港内建筑；图 5.1（c）中左侧目标为海岸及部分岛屿、礁石，右侧两个目标为停泊在近海的 10m 左右钓鱼用船舶；图 5.1（d）中上方两个目标分别为避碰用 2m 圆柱形目标和避碰用 10.5m 长目标船。上述四幅雷达图像按顺序分别定义为算例一到算例四，本章后续的目标检测以这四个算例为研究对象。

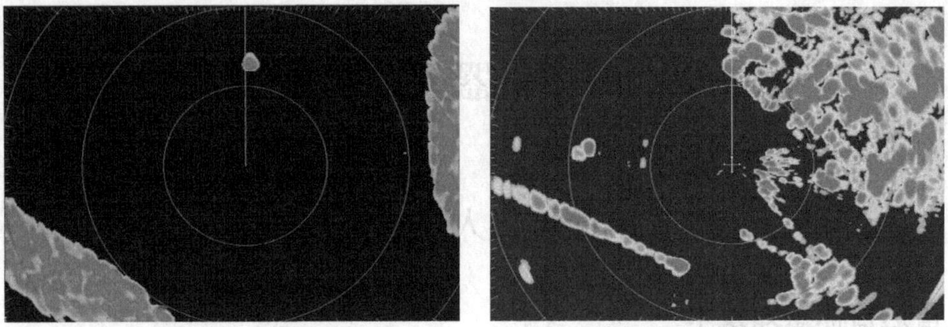

（a）湖泊内避障试验雷达图像　（b）港口内自主出港试验雷达图像

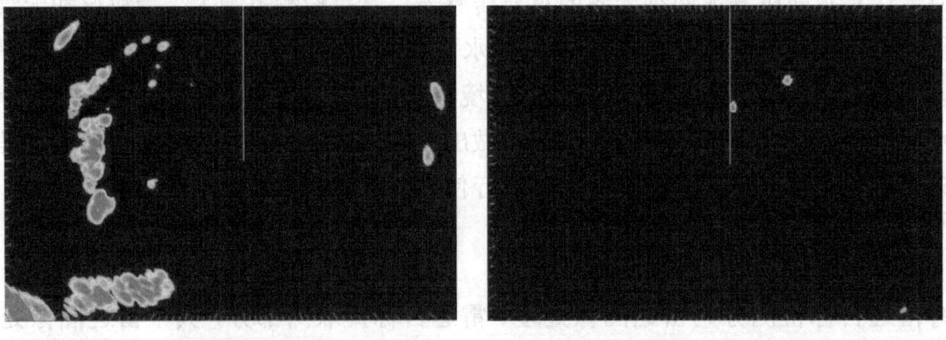

（c）近海岸雷达图像　（d）远海避障试验雷达图像

图 5.1　原始雷达图像

总结航海雷达的图像特点如下：

（1）与光学图像相比，雷达图像数据构成相对简单，主要由灰度级较高的目标区（陆地、岛屿、礁石、船舶等障碍物）和灰度级较低的黑色背景区组成。

（2）图像中的目标不存在叠加的状况，即前面的目标不会遮挡后面的目标，通过合适的图像分割方法可以较好地分离出每个目标。

（3）雷达图像中有大量噪声干扰，包括外部环境干扰（雨雪、海浪、同频干扰等）、内部噪声以及图像经过采集和保存后添加的噪声，这些噪声有可能造成图像模糊不清，甚至导致目标检测失败。

（4）航海雷达扫描的周期较长，如雷松公司的 Raymarine E80 和 E120 数字雷达，扫描周期约为 2.5s，使得目标的一些运动参数不连续，对目标跟踪有较大影响。

（5）同一帧内的不同目标根据回波强弱，亮度可能不同，不同帧内的同一目标外形可能出现变化。

（6）受外界环境和雷达自身性能的影响，雷达图像序列中一些目标会时隐时现，并且有可能出现虚假目标。

（7）雷达自身的移动会造成图像中目标的位置和角度变化，需要对 GPS 和惯导数据进行融合来解决运动背景下的目标检测和跟踪问题。

2）雷达图像的平滑

在航海雷达的工作过程中，雷达信号可能被大量的杂波干扰，包括雨雪杂波、内部噪声、同频干扰和海杂波等。虽然雷达信号在通过接收机时会过滤掉大部分的干扰，尽可能还原出真实的图像，但雷达图像在经过采集和保存后，又可能会添加新的噪声。这些噪声的灰度级与图像中目标的灰度级较为接近，仅采用阈值分隔的方式对含有噪声的图像进行处理很难取得满意的结果。对图 5.1 中四幅原始雷达图像的直接分割结果如图 5.2 所示。

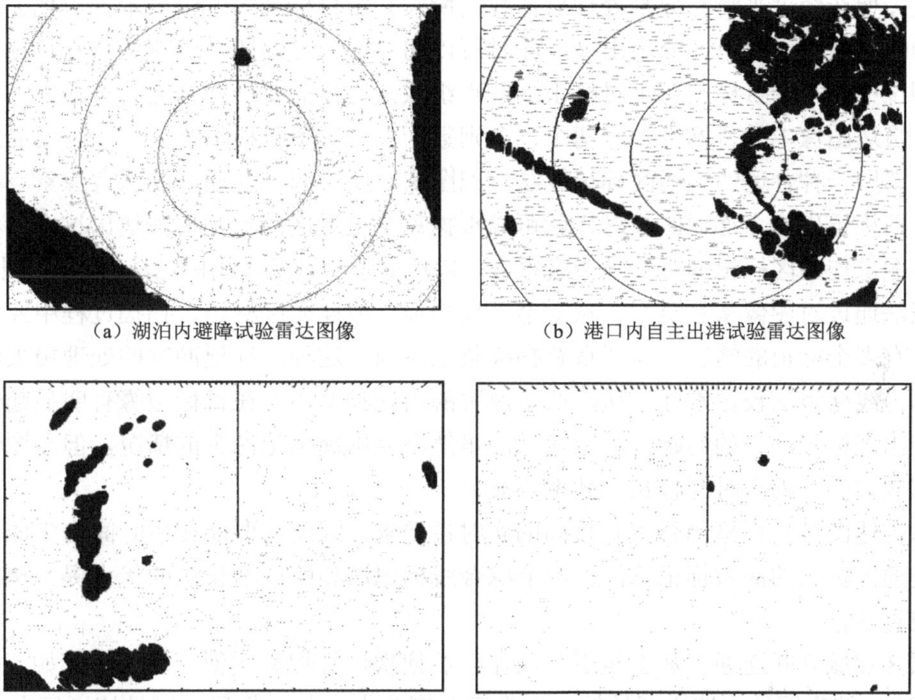

（a）湖泊内避障试验雷达图像　（b）港口内自主出港试验雷达图像

（c）近海岸雷达图像　（d）远海避障试验雷达图像

图 5.2　原始雷达图像直接分割结果

由图 5.2 的处理结果可以看出，四幅雷达图像都含有不同程度的噪声，这些噪声会使采集到的图像内出现很多虚假的细节（如虚假的目标点、连接点或间断点），可能造成目标检测信息的错误甚至检测失败，对图像的后处理提出了很高的要求。因此，在对雷达图像目标进行检测、跟踪之前对雷达图像做平滑处理，以达到削弱雷达图像的噪声的目的。

目前应用比较广泛的图像平滑算法主要分为均值滤波和中值滤波两大类[2]。对于均值滤波一般采用有奇数点的移动窗口在图像上滑动，中心点所对应的像素灰度值用窗口内所有像素的平均值代替，即邻域平均法。如果规定各个像素点的权重，即系数不同，称为加权平均法。对于中值滤波，窗口中心点对应像素的灰度值用窗口内所有像素的中间值代替。

3）雷达图像分割

雷达图像分割的方法可分为两大类：一类是基于边界的方法，这种方法假设图像分割结果的某个子区域在原始雷达图像中一定有边界存在；另一类是基于区域的方法，这种方法假设图像分割结果的某个子区域有相同的性质，且不同区域的像素没有共同的性质[3]。由航海雷达图像的性质可以看出，有目标的前景区域较亮，即目标区域的灰度值较高，而背景区域基本为灰度值较低的黑色，符合区域分割方法的要求。Kittler 等[4]将图像像素分类后误差最小的值确定为图像分割阈值，即用最小误差法进行图像分割。Pun[5]提出了最大后验熵上限法用于阈值化分割的阈值选取。Pal 等[6]提出了模糊阈值法，引入灰度图像的模糊数学，通过计算图像的模糊熵来选取图像的分割阈值。

4）雷达目标特征提取

雷达图像在经过平滑和分割处理后，我们所关心的目标（图像中表示为黑色）已经从背景中（图像中表示为白色）分离出来，此时可以明显地分辨出图像中哪些点是目标，但无法分辨出图像中有几个目标和每个目标由哪些点组成，这样需要一种合适的方式来实现对目标的表达。雷达图像中的目标少则一两个，多则数十个，每个目标都是由一个封闭的连通区构成，需要选取一种合适的连通区标记算法，把图像中属于同一连通区的所有像素点标记为同一数值，即标记出这个连通区，这样就可以根据每个连通区的标记值表达出这个目标。

数字图像连通区标记的算法种类有很多，包括像素标记法、线标记法和区域增长法等[7]。像素标记法通过对图像从左至右、从上至下地扫描完成连通区标记，扫描过程中经常会出现一个目标有多个标记的情况，需要重新扫描整幅图像，这种对标记冲突的处理极大降低了算法的效率；线标记法较像素标记法降低了冲突的出现频率，但在目标边缘有明显起伏的情况下同样会出现标记冲突的问题；区域增长法虽然不会出现标记冲突的情况，但当图像中的连通区面积较大时，处理时间较长，效率不高。

航海雷达图像目标检测系统有较高的实时性要求，因此需要能在短时间内完成二值化雷达图像连通区标记的高效标记算法。本节综合线标记法和区域增长法的优点提出执行效率较高的标记算法。

采用 8 邻域判断连通，从上至下、从左至右依次逐行搜索图像，算法步骤如下。

步骤 1：搜索图像中连通区的第一个像素灰度值为 0 的目标段，即该连通区左上第 1 行像素（图 5.3 中第 2 行 1～4 列），标记该目标段并写入目标数组，此段即区域增长的种子段。

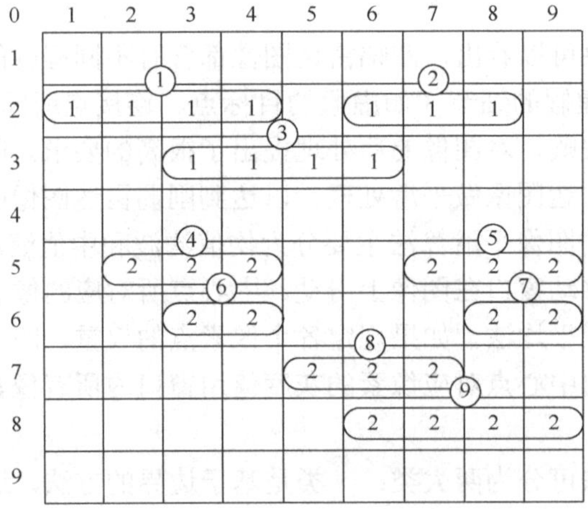

图 5.3　标记算法示意图

步骤 2：检查种子段上下两行，以 8 邻域连通标准判断是否存在未标记且与该种子段连通的目标段。如果存在继续进行步骤 3，否则该连通区标记完毕，转步骤 7。

步骤 3：用和种子段相同的标记值标记未标记的目标段，把该段写入目标数组，作为新的种子段。

步骤 4：检查每个新种子段的上下两行是否存在未标记的连通区。如果存在则继续步骤 5，否则转步骤 6。

步骤 5：用每个种子段的标记值标记与该种子段连通的未标记目标段，把这些目标段写入与种子段相同的数组，作为新的种子段，执行步骤 4。

步骤 6：从数组中取出所有标记像素，完成一个连通区的标记。

步骤 7：搜索图像中下一个连通区，重复步骤 2～6，直到图像中所有连通区标记完毕。

按上述搜索标记算法，图 5.3 中两个连通区的标记顺序为：连通区一，①→③→②；连通区二，④→⑥→⑧→⑨→⑦→⑤。本节算法以每一行中的连通区像素作为种子段，只搜索邻近种子段的两行中是否存在与该种子段连通的目标段，较区域增长法以每个像素点作为种子点的 8 邻域判断，较大地提高了计算效率，同时不会出现线标记法的相同连通区标记冲突问题，即避免了处理冲突标记的重复计算。本节算法的高效标记为后续的雷达图像目标特征提取和匹配工作提供了有力保障。

采用本节算法对原始雷达图像进行处理的结果如图 5.4 所示，左侧为原始雷达图像，右侧为标记后的雷达图像。标记结果及计算时间如表 5.1 所示。

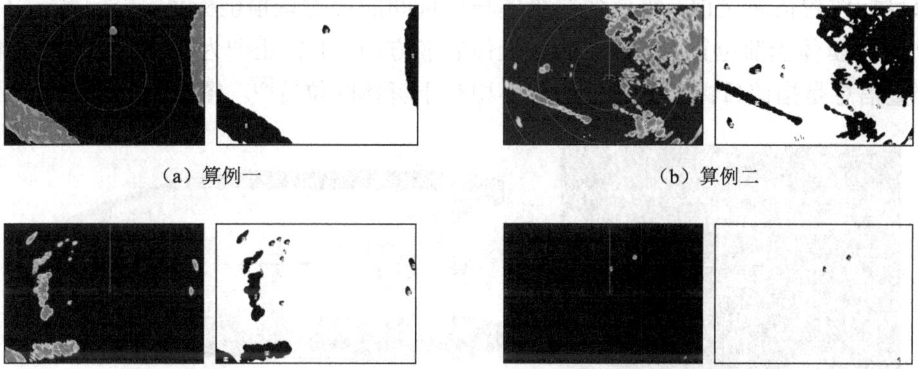

(a) 算例一　(b) 算例二

(c) 算例三　(d) 算例四

图 5.4　原始雷达图像及标记后雷达图像

表 5.1　标记结果及计算时间

	算例一	算例二	算例三	算例四
计算时间/s	0.105	0.132	0.127	0.103
目标个数	3	19	14	3

通过图 5.4 中四幅原始雷达图像及标记后的雷达图像来看，不论是简单的远海图像还是复杂的港口内图像，本节算法都可以成功地标记出图像中所有的目标；从计算时间来看，即使图像内目标较多，计算时间也可控制在 0.15s 以内，可以较好地满足系统实时性要求。同

时，本节算法综合了线标记法和区域增长法的优点，一次扫描就可以完成图像中所有连通区的标记，不受目标形状影响，具有较好的鲁棒性。经过标记后的雷达图像中每个目标的所有像素点都被标记为同一数值，根据标号的不同可以进一步完成对雷达图像特征的提取。

在航海雷达图像采集处理系统中，不仅要能够检测出目标，还要提供目标的位置、面积、速度等特征信息。一幅雷达图像中可能包含数个甚至数十个目标，在连续的雷达图像序列中匹配出同一个目标是进行目标跟踪的基础。

航海雷达图像中的目标具有以下特性：受环境和雷达回波的影响，雷达图像序列中目标可能出现丢失的情况；不同帧内的同一目标外形可能有所不同；杂波可能造成虚假目标的影响；随时会有新的目标进入雷达观测区。基于以上特性，需要选择合适的特征对雷达目标进行帧间匹配。

（1）雷达目标面积和位置特征提取。

在雷达图像中，目标的面积是指组成一个目标的像素点总数，目标的位置是指与水面机器人的相对位置，水面机器人在图像中的位置表现为距标圈的中心，即航向线的起点。图像中各目标相对于水面机器人的距离和方向角即该目标的位置。这里距离是指像素距离，由于采集到的雷达图像尺寸是固定的，对应于雷达量程的不同，相邻像素间的距离也会发生变化。本节中航海雷达主要用于危险规避，需要对目标有较高的分辨性能，因此选择 0.25n mile 作为雷达的量程，可以尽量减少目标的虚警和漏报。经过对艇体在图像中位置的计算，艇体的图像坐标为(446,293)，量程为 0.25n mile 时，相邻像素间的距离为 1.715m。

提取目标位置信息之前，需要建立艇体与目标间的相对直角坐标系。坐标系定义如下：坐标系原点 O 为艇体当前位置，X 轴正向为艇体右舷方向，Y 轴正向为艇体艏向方向。图像中各目标的位置信息是指该目标在图像中的形心相对于艇体的位置[8]。图像坐标系如图 5.5 所示。

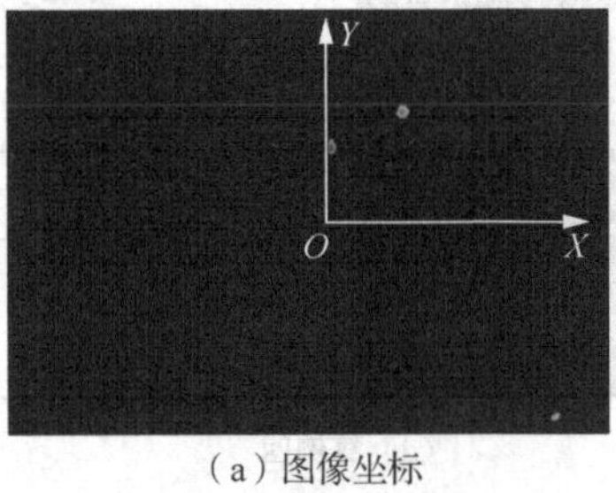

（a）图像坐标

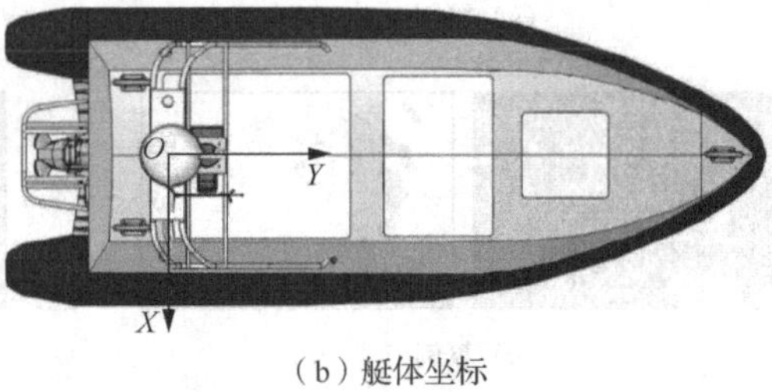

（b）艇体坐标

图 5.5　图像坐标系

通过对雷达图像的标记处理，每个目标对应于不同的标记值。经过对标记后图像的扫描，可得到每个目标的像素数量（即该目标的面积）以及每个像素的图像坐标。

（2）雷达目标不变矩特征提取。

在雷达图像中，同一目标在不同帧可能相差一个旋转、平移或缩放变换，因此希望找到一些只与目标形状有关，而与它们的位置、方位、尺度无关的不变量。Hu[9]在 1962 年通过对线性矩求导，提出了 Hu 不变矩的概念，并总结分析了 Hu 不变矩的一些基本性质，并证明了 Hu 不变矩具有旋转、平移和尺度不变性。在进一步的矩理论研究中，又出现了旋转矩和复数矩等不变矩。而正交矩的提出让矩理论得到了进一步发展，研究者相继提出了泽尼克（Zernike）矩、伪 Zernike 矩、勒让德（Legendre）矩和复合矩等理论[10]。

在图像中的目标区域灰度分布已知的情况下，可以由灰度分布构造各阶矩来表达灰度分布特征和边界形状。构造各阶矩的一些函数具有旋转、平移和尺度不变性，且充分利用了目标内部和边界的信息，可以得到目标的一些内部特征。Hu[9]给出了一组基于通用矩组合的代数矩不变量。

2. 雷达目标跟踪技术

进行雷达目标跟踪之前，首先要完成目标的匹配。以提取到的目标位置、面积和不变矩特征在雷达图像序列中对应出同一个目标并建立该目标的目标链，称为雷达图像目标的特征匹配。目标跟踪是在给定测量值条件下，迭代估计目标运动状态的过程。根据雷达图像的特点，在图像序列中，有的目标可能出现时隐时现的状况，此时单纯用目标匹配方法建立的目标链可能断裂并丢失目标信息，造成目标运动参数的估计错误，这将对后续的局部路径规划和危险规避产生不利影响。因此，需要选择合适的目标跟踪方法，根据前一帧或前几帧图像中目标的位置信息，预测当前节拍对应目标可能出现的位置、方向和区域。这样既能弥补目标链断裂带来的不利影响，又可以缩小搜索区域以提高算法效率。

1）雷达图像序列特征匹配

为检测所提取特征对雷达图像序列目标匹配的有效性，选取一组 50 帧的雷达图像序列，该图像序列记录了一艘滚装渡轮的进港过程，如图 5.6 所示。

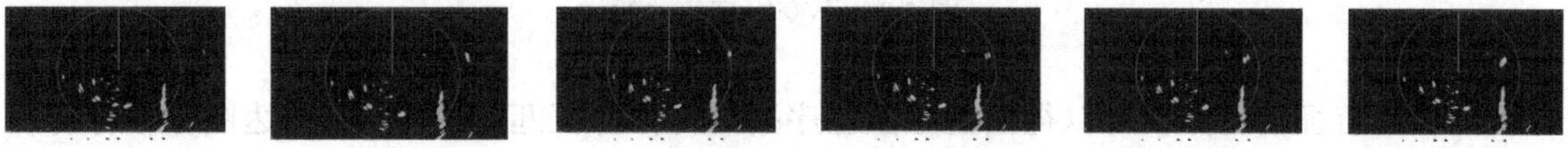

（a）第 1 帧　（b）第 10 帧　（c）第 20 帧　（d）第 30 帧　（e）第 40 帧　（f）第 50 帧

图 5.6　雷达图像序列

图 5.6 中右上方目标为运动的进港渡轮，其余目标为港内停靠的船舶和码头建筑等。首先对该图像序列中的运动目标进行特征提取，提取到的位置、面积和不变矩变化曲线如图 5.7～图 5.9 所示，当前雷达量程为 0.5n mile。

从图 5.7 可以看出，位置变化以 X 方向为主，Y 方向位置变化不大。X 方向总运动距离为 622.88m，平均每帧运动距离约为 12m，对应雷达量程为 0.5n mile 时的图像运动距离为 3 个像素以内，可以得出在当前雷达量程下航速 30kn 以内的运动目标在相邻两帧雷达图像中的位置变化应该在 7 个像素以内。由此可见，用目标的位置特征来做匹配可以得到较理想的效果。

图 5.8 中该目标在前 30 帧图像中面积变化范围在 60 个像素左右，第 35 帧图像以后面积变化范围逐渐增大，是由于此时渡轮在港内减速并转弯进港，增大了雷达的反射面。同一目标的形状在相邻两帧图像会有所变化，随环境不同变化范围也会有所增减，但一般不会发生剧烈改变，因此可以把面积特征作为位置特征的补偿来进行目标匹配。

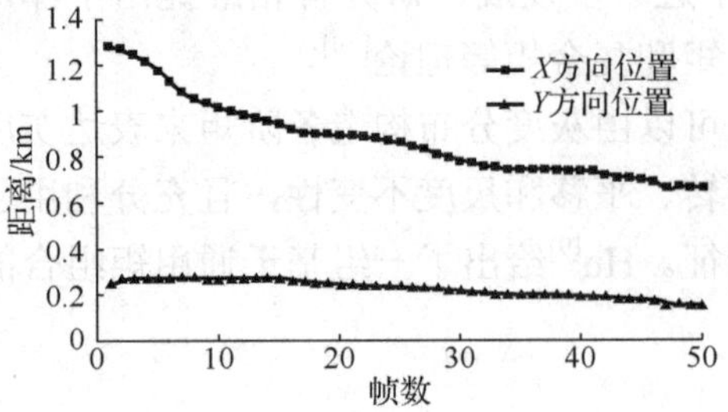

图 5.7 位置变化曲线

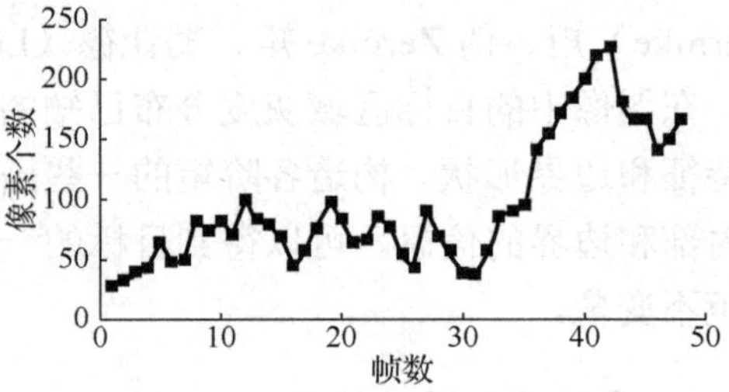

图 5.8 面积变化曲线

图 5.9 中不变矩变化曲线反映了目标 7 个不变矩的变化趋势，可以看出不变矩 M_1、M_2 变化范围小，趋势平稳，当前目标的变化范围在 0.7 以内，可以较好地反映出目标的特征信息。M_3、M_4、M_5、M_6、M_7 变化范围较大，可以作为目标特征信息的参考。

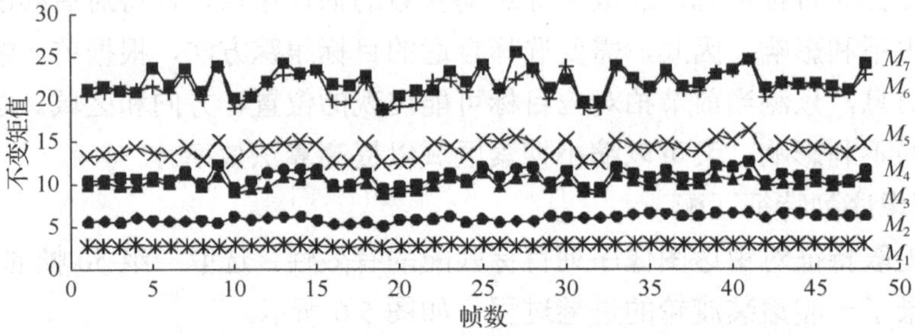

图 5.9 不变矩变化曲线

由以上特征信息分析可以得出雷达图像序列的目标特征匹配准则。在雷达图像目标特征匹配试验中，采用以位置特征匹配为主，面积特征和不变矩特征为参考的目标匹配技术可以较好地完成图像序列的匹配。采用本节方法对图 5.6 中右上方运动目标进行匹配，轨迹如图 5.10 所示，处理时间如图 5.11 所示。

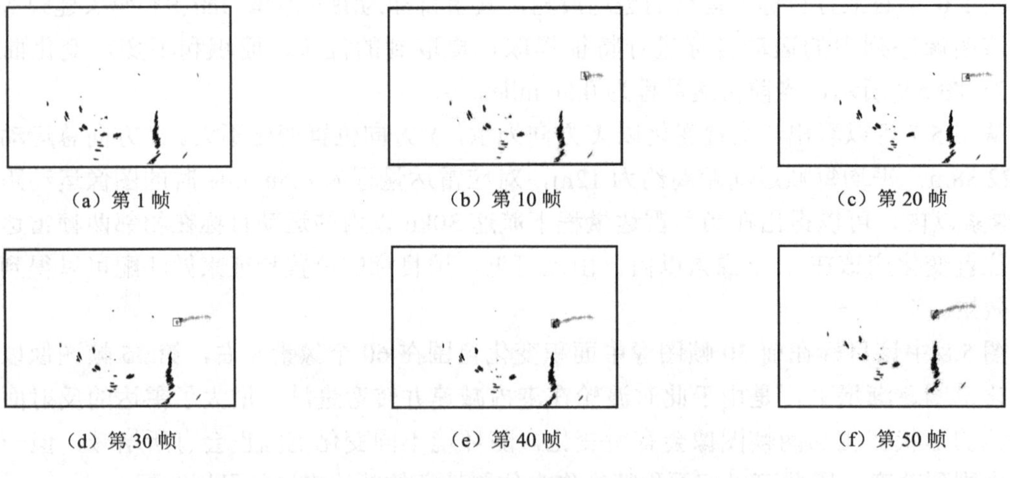

（a）第 1 帧　（b）第 10 帧　（c）第 20 帧

（d）第 30 帧　（e）第 40 帧　（f）第 50 帧

图 5.10 目标匹配轨迹

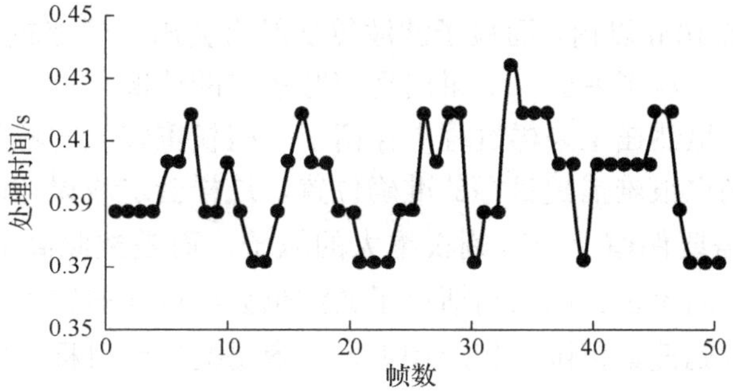

图 5.11　处理时间

从图 5.10、图 5.11 的匹配跟踪试验结果可以看出，本节采用的雷达图像序列特征匹配方法可以有效地完成图像序列中同一目标的匹配跟踪工作，同时每帧的处理时间均在 0.5s 以内，可以达到航海雷达目标检测系统的实时性要求。

2）雷达目标跟踪

20 世纪 50 年代，基于序贯重要性采样（sequential importance sampling，SIS）的序贯蒙特卡罗方法首次被提出，并在 20 世纪 60～70 年代得到进一步发展，但由于当时计算机处理能力的不足以及方法本身随时间退化的缺陷，并没有得到广泛的应用[11]。直到 20 世纪 90 年代，Gordon[12]在 SIS 中引入重采样操作，提出了一种新的基于 SIS 的自举滤波（bootstrap filter，BF）方法，从而奠定了粒子滤波方法的基础。

粒子滤波（particle filter，PF）方法是一种以贝叶斯理论、随机估计原理以及蒙特卡罗方法为基础的非线性滤波方法[13]，其核心思想是用随机采样的粒子表达密度分布，可以处理非线性、非高斯问题，是一种通用的贝叶斯滤波方法。粒子滤波方法已广泛应用于目标跟踪、计算机视觉、通信、控制、金融等诸多领域。

粒子滤波方法用于目标跟踪的具体实现步骤如下。

步骤 1：初始化。选择第 1 帧雷达图像中所要跟踪的目标，计算图像处理后目标的不变矩和面积，确定粒子数 N，本节兼顾跟踪精度和处理速度，令 $N=100$。假设初始重要性函数服从正态分布，以目标的位置坐标 (x_0, y_0) 为均值。协方差 $\boldsymbol{\Sigma}$ 由跟踪的目标的速度确定，速度越快则对应 $\boldsymbol{\Sigma}$ 越大，本节在 X 方向和 Y 方向分别取 45 和 40，即分别以 $N(x;x_0,45)$、$N(y;y_0,40)$ 为初始的重要性函数采集 X 方向和 Y 方向的粒子，对每一个粒子进行系统状态转移。

步骤 2：采集下一帧图像，计算上一时刻状态转移后的粒子 $\{\boldsymbol{x}_k^i\}_{i=1}^N$ 的不变矩和面积，通过观测模型计算粒子的权重 w。然后权重归一化为 $w_k^i = w_k^i / \sum_{i=1}^{N} w_k^i$。计算粒子的测量均值 $\bar{\boldsymbol{\mu}}_k$ 和协方差 $\bar{\boldsymbol{\Sigma}}_k$。

步骤 3：对后验概率分布 $N(\boldsymbol{x}_k;\boldsymbol{\mu}_k,\boldsymbol{\Sigma}_k)$ 进行采样，得到 $\{\boldsymbol{x}_k^i\}_{i=1}^N$，$\boldsymbol{x}_k^i$ 通过状态转移得到 $k+1$ 时刻的粒子 $\boldsymbol{x}_{k+1}^i$，计算预测均值和协方差。继续进行步骤 2，至采集结束为止。

由于卡尔曼滤波对目标运动做了线性假设，当目标运动具有非线性特征时，跟踪的误差较大。粒子滤波和高斯粒子滤波的跟踪曲线更接近于目标的实际位置，即对非线性运动目标的跟踪效果较好。通过跟踪误差来看，高斯粒子滤波的跟踪效果要优于粒子滤波，高斯粒子滤波的跟踪误差一般在 10m 以内，而粒子滤波算法经常会出现误差较大的点，半数以上的跟踪误差在 10～20m。对于粒子滤波，如果出现跟踪较差的情况，说明大多数粒子没有完全捕捉到真正的目标区域，虽然在重采样过程中保留了一些权重较大的粒子，但这些粒子的位置并不准确，在下一时刻也很难捕捉目标的准确位置，这样会造成误差的累积。

高斯粒子滤波不需要保留上一时刻权重大的粒子，而是按照高斯分布重新产生新的粒子，这样就避免了误差的累积。虽然高斯粒子滤波也会出现误差较大的跟踪值，此时协方差会自动增大，在下一时刻搜索范围会相应增大，更容易捕捉到目标。同样，如果运动目标的方向发生改变，粒子滤波有可能出现目标丢失的情况，而高斯粒子滤波有更灵活的搜索范围变化，即使出现短暂的目标丢失，也可以重新锁定目标。

卡尔曼滤波由于不需要进行重复的粒子权重计算，较粒子滤波和高斯粒子滤波有更好的实时性；高斯粒子滤波在运行时间上优于粒子滤波，主要因为高斯粒子滤波仅需产生一定条件的高斯随机数来代替重采样过程。三种滤波跟踪方法均可满足雷达目标跟踪系统的实时性要求。

5.1.2 光学目标感知技术

本节主要介绍水面机器人针对光学图像实现对目标和障碍物的检测、识别、跟踪的方法。根据目标和障碍物表现出来的典型特征，采用概率分布模型、特征分类、显著性分析等方法实现准确判断，利用海天线检测方法实现对目标和障碍物的快速检测，采用贝叶斯分类、随机树、多示例学习、压缩感知等理论实现对目标和障碍物的实时跟踪。各种类型的目标外形、表面特性、尺寸都各不相同，首先需要从传感器数据中提取目标特征，包括目标的轮廓、尺寸、角点、梯度统计、区域分布等特征，然后采用概率统计分类、神经网络等类型的分类器实现对目标的准确识别，其中重点介绍级联分类、支持向量机、卷积神经网络等方法。

1. 光学图像预处理技术

海面目标成像效果易受复杂的海洋环境影响，如天气、背景杂波等因素，从而造成水面目标检测和跟踪的困难。因此，水面图像预处理的目的就是提升水面图像质量，降低环境噪声干扰，提高信噪比，使水面图像更适于后续的分析处理。

1）光学图像质量评估

载体航行过程中，光学摄像机得到的图像背景虽然时刻变化，但总体来讲图像由上、中、下三部分组成：天空区域、水界限区域和水面区域[14]。在光学图像中，天空区域具有较强的反射性，区域亮度较大，与之相比，水面区域具有较弱的反射性，区域亮度较小。在水天背景情况下，有一个交接过渡带存在于水面区域和天空区域之间，具有明显的边缘特征，称之为水界限区域或水天线区域[15]。对水岸背景来说，水面和天空之间被岸上景物隔开，岸上信息具有明显的复杂度，水界限区域即水岸线区域。一般来说，天空纹理较为平缓，而水面纹理则由于受载体和水波的运动、波浪反光等因素影响，体现出明显的不均匀性。另外，由于成像受天气、背景杂波和光照以及镜头的洁净程度等因素的影响，图像的效果有时也不尽如人意。因此，对水面图像进行预处理，凸显有用的信息以及削弱无意义的信息，使图像呈现出更有利于后续处理的形态。

不同的天气下和不同的时间段内，水面载体获得的光学图像的质量都会有差别。天气晴朗的中午时段，图像的亮度差异较为鲜明。而在雾天，能见度降低，反映在图像里，便是水面与天空的亮度差异减小，船只等障碍物也若隐若现，类似的图像特点还出现在海面载体的摄像机远距离平视时，海天线虽然在视野内，但海天线上下的内容几乎连成一体。在黄昏，镜头的进光量锐减，图像整体变暗，一些纹理细节将被淹没。像后两种情况下所获得的图像，其质量相对来讲是较差的，这类图像需要进行相应的增强。

海面载体在运动的过程中，摄像机连续采集图像，其软硬件体系需实现完全无人介入的图像处理，无论是水天背景还是水岸背景，无论是天气晴朗还是雾气笼罩，对无人平台来说整个处理过程都是自适应的。这里涉及的问题是，当得到一幅图像后，首先应判断该图像是否需要增强。所以最好能够统一计算图像的最初质量，使得图像处理系统能适用于更广泛的图像类型。

图像增强主要针对视觉效果较差的图像[16]，使之尽量接近优良质量图像的效果，以便于在整个图像自主处理流程中，不会因为图像质量差异太大而必须调整各处理阶段的参数。此时，采用一种合适的图像质量评价方式对原始图像进行数字化的测量，能够为后续处理起到指导性的作用。然而，在实际应用中，没有任何一个标准对所有图像完全适用。在不同的使用环境下，根据后续处理的要求，图像增强的对象和图像增强的程度都有所不同。

一个好的评价方式必须具备以下两个特性：

（1）对某种指定特性的图像序列做出整体评价。这是对于衡量标准最基本的要求，它通过某种方式对图像进行评价，我们希望得到在整体视觉上图像的有效程度，基于反映图像复杂度的方差与图像的色阶空缺数来衡量该信息量，符合第一个特性。

（2）图像评价结果与图像质量存在线性关系。图像的质量评价应与图像的客观体现相对应。即图像质量越高，评价结果相应越大，图像质量越低，评价结果相应越小。

2）退化光学图像增强

目前常用的退化图像增强方法[17]有两种：一种是针对图像退化的原因，选用适当的算法，改善退化因素的影响，有效提高图像的逼真度，使改善后的图像与原始图像尽可能地接近，该类方法一般称为图像复原技术；另一种是有选择地突出图像中感兴趣的目标特征区域，弱化外界的干扰特征，从而有效提高图像的可读性，与前一种方法相比较，由于没有考虑图像退化的本质原因，比如大气散射影响等，故处理后的结果并不是最佳的原始图像逼近结果。

图像增强没有通用的理论，图像增强的目标就是突出图像中的某些信息，同时去除某些不需要的信息，使其比原始图像更适合于特定应用。对水面退化图像来说，增强的目的就是突出有效信息如水天线以及水面目标的轮廓，降低后续处理的难度，提高计算机对水面图像有效信息的可识别性，并不需要使处理后的图像去逼近原始图像，所以考虑选用第二类图像预处理方法，即无须考虑退化原因的图像增强法。水面图像质量基本由整体的亮度与对比度占据主要的影响因素。单从图像处理的角度出发，提高图像的质量实质上就是调整图像的亮度与对比度。对图像增强方法来说，如何选取最优变换和最优参数以及如何使增强方法对于序列图像具备自适应性，是该问题的核心内容。

不考虑退化原因的图像增强方法[18]，通常从空间域和频域两方面出发。空间域方法是以对图像的像素直接处理为基础的；频域方法是以修改图像的傅里叶变换为基础的。后者计算较为复杂。

3）光学图像平滑去噪

对于水面图像，平滑去噪是为了在不削弱主要特征信息的情况下，抑制不必要的细节信息如水面纹理与天空纹理等。从平滑效果上看，平滑的方法可分为非边界保持滤波方法和边界保持滤波方法。在平滑掉噪声的同时也平滑掉了图像的主要特征是传统的平滑方法所存在的普遍问题，而边界保持滤波方法试图通过在平滑图像时保持边缘信息来解决这个问题，现在出现的一些方法甚至可以做到更加智能，即仅保持纹理的边界而去掉噪声和边界内部的纹理。

2. 光学目标检测跟踪技术

在水面机器人获取的目标的红外图像中，存在诸多干扰因素，例如，波浪反射的阳光、云层辐射、人造光热源等都会形成对目标检测和跟踪系统的干扰，采用基于 Camshift 算法的红外目标检测与跟踪方法可以有效克服上述几种干扰因素。Camshift 算法[19]是由均值漂移实现的改进算法，该算法可以针对物体在视频中的大小进行自适应调整，从而大大改善跟踪效果。Camshift 算法充分利用了均值漂移算法的计算简单快捷的优点，并且在不增加计算复杂度的同时，实现了自适应的窗口大小控制。在均值漂移迭代完成之后，改进的算法都会对窗口大小进行调整。

均值漂移算法利用红外图像中像素值的统计特性，能够自动收敛到灰度峰值区域，并且对图像中的噪声具有一定程度的不敏感性，因此采取该算法提取红外图像中的目标区域信息。给定 d 维空间 $\mathbf{R}^d$ 中的 n 个样本点 $\boldsymbol{x}_i(i=1,2,3,\cdots,n)$， $\boldsymbol{x}$ 点处均值漂移向量的基本形式定义为

$$\boldsymbol{M}_h(\boldsymbol{x})=\frac{1}{k}\sum_{\boldsymbol{x}_i\in S_h}(\boldsymbol{x}_i-\boldsymbol{x}) \tag{5.1}$$

式中，S_h 是一个半径为 h 的高维球区域，是满足以下关系的 $\boldsymbol{y}$ 点的集合：

$$S_h\equiv\{\boldsymbol{y}:(\boldsymbol{y}-\boldsymbol{x})^{\mathrm{T}}(\boldsymbol{y}-\boldsymbol{x})\leqslant h^2\} \tag{5.2}$$

k 表示在这 n 个样本点 $\boldsymbol{x}_i$ 中，有 k 个点落入 S_h 区域中。均值漂移向量 $\boldsymbol{M}_h(\boldsymbol{x})$ 就是对落入区域 S_h 中的 k 个样本点相对于点 $\boldsymbol{x}$ 的偏移向量求和然后再平均，因此，均值漂移向量 $\boldsymbol{M}_h(\boldsymbol{x})$ 应该指向概率密度梯度的方向。

定义 5.1　X 代表一个 d 维的欧几里得空间，$\boldsymbol{x}$ 是该空间中的一个点，用一列向量表示。$\boldsymbol{x}$ 的模 $\|\boldsymbol{x}\|=\boldsymbol{x}^{\mathrm{T}}\boldsymbol{x}$。$\mathbf{R}$ 表示实数域。如果一个函数 $K:X\to\mathbf{R}$ 存在一个剖面函数 $k:[0,\infty)\to\mathbf{R}$，

即 $K(\boldsymbol{x})=k\left(\|\boldsymbol{x}\|^2\right)$，并且满足

（1）k 是非负的。

（2）k 是非增的，即如果 $a<b$，那么 $k(a)\geqslant k(b)$。

（3）k 是分段连续的，并且 $\int_0^{\infty} k(r)\mathrm{d}r<\infty$。

那么，函数 $K(\boldsymbol{x})$ 就被称为核函数。引进核函数的概念，在计算 $\boldsymbol{M}_h(\boldsymbol{x})$ 时可以考虑距离的影响；同时可以认为在这所有的样本点 $\boldsymbol{x}_i$ 中重要性并不一样，因此对每个样本都引入一个权重系数，从而把基本的均值漂移向量形式扩展为

$$\boldsymbol{M}(\boldsymbol{x})=\frac{\sum_{i=1}^{n} G_H(\boldsymbol{x}_i-\boldsymbol{x})w(\boldsymbol{x}_i)(\boldsymbol{x}_i-\boldsymbol{x})}{\sum_{i=1}^{n} G_H(\boldsymbol{x}_i-\boldsymbol{x})w(\boldsymbol{x}_i)} \tag{5.3}$$

式中，$G_H(\boldsymbol{x}_i-\boldsymbol{x})=|\boldsymbol{H}|^{-1/2}G\left(\boldsymbol{H}^{-1/2}(\boldsymbol{x}_i-\boldsymbol{x})\right)$，$G(\boldsymbol{x})$ 是一个单位核函数，$\boldsymbol{H}$ 是一个正定的 $d\times d$ 对称矩阵，一般称之为带宽矩阵；$w(\boldsymbol{x}_i)\geqslant 0$ 是一个赋给采样点 $\boldsymbol{x}_i$ 的权重。

利用均值漂移算法进行迭代的步骤是首先给定一个初始点 $\boldsymbol{x}$、核函数 $G(\boldsymbol{x})$、容许误差 ε，然后利用均值漂移算法循环执行下面三步，该过程持续迭代直至满足第三步的收敛条件。

（1）计算 $\boldsymbol{M}_h(\boldsymbol{x})$。

（2）把 $\boldsymbol{M}_h(\boldsymbol{x})$ 赋给 $\boldsymbol{x}$。

（3）如果 $\|\boldsymbol{M}_h(\boldsymbol{x})-\boldsymbol{x}\|<\varepsilon$，结束循环，若不然，继续执行步骤（1）。

在满足一定条件下，均值漂移算法一定会收敛到该点附近的峰值。红外图像中的空间信息和亮度信息组成一个三维的向量 $\boldsymbol{x}=[\boldsymbol{x}^{\mathrm{s}},\boldsymbol{x}^{\mathrm{r}}]$，其中 $\boldsymbol{x}^{\mathrm{s}}$ 表示网格点的坐标，$\boldsymbol{x}^{\mathrm{r}}$ 表示该网格点上的亮度特征。用核函数 $K_{h_{\mathrm{s}},h_{\mathrm{r}}}$ 来估计 $\boldsymbol{x}$ 的分布，$K_{h_{\mathrm{s}},h_{\mathrm{r}}}$ 具有如下形式：

$$K_{h_{\mathrm{s}},h_{\mathrm{r}}}=\frac{C}{h_{\mathrm{s}}^2 h_{\mathrm{r}}^p}k\left(\left\|\frac{\boldsymbol{x}^s}{h_{\mathrm{s}}}\right\|^2\right)k\left(\left\|\frac{\boldsymbol{x}^r}{h_{\mathrm{r}}}\right\|^2\right) \tag{5.4}$$

式中，h_{s}、h_{r} 是解析度参数；C 是一个归一化常数。

对一幅灰度连续图像，如果将该图像投影至三维平面内，横纵坐标分别为对应的图像维度，z 轴范围为 $[0,255]$，其数值为在该点对应图像中像素的灰度值。因此，可以定义一个图像的灰度体积为

$$V=\iint I(x,y)\mathrm{d}x\mathrm{d}y \tag{5.5}$$

利用灰度体积除以图像的平均灰度值，就可以得到图像的面积 S:

$$S=\frac{V}{\overline{I}} \tag{5.6}$$

式中，$\overline{I}$ 为图像区域的平均灰度值。由于计算机图像为离散图像，故有

$$V=\sum\sum I(x,y) \tag{5.7}$$

为了保持图像尺寸稳定，采用像素最大值（即 255）来代替平均灰度值。这样可以使跟踪窗口尽可能小，以便在跟踪的时候让窗口尽量不让无关物体进入，于是使用灰度最大值来

代替灰度平均值，但是容易造成跟踪窗口的尺寸太小而导致算法容易收敛到局部最大值。因此，将窗口宽度设置为

$$s_{\mathrm{w}} = 2\sqrt{\frac{m_{00}}{256}} \tag{5.8}$$

均值漂移算法原理如图 5.12 所示，该算法的步骤如下：

（1）给定图像和目标直方图，窗口大小 h，已知精度 ε。

（2）将搜索初始点设置为目标初始位置，对给定的图像和目标直方图进行全局的反向投影。

（3）由均值漂移算法进行迭代运算，收敛后，返回跟踪目标的 0 阶矩 m_{00}。

（4）进行窗口的尺寸计算，并且按照该公式更新窗口大小。

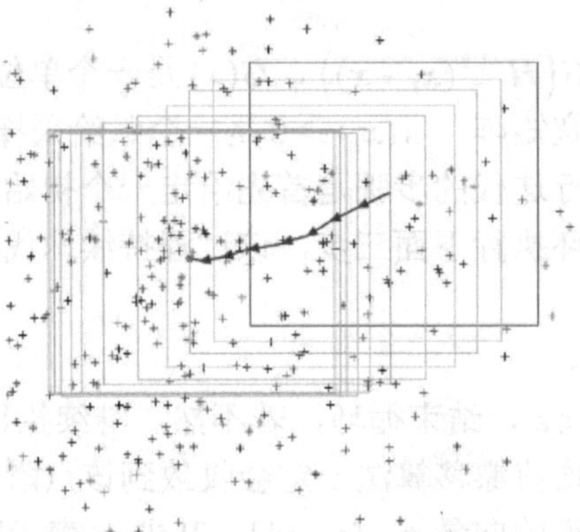

图 5.12 均值漂移算法原理

根据更新后的窗口作为下一帧视频的初始窗口，并且将均值漂移所得到的迭代窗口中心重新作为目标初始位置，图 5.13 是采用 Camshift 算法对红外目标进行检测跟踪的结果。由结果可以看出，在存在云层、波浪等干扰因素的情况下，该算法能够有效实现对特定目标的检测和跟踪。

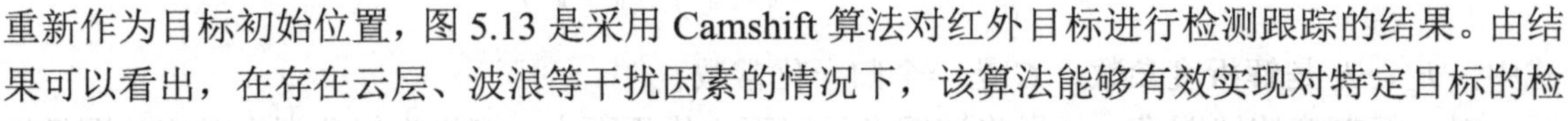

图 5.13 红外目标检测跟踪

3. 光学目标识别技术

水面机器人采集的海面图像中，目标的外观形态由于角度、遮挡、光照条件等因素的影响常常发生较大变化，呈现出典型的不完全弱特征状态，如果采用常规的特征提取和分类识别方法，常常无法提取稳定的目标特征而造成目标识别结果出现较大偏差，识别准确率、可靠性大幅度下降。针对存在的这一问题，可以采用基于稀疏编码的线性空间金字塔匹配方法实现海面目标的识别。

目前特征袋（bag of features，BOF）模型[20]在目标分类识别中得到了较广泛的应用，它将图像看作局部区域的无序外观描述子的集合，生成描述图像语意的全局直方图作为特征，但由于丢失了分布特征的空间信息，因此其性能具有一定的局限性。而空间金字塔匹配（spatial pyramid matching，SPM）[21]较好地克服了这一问题，将图像在不同尺度上进行分块，统计各子块上的特征分布并形成完整的特征表达，为了进一步降低计算复杂度，利用尺度不变特征变换（scale invariant feature transform，SIFT）特征稀疏编码计算图像的空间金字塔表达，对于图像的空间变化具有更好的鲁棒性和自适应性。

5.2　水下机器人环境感知技术

5.2.1　声学目标感知技术

水声目标感知技术是指通过接收水声目标辐射声或者散射回波，在一定范围内实现对水声目标的探测、跟踪、定位与识别的信号处理技术。水声目标探测技术是水声信号处理与声呐领域的重要研究方向，是环境感知、目标监测、资源勘探、情报收集等海洋应用领域的核心技术之一[22]。

1. *声呐目标探测技术*

声波是海洋信息远距离传播的唯一载体，高分辨声成像声呐在海洋探索、深远海开发以及海洋防卫等领域中发挥着重要的作用。与光学成像相比，声学成像分辨率低，但是在探测距离上，成像声呐有其无法媲美的优势。尤其在浑浊水域，水下光学视频成像完全失效，只能使用高分辨率的成像声呐系统，如图 5.14 所示，当前世界上主流的水下成像声呐产品有多波束测深声呐、侧扫声呐、合成孔径声呐[23]、声透镜声呐[24]。

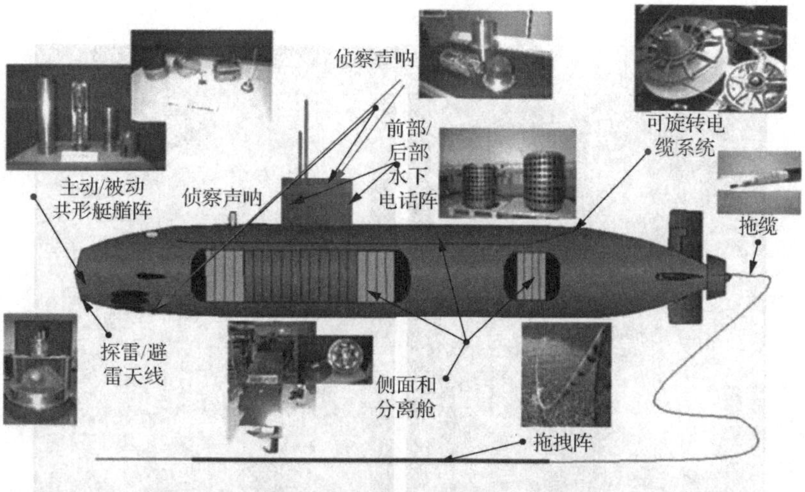

图 5.14　潜艇各种声呐安装示意图

侧扫声呐扫描区域小，成像需要载体不断移动，使得对回波信号处理变得复杂。合成孔径声呐理论则要求声呐基阵做严格的直线运动，算法要求较为苛刻，且体积庞大。声透镜成像则受到技术的限制难以达到理想的效果。若水中航行器想通过水下成像设备来观察水中环境情况，则只有多波束测深声呐系统能达到要求。多波束成像声呐根据应用的场合，可以分为多波束测深声呐和前视声呐。多波束测深声呐大多用于水下地形的勘测[25]，前视声呐可用于水下导航避障[26-28]。

1）声呐图像的特点

前视声呐主要安装在水下机器人前方，通常扇形开角为120°～130°，进行导航避碰和水下检测，呈现的效果如图 5.15 所示。

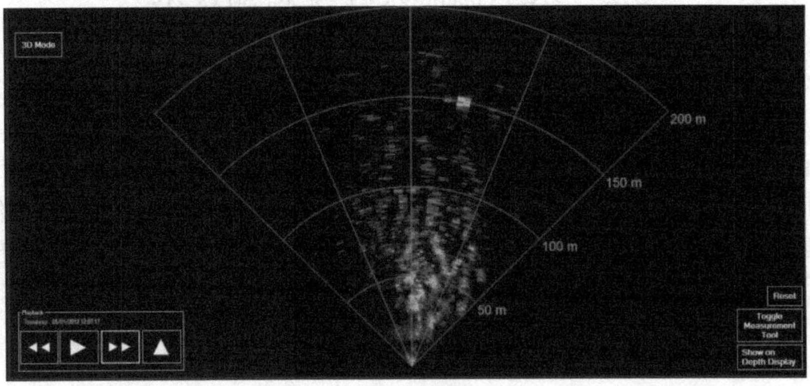

图 5.15　前视声呐图像

侧扫声呐由于成像分辨率高、对目标区域海底实现全覆盖侧扫，据此对海底地形地貌等进行定性分析，被广泛应用于目标探测，沉船及失事飞机等海底残骸的搜索，海底表层沉积物属性的确定以及海底地震、火山、地层的监测，水下实体结构查勘等。成像效果如图 5.16 所示。

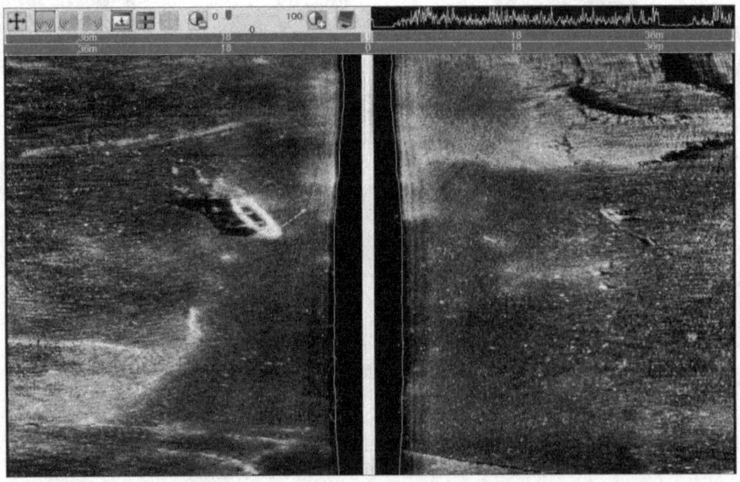

图 5.16　侧扫声呐图像

声呐图像的特点包括以下几个方面。

（1）实时性和即时性：声呐图像可以实时获取目标物体的位置和形态信息，适用于实时探测和导航。

（2）距离分辨率高：声波的波长短，使得声呐能够在较长距离上实现较高的空间分辨率，能够清晰地显示目标物体。

（3）适应性强：声呐系统不受天气条件和光照影响，适合在各种环境下使用，尤其是在深海和黑暗条件下依然有效。

2）声呐方程的基本概念

声呐方程是用于描述声波在水下传播的方程，它是声呐系统设计和性能评估的核心。声呐方程考虑了声波发射、传播、目标反射和接收这几个主要过程，通过它可以估算出在特定条件下声呐系统探测目标的能力。

（1）声源级（SL）：表示声呐发射声波的强度。这是声源发出的初始声压级，通常以分贝（dB）为单位表示。

（2）传输损失（TL）：当声波在水中传播时，会因为吸收、扩散等原因造成能量损失。传输损失描述了这种能量减弱的程度，也用分贝（dB）来衡量。

（3）目标强度（TS）或回声强度（EI）：当声波遇到目标物（如潜艇或鱼群）时，会产生回声。目标强度或回声强度表示目标对声波的反射能力，也用分贝（dB）表示。

（4）噪声级（NL）：水下环境中的背景噪声，如船只运动、海浪、海洋生物活动等造成的声音。这影响了声呐探测目标的能力，因为噪声可能淹没弱回声信号。

（5）声呐自身噪声（SI）：声呐设备本身产生的噪声，这也会影响探测效果。

（6）检测阈值（DT）：这是声呐系统能够从背景噪声中检测出目标的最小信号强度。

（7）声呐方程：将上述因素结合起来，可以表示为$\mathrm{SL}-\mathrm{TL}+\mathrm{TS}-\mathrm{NL}-\mathrm{SI}\geqslant\mathrm{DT}$，这个方程帮助我们理解在给定的环境和条件下，声呐系统检测特定目标的能力。

通过这个方程，我们可以评估和设计适合特定水下环境和任务的声呐系统，比如改善声源的发射强度、降低设备自身噪声或提高系统对弱信号的检测能力等。声呐方程是海洋学、军事和水下探测领域中非常重要的工具。

3）信号采集与数字化

（1）信号采集。

声音波的接收：声呐系统通常使用水听器（水下麦克风）来捕捉声波。这些传感器能够检测水中的声波压力变化，并将这些压力变化转换成电信号。

信号捕获：当反射声波被水听器捕捉后，这些声波会被转换为模拟电信号。这个阶段就是信号采集，即从物理现象（声波）转换为可以进一步处理的电信号。

模拟信号的放大与调节：接收到的声波信号是模拟形式的。这些信号通常很微弱，需要通过放大器加以放大。同时，为了提高信号的质量，可能会使用滤波器来滤除噪声和不需要的频率成分。

（2）数字化。

模数转换（A/D 转换）：信号放大和滤波之后，需要将模拟信号转换为数字信号，以便于进行数字处理。这一过程通过模数转换器完成。模数转换器会在每个采样点测量模拟信号的幅度，并将其转换为数字值。

采样：在数字化过程中，首先进行的是采样，即在连续的模拟信号中以固定的时间间隔选择特定的点。采样频率（样本数/秒）必须足够高，以确保根据奈奎斯特准则（采样频率至少是信号最高频率的两倍）准确捕捉信号的所有信息。

量化：采样之后，对每个样本的振幅进行量化，即将模拟信号的振幅映射到一系列离散的数值。

编码：最后一步是编码，即将量化后的样本转换为二进制形式，以便于计算机处理。

在声呐信号处理中，信号采集与数字化是将物理声波信号转换为计算机可以处理的数字信号的关键步骤。这个过程涉及声波的接收、放大、滤波、模数转换、采样、量化和编码等一系列步骤。数字化的质量直接影响到声呐系统的性能，因此这是一个非常重要的过程。

4）基本信号处理

滤波：在声呐系统中，滤波是一种基本的信号处理技术，用于削弱或去除不需要的信号成分，如噪声或干扰，同时保留或强化有用的信号成分。滤波可以是低通、高通、带通或带阻，具体取决于目标信号和噪声的频率特性。例如，如果声主要集中在高频区域，可以使用低通滤波器来去除这些噪声，同时保留低频的有用信号。带通滤波器通常用于选定特定频率范围的信号，抑制其他频率的信号。自适应滤波器能够根据接收到的信号特性自动调整滤波参数以优化信号与噪声的分离。

检测：检测是指在声呐信号中识别出感兴趣的信号（如来自目标的回声）的过程。这通常涉及比较信号的某些特征（如幅度、频率或相位）与预设的值。如果信号特征超过这个阈值，就认为检测到了目标。有效的检测方法能够最大限度地减少假警率（错误地将噪声或其他非目标信号识别为目标）和漏报率（未能检测到实际存在的目标）。能量检测：通过分析信号的能量水平来判断是否存在目标。匹配滤波：通过将接收到的信号与已知或预期目标信号的模式进行比较，以提高检测的准确性。

定位：定位是确定目标位置的过程。在声呐系统中，这通常涉及测量从目标反射回来的声波的到达时间、角度或其他特性。通过这些测量值，可以估算出目标的方位、距离甚至深度。多个声呐传感器的组合使用可以提高定位的精度。例如，通过测量不同传感器接收到的信号之间的时间差，可以计算出目标的方位。

总结来说，声呐信号处理的这三个基本技术——滤波、检测和定位是相互关联并协同工作的。通过有效的滤波，可以提高信噪比，从而增强检测的准确性。而准确的检测又是进行有效定位的前提。

5）信号的解析和解译

声呐信号处理中的信号解析和解译是两个非常关键的步骤。这两个步骤共同帮助我们从通过水下声学设备收集的数据中获取有用信息。

（1）信号解析。

信号解析是指对收集到的声呐信号进行处理和分析的过程，目的是从原始信号中提取有用的信息。这个过程通常包括以下几个关键步骤：①预处理。滤波：使用不同类型的滤波器（如低通、高通、带通滤波器）来去除噪声。放大：增强信号的强度，使其更易于分析。②信号分解。频谱分析：通过傅里叶变换等方法将信号转换到频域，分析其频率组成。时频分析：分析信号在不同时间点的频率变化，常用于非稳态信号分析。③特征提取。提取信号的关键特征，如频率、幅度、相位等，这些特征对后续的解译至关重要。

（2）信号解译。

解译是指对已经解析过的信号进行理解和识别的过程，其目的是确定信号的来源和性质。这个过程通常涉及以下几个方面：①目标识别。分类：根据特征将信号分类，比如判断是船只、潜艇还是海洋生物的声音。例如，不同大小或材质的物体会产生不同的声波反射特征。定位：确定声源的位置，这通常需要结合声呐的定向性和信号的到达时间差。②环境评估：在某些应用中，声呐信号还被用来评估水下环境，如水深、海底地形等。③数据融合与决策支持：在复杂的应用场景中，可能需要将声呐数据与其他传感器数据结合起来进行更全面的分析和解译。

声呐信号处理是一个将复杂声波信号转化为可理解信息的过程。它涉及信号的采集、处理、特征提取及基于这些特征的解译。每个环节都对最终的探测结果至关重要。通过这种处理，可以有效地对水下环境进行探测和分析。

6）智能化目标探测技术

传统的水声目标探测，其目标判决性能受操作员的能力影响较大，有经验的操作员往往更容易检测判断出低信噪比背景下的目标。近年来，随着水下机器人等无人系统在水中逐渐应用，一方面，如何使无人系统在无人操作或者少人参与条件下自主探测并发现目标成为水声目标探测新问题；另一方面，伴随着以深度学习、大数据等为代表的人工智能技术迅猛发展，也为水声目标探测技术向智能化方向发展提供了契机。目前，研究方向主要有两个。

（1）基于特征学习的自主探测技术。

面向无人系统的应用，传统的依赖于先验知识与人类经验的人工判决很难在线实现，而水声目标与环境的时空起伏特性使得传统基于统计模型的恒虚警自动判决的方式，很难在复杂多目标环境下获得理想的检测性能。因此，目前研究主要集中在基于特征学习的自主探测技术上，即通过对具有一定规律性的目标和环境特征的自适应学习，在多特征联合概率模型下检测判决[29]。例如，对于微弱目标检测，采用跟踪或分类置前检测思想，利用目标方位、幅度、频谱等多维度特征，通过粒子滤波等算法进行基于关联学习，然后根据行为、特征差异性来进行自主探测，从而能够在低信噪比条件下获得高检测概率和跟踪精度。

（2）主动认知探测技术。

在传统主动探测中，由于缺乏知识反馈机制，在复杂变化的水下环境很难获得理想的探测效果。而所谓认知过程就是将感知、处理、学习与反应密切结合的知识形成过程，因此主动认知探测技术将智能认知与主动目标探测相结合，提出了一种基于知识反馈的智能探测架构和处理形式，即通过借鉴智能认知过程，利用发射水声信号主动感知水声环境和目标信息的特点，形成对环境与目标的认知学习，并将这种知识实时反馈给探测过程中的发射和接收环节，使之与环境和目标状况相适配形成正向反馈环路，从而能够在复杂环境下获取最优主动声目标探测性能[30]。虽然主动认知探测研究尚处在起步阶段，但是为主动探测提供了新思路。

2. 声呐目标跟踪技术

声呐目标跟踪技术，即对搜索发现的单个或多个声呐目标，不间断地精确计算其方位、距离和速度，并保证不使目标丢失的技术。它与声呐波速形成控制技术和目标参数测定技术密切相关，按功能不同，分被动声呐目标跟踪技术和主动声呐目标跟踪技术。

1）被动声呐目标跟踪技术

一是单波束被动测向声呐，常用相幅法对单目标进行跟踪，接收机至跟踪系统的方位信息为一数字直流电平。当定向波束对准目标时，输出直流电平为零；当目标偏左时，输出电平为负，在零点附近，目标偏左越大负值越大；当目标偏右时，输出电平为正，在零点附近时，目标偏右越大正值也越大。利用直流电平控制跟踪传动系统，带动声呐基准旋转，直至输出电平为零，使波束对准目标。保证声呐在跟踪目标时，定向波束能不断跟踪运动目标，并由弦角方位指示器指针指示目标的方位。二是多波束被动测向声呐，采用预形成多波束系统，可实现多目标跟踪。跟踪测向常用三波束幅度比较法、分裂波束正交相关法和互谱法。较先进的互谱法跟踪技术，通常可同时跟踪 4～8 个目标。

2）主动声呐目标跟踪技术

常用卡尔曼滤波递推算法对运动目标进行跟踪。当声呐搜索到目标后，可测得运动目标三要素——距离、方位、速度。在搜索过程中通常保留时间最近的 4 个回波信息光点（由于回波波形畸变等因素，测得的运动目标三要素会有较大误差）。搜索到目标后，主要声呐转入自动跟踪状态，操作员可以选择需要跟踪的目标，目标的自动跟踪由计算机实现。在跟踪目标中通常保留 10 个目标运动轨迹点。效果图如图 5.17 所示。

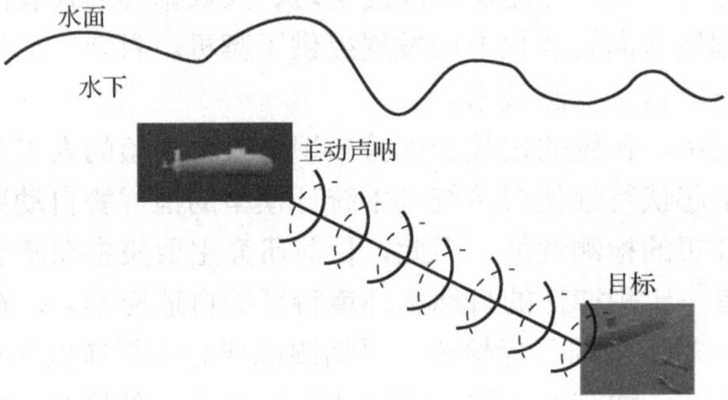

图 5.17　主动声呐目标跟踪技术

5.2.2　光学目标感知技术

水下光学目标感知是利用光学方法感知海洋、河流、湖泊等水中目标，它可以弥补水下声学检测的某些不足。水下光学图像分辨率较高，信息量较为丰富，在短距离的水下目标检测任务中具有突出优势。然而，由于受水下特殊成像环境的限制，水下图像往往存在声干扰多、纹理特征模糊、对比度低及颜色失真等缺点。根据水下目标感知任务的执行步骤，将基于光学图像的水下光学目标感知关键技术分为光学图像预处理技术和光学目标检测技术两部分。

1. 光学图像预处理技术

与大气光学成像技术相比，水下光学成像技术深受水体光吸收和散射的影响，可见光在水体中传播的波长依赖性使得水下图像呈现蓝绿色调，水体中的杂质微粒对光的散射导致图像细节模糊以及表面雾化。为解决上述问题，研究人员提出了大量水下光学图像预处理算法，分为基于非物理模型的水下图像增强方法和基于物理模型的水下图像复原方法。

1）水下图像增强

图像增强不需要构建模型，通过主观处理消除水下图像的畸变和噪声，加强感兴趣的目标物体特征，削弱不相关的背景特征。通过对现有水下图像增强方法的调研得出常用的水下图像增强方法有基于直方图处理、基于 Retinex 理论、基于多尺度融合和基于深度学习的水下图像增强[31]。

（1）基于直方图处理的水下图像增强。

高对比度的图像通常呈现灰度细节丰富且动态范围较大的特点，基于直方图处理的水下图像增强方法通过改善图像像素值的分布范围提高对比度，如直方图均衡化方法和直方图拉伸方法。直方图均衡化方法利用概率密度函数和分布函数拉伸和均衡直方图，对比度受限的自适应直方图均衡化方法[32]是较为成熟的直方图均衡化方法，能够较好地改善水下图像的对比度，但会引入噪声。直方图拉伸方法利用变换函数将像素值从一个区间变换到另一个区间，与直方图均衡化方法相比，计算复杂度较低。考虑到水下图像存在色偏现象，许多研究人员在不同的颜色空间中对水下图像进行直方图拉伸，例如使用 HSV（hue-saturation-value，色调-饱和度-明度）颜色空间构建 HSV 直方图进行图像增强处理，有效地提高了水下图像的对比度，但盲目地使用全局直方图拉伸容易使图像丢失细节信息，且出现过度增强现象。

（2）基于 Retinex 理论的水下图像增强。

人眼接收到的图像由照射光图像和物体的反射属性组成。基于 Retinex 理论的水下图像增强是从图像中去除照射光的影响获得物体的反射属性，通常采用中心环绕函数与原图像卷积的方式估计照射光图像，高斯函数作为中心环绕函数具有明显的优势。但单个标准差的选取无法同时保证图像的动态范围压缩和亮度一致性，多尺度 Retinex（multi-scale Retinex，MSR）[33]选取多个标准差，并通过加权叠加实现动态范围压缩和亮度一致性之间的权衡。有学者将双边滤波、三边滤波与高斯核相结合缓解边缘过度平滑，或利用多尺度同态滤波代替高斯滤波估计照射光，但卷积运算的计算成本随着卷积次数的增加而显著增加，频繁的卷积操作会严重影响处理速度，改进的 MSR 颜色保护算法采用多次下采样和无限脉冲响应高斯滤波提高了处理速度，成像效果如图 5.18 所示。

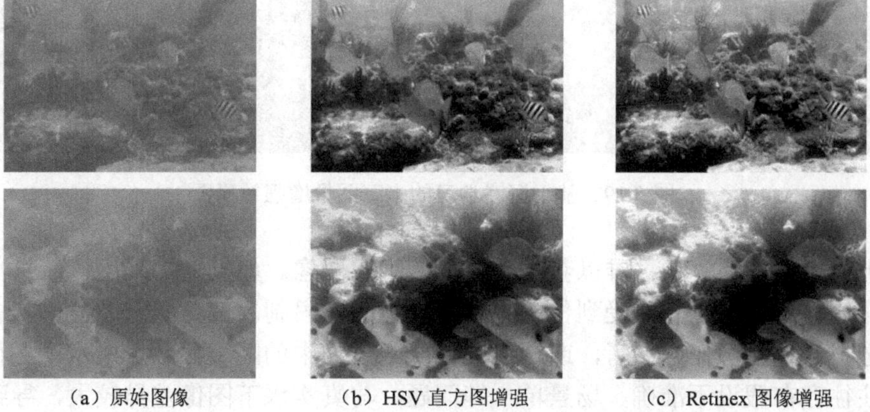

（a）原始图像　（b）HSV 直方图增强　（c）Retinex 图像增强

图 5.18　基于 Retinex 理论的水下图像增强对比图

（3）基于多尺度融合的水下图像增强。

基于多尺度融合的水下图像增强，即利用不同的融合权重提取输入图像的对比度、颜色、细节纹理等信息，并将其融合到输出图像中。针对水下图像存在色偏和对比度低的问题，输入图像常为水下退化图像颜色校正和对比度增强后的图像。然而深水环境中水体对光的波长选择性衰减使得直接应用颜色校正算法易出现红色伪影，有学者根据水下可见光的衰减特性采用光补偿的方式校正色偏，提升图像的对比度并补偿图像细节信息，有效地解决了水下图像颜色失真、对比度低的问题，但处理后的图像存在局部亮度偏大的问题。多尺度融合过程中融合权重的设计也至关重要，具有高权重值的像素在输出图像中更具代表性。常用的权重如对比度权重、饱和度权重、显著性权重、曝光度权重及亮度权重等，考虑了如何提取纹理和边缘信息，区分平滑区域和变化快的区域，每个像素及其邻域像素之间的关系，如何在突出显著性较强区域的同时保证与非显著性区域间差值不能过大等。权重的设计并不是对所有水下图像都有较好的结果，这取决于水下图像的退化类型、时间复杂度和期望的结果等因素。

（4）基于深度学习的水下图像增强。

随着深度学习网络在多个领域的成功应用，基于深度学习的水下图像增强方法也逐渐取得了国内外研究人员的关注。目前，学者主要将有监督的深度学习方法应用于水下图像增强，这需要大量的训练集，包括水下退化图像及其对应的真值图像。图像增强效果如图 5.19 所示。

图 5.19　基于深度学习的水下图像增强效果图

由于水下成像环境复杂，难以获取高质量的真实图像。如果直接采用传统算法处理后的清晰图像作为参考图像，容易受到传统方法效果上限的限制。部分研究者尝试从多种传统算法结果中选择最佳图像作为参考，或通过估计成像过程中的随机参数合成水下图像。然而，合成图像往往存在假设不准确、场景单一等问题，与真实水下图像差异较大，导致基于这些合成图像训练的深度网络在实际环境中的增强效果不佳。

用于水下图像增强的深度网络主要有生成对抗网络（generative adversarial network，GAN）和卷积神经网络（convolutional neural network，CNN）。GAN 的核心思想是通过使用对抗训练过程，生成一个足以以假乱真的生成图像替代真实图像。CNN 方法能够更好地提高图像的峰值信比，GAN 方法在图像颜色校正方面具有更好的效果。但这些方法的鲁棒性和泛化能力与传统的最先进的方法相比仍有一定差距。

2）水下图像复原

水下图像复原在目的上与水下图像增强相似，即通过不同类型手段对原始水下图像进行优化，使图像呈现出理想的视觉状态。然而与水下图像增强不同的是，水下图像复原侧重于消除原始水下图像中蕴含的消极退化现象，比如图像模糊、图像噪声、图像雾化、低对比度等。因此，水下图像复原方法主要表现为通过构建退化模型的方式来对模型参数进行估计，从而反演得到未退化的水下真实图像，水下图像复原的过程可以理解为图像降质的反向过程，这一特点使得绝大多数水下图像复原方法普遍依赖先验知识以及对环境条件的各种假设。从应用技术手段进行分类，水下图像复原一般可由暗通道先验、图像复原滤波、光与波长补偿以及深度学习等技术加以支撑[34]。

（1）基于滤波技术的水下图像复原。

基于滤波技术的水下图像复原方法使用滤波器对水下图像本身进行去噪或去模糊处理是一种非常常见且直接的工作，图像滤波既可在时域进行，也可在频域进行。图像滤波可以更改或者增强图像，通过滤波，可以强调一些特征或者去除图像中一些不需要的部分，滤波是一个邻域操作算子，利用给定像素周围的像素值决定此像素的最终的输出值，图像滤波可以表示为

$$O(i,j)=\sum_{m=-a}^{a}\sum_{n=-b}^{b}I(i+m,j+n)\times K(m,n) \tag{5.9}$$

式中，$O(i,j)$ 为输出图像在坐标 (i,j) 处的像素值；$I(i+m,j+n)$ 为输入图像在坐标 $(i+m,j+n)$ 处的像素值；$K(m,n)$ 为滤波核在位置 (m,n) 处的权重系数；a 为滤波核垂直方向半径；b 为滤波核水平方向半径；m 为垂直方向偏移量；n 为水平方向偏移量。

（2）基于光与波长补偿的水下图像复原。

利用光与波长补偿实现水下图像复原的根本原因是不同波长的光在水介质中具有不同的穿透能力，因此通过在无光区域拍摄的图像进行光补偿往往能够快速实现图像复原。此类方法的主要思想来源于光在水下传播时会发生衰减的客观事实。由于光的衰减程度与波长相关，因此直接通过光与波长的针对性补强，进而实现水下图像中对多种退化现象的有效复原。基于光与波长补偿的水下图像复原方法的计算复杂度普遍偏低，可以实现水下图像的快速复原，但此类方法的泛化能力相对较差，难以广泛地应用到各种复杂未知的水下环境中。

（3）基于深度学习的水下图像复原。

近年来，基于神经网络技术的水下图像复原成为国内外诸多学者的研究重点，并取得了非常瞩目的进展与成果，这主要得益于其所展现出来的强大的性能以及训练数据的不断扩充。通过深度学习处理后的水下图像有效解决了对比度低、细节模糊等问题。与基于深度学习的水下图像增强方法类似，基于深度学习的水下图像复原方法同样可以具有极强的性能，但也依然受到训练数据质量的约束，且模型的可解释问题仍然需要被进一步探索。

2. 光学目标检测技术

从概念上说，水下目标检测是在给定目标物体的前提下，根据其特征和先验知识确认水下光学图像中是否存在该目标物体；水下目标识别是在给定一幅图像的情况下，通过提取图像中的特征信息，并将其进行分类，进而识别图像中的目标物体；水下目标跟踪是在光学目标检测的基础上对目标的状态进行连续估计的过程。

1）水下光学目标检测识别

根据目标类型可将其分为基于传统特征的水下光学目标检测识别和基于深度学习的水下光学目标检测识别。

（1）基于传统特征的水下光学目标检测识别。

水下机器人在执行工程任务时需检测识别的目标物体多数为管道、电缆等具有规则形状的人造目标物体，特征明显。基于传统特征的水下光学目标检测识别方法通过特征描述符刻画水下目标物体，具有方法简单、实时性好的优点，但也受目标物体尺寸变化、旋转、被遮挡和拍摄角度变化、物种类别变化的影响。常用的水下图像特征有颜色特征、形状特征、纹理特征等。

① 颜色特征。虽然水下光学图像存在色偏现象，使得颜色信息在水下光学目标检测中应用时，存在一定的局限性，但颜色本身固有的对尺度变化、目标位置变化及局部遮挡的鲁棒性使得颜色成为一个简单且非常可靠的信息特征。由于 HSV 颜色空间可分离图像的颜色信息和光强度，颜色特征的提取通常在 HSV 颜色空间中进行，通过设置特定的颜色值分割目标和背景环境，但易受相同颜色的背景物体的干扰。有学者结合水下颜色恒常性问题，检测给定物体颜色的相容色，直接对原始数据进行处理，所需计算机资源少，实时性好，且对局部遮挡、目标位置和尺度变化具有很强的鲁棒性，但未能考虑水下较暗的颜色和光学成像模型中的后向散射分量。此外，颜色直方图也是采用颜色特征进行光学目标检测的一种常用方法，但直方图基于统计特性，缺少空间分布信息。

② 形状特征。形状特征具有较好的鲁棒性，在水下环境中抗干扰能力强，且典型的水下人造目标物体，如管道、电缆等，均具有规则的形状，因此常通过形状特征提取检测识别水下目标。形状特征的提取方法主要有边缘检测算子、霍夫变换、形状特征描述符法等。霍夫变换是检测直线的最好工具之一，虽然霍夫变换可检测直线，但不能提供线段长度等完整性信息，且计算量大，耗费存储空间。尺度不变特征转换（SIFT）[35]是较为可靠的特征描述符，包括尺度空间的极值检测、关键点定位、方向分配、生成关键点描述符四个步骤。加速稳健特征（speeded up robust features，SURF）对 SIFT 进行了优化，采用 box 滤波器替代计算高斯拉普拉斯函数的过程来检测感兴趣点，并增加了两个新的概念减少运算时间，描述符向量的长度也减少了一半。

③ 纹理特征。纹理特征是一种全局特征，包含信息多且复杂，它能够描述图像或其中小块区域的空间颜色分布和光强分布，通过像素及其周围空间邻域的灰度分布来表现这种特征，抗干扰能力强，具有旋转不变性，不会因局部偏差导致无法成功匹配。灰度共生矩阵（gray level co-occurrence matrix，GLCM）[36]常用来描述图像的纹理特征，局部二值模式（local binary patterns，LBP）根据局部结构特征对纹理进行结构描述和统计描述，具有计算简单、效率高、纹理识别性能好等特点，但 LBP 算子的不足在于当邻域数增加时，特征向量的维数变得很高。

④ 多特征结合。单个特征难以完全描述目标物体的特性，一些颜色和轮廓特性构建块特征描述符。多特征结合的方法能够更加准确地描述水下目标物体，检测成功率普遍有了提升，但也存在计算复杂度增加的不足。

传统的水下光学目标检测识别方法预先指定了目标物体的特征，这些特征采用常用的低层图像特征描述符，能够很好地识别简单目标物体。然而在监测鱼类等水生生物种群信息时，由于鱼类的巨大多样性，为特定物种设计的一组特征并不能保证对其他物种也具有良好的适应性。此外，人工选择的特征也可能导致物体的识别性能不佳。

（2）基于深度学习的水下光学目标检测识别

① 水下光学目标检测识别算法。许多机器视觉任务中，深度学习网络从像素级原始数据到抽象的语义概念逐层提取信息，使其在提取图像的全局特征和上下文信息方面具有突出的优势，与传统方法相比，表现更好。研究人员通过实验对比了深度学习网络和传统分类算法的性能，发现传统分类算法分类的准确率明显更低[37]。

② 用于水下光学目标检测识别的有效水下图像训练数据集是提高基于深度学习的水下光学目标检测识别精度的关键。通常，用于水下光学目标检测识别的水下图像数据集应包含以下特点：水下场景环境的多样性，不同程度和不同类型的图像质量退化，以及目标种类、目标物体姿态的多样性等。有用于场景识别和目标检测的 SUN Dataset 中的水下图像，用于海洋自主机器人的 MARTS Dataset 等。水下光学目标检测图如图 5.20 所示。

图 5.20　水下光学目标检测图

2）水下目标跟踪

水下目标跟踪过程中会存在各种问题，如目标形变、目标遮挡、目标与背景中相似的物体特征、阴影问题、光照的变化、背景景物的运动和跟踪实时性与准确性的平衡问题等[38]。

光流法和均值偏移法常被用于基于视觉的跟踪过程中。光流法通过计算两个连续帧中的流速估计图像点的位置，需要大量精确的图像特征点，当图像存在模糊问题时，图像特征点提取困难，进而影响跟踪效果。均值偏移法能够非常有效地跟踪非刚性物体，对距离变化具有鲁棒性，但图像中存在两个互相重复的物体时，无法跟踪到目标。

深度学习的兴起为视觉跟踪领域提供了新的方向。然而，超长的离线训练时间和深度学习所需的大量图像极大地阻碍了学习的进展，时间卷积网络（temporal convolutional network,

TCN）不需要大量辅助数据进行离线训练，简单的两层前向卷积网络就足以学习图像特征来进行鲁棒的视觉跟踪。

TCN 的第一层卷积网络由一组滤波器定义的简单单元特征图构成，其中每个滤波器用 *K*-means 算法从第一帧中提取归一化图像块；第二层将简单单元特征图叠加成复杂单元特征图作为目标表示，对目标的局部结构和几何布局信息进行编码，采用软收缩策略对目标表示进行降噪。此外，TCN 还采用一种有效的在线方案更新目标表示，以适应跟踪过程中目标外观的变化，但 TCN 的不足在于跟踪目标时存在漂移现象。Fast-TCN 算法采用自适应 *K* 值代替 *K*-means 算法中的固定 *K* 值，省略了 TCN 中使用的背景滤波器，在不影响性能的前提下节省了计算时间，平均计算性能提高了 2～10 倍，SURF 与粒子滤波的结合解决了 TCN 中存在的漂移问题[39]。

5.3　思　考　题

5.1　水面机器人在不同气象条件下，雷达目标感知的效率会受到什么因素的影响？

5.2　光学目标感知技术在水面机器人中的应用相较于雷达技术有何优势和劣势？

5.3　水下机器人在深海环境中，声呐目标感知技术和光学目标感知技术分别在哪些方面表现出色？

5.4　在复杂海底地形中，声呐目标感知技术与光学目标感知技术哪种更适合于水下机器人的目标感知？

5.5　光学目标感知技术如何克服水体中的散射和吸收问题，以提高水面机器人或水下机器人的目标检测能力？

5.6　声呐目标感知技术在水下机器人中的主要应用场景有哪些，这些场景如何影响其在实际任务中的效率和精确度？

5.7　比较水面机器人和水下机器人在目标感知技术选择上的区别，主要是环境特性还是技术成熟度造成的？

5.8　在多传感器融合的框架下，如何优化水面机器人或水下机器人的目标感知能力，以实现更高的任务效率和安全性？

5.9　未来技术发展趋势下，你认为水面机器人和水下机器人的目标感知技术会朝着哪些方向发展？如何解决当前技术面临的挑战？

5.10　目标感知技术在水面机器人和水下机器人中的应用不仅限于军事和科研领域，它们如何在商业应用中发挥作用？举例说明其潜在的市场需求和应用场景。

参 考 文 献

[1] Briggs J N. 航海雷达目标检测[M]. 席泽敏, 夏惠诚, 等译. 北京: 电子工业出版社, 2009.

[2] 秦志远, 吴冰, 王艳, 等. 图像平滑算法比较研究及改进策略[J]. 测绘科学技术学报, 2005, 22(2): 103-106.

[3] Arbeláez P, Maire M, Fowlkes C, et al. Contour detection and hierarchical image segmentation[J]. IEEE Transactions on Pattern Analysis & Machine Intelligence, 2011, 33(5): 898-916.

[4] Kittler J, Illingworth J. Minimum error thresholding[J]. Pattern Recognition, 1986, 19(1): 41-47.

[5] Pun T. A new method for gray-level picture thresholding using the entropy of the histogram[J]. Signal Processing, 1980, 2(3): 223-237.

[6] Pal S K, King R A, Hashim A A. Automatic grey level thresholding through index of fuzziness and entropy[J]. Pattern Recognition Letters, 1983, 1(3): 141-146.
[7] 徐正光, 鲍东来, 张利欣. 基于递归的二值图像连通域像素标记算法[J]. 计算机工程, 2006, 32(24): 186-188, 225.
[8] 周建成. 无人艇雷达数据处理及其特征提取的研究[D]. 大连: 大连海事大学, 2014.
[9] Hu M K. Visual pattern recognition by moment invariants[J]. IRE Transactions on Information Theory, 1962, 8(2): 179-187.
[10] Mukundan R, Ramakrishnan K R. Moment Functions in Image Analysis: Theory and Applications[M]. Singapore: World Scientific, 1998.
[11] Liu J S, Chen R, Wong W H. Rejection control and sequential importance sampling[J]. Journal of the American Statistical Association, 1998, 93(443): 1022-1031.
[12] Gordon N. A hybrid bootstrap filter for target tracking in clutter[J]. IEEE Transactions on Aerospace & Electronic Systems, 1997, 33(1): 353-358.
[13] 胡士强, 敬忠良. 粒子滤波原理及其应用[M]. 北京: 科学出版社, 2010.
[14] 梁琳, 何卫平, 雷蕾, 等. 光照不均图像增强方法综述[J]. 计算机应用研究, 2010, 27(5): 1625-1628.
[15] 盛道清. 图像增强算法的研究[D]. 武汉: 武汉科技大学, 2007.
[16] 于天河, 郝富春, 康为民, 等. 红外图像增强技术综述[J]. 红外与激光工程, 2007, 36(增刊): 335-338.
[17] 赵春燕, 郑永果, 王向葵. 基于直方图的图像模糊增强算法[J]. 计算机工程, 2005, 31(12): 185-186, 220.
[18] Zadeh L A. Outline of a new approach to the analysis of complex systems and decision processes[J]. IEEE Transactions on Systems, Man, and Cybernetics, 1973, 3(1): 28-44.
[19] 徐磊. 基于 Mean Shift 算法的 Camshift 跟踪技术研究[J]. 价值工程, 2015, 34(29): 202-204.
[20] Jégou H, Douze M, Schmid C. Hamming embedding and weak geometric consistency for large scale image search[C]. European Conference on Computer Vision, 2008: 304-317.
[21] 高常鑫, 桑农. 整合局部特征和滤波器特征的空间金字塔匹配模型[J]. 电子学报, 2011, 39(9): 2034-2038.
[22] 黄海宁, 李宇. 水声目标探测技术研究现状与展望[J]. 中国科学院院刊, 2019, 34(3): 264-271.
[23] 李海森, 魏波, 杜伟东. 多波束合成孔径声呐技术研究进展[J]. 测绘学报, 2017, 46(10): 1760-1769.
[24] 吴菊. 声透镜成像关键技术研究[D]. 哈尔滨: 哈尔滨工程大学, 2013.
[25] 刘冲, 罗宇. 浅水多波束测深仪高分辨率波束形成方法研究[J]. 海洋测绘, 2019, 39(2): 50-53.
[26] 秦政, 边信黔, 严浙平. 多波束前视声呐在潜器避障中的应用研究[J]. 电子器件, 2007, 30(5): 1909-1913.
[27] 邢炜. 基于前视声呐的 AUV 避障方法研究[D]. 哈尔滨: 哈尔滨工程大学, 2019.
[28] 陈文渊, 沈斌坚. 基于三维成像声呐技术的 AUV 前视避障方法[J]. 传感器与微系统, 2015, 34(4): 12-15.
[29] 王卓然, 王鲁军, 谢亮, 等. 基于连续谱特征的被动声呐跟踪方法[J].声学技术, 2023, 42(6): 709-717.
[30] 李学龙. 涉水光学[J]. 中国科学: 信息科学, 2024, 54(2): 227-280.
[31] 林森, 赵颖. 水下光学图像中目标探测关键技术研究综述[J]. 激光与光电子学进展, 2020, 57(6): 18-29.
[32] Hena P, Binesh T. An effective underwater image enhancement based on the fusion of CLAHE and image constancy sharpening technique[J]. Earth Science Informatics,2024,17(2):1359-1372.
[33] Shao W B, Liu L, Jiang J W, et al. Low-light-level image enhancement based on fusion and Retinex[J]. Journal of Modern Optics, 2020, 67(13): 1190-1196.
[34] 纪勋, 冷娜, 郭慧. 水下图像增强与复原技术进展与展望[J]. 计算机辅助设计与图形学学报, 2024, 36(6): 805-830.
[35] Shiji T P, Remya S, Thomas V. Computer aided segmentation of breast ultrasound images using scale invariant feature transform (SIFT) and bag of features[J]. Procedia Computer Science, 2017, 115: 518-525.
[36] Das D, Naskar R. Image splicing detection using low-dimensional feature vector of texture features and Haralick features based on Gray Level Co-occurrence Matrix[J]. Signal Processing: Image Communication, 2024, 125: 117-134.
[37] Adel A, Anis K, Mohanned A, et al. Vehicle detection from aerial images using deep learning: a comparative study[J]. Electronics, 2021, 10(7): 820.
[38] 程朋, 刘鹏程, 程诚, 等. 基于卷积神经网络的实时跟踪算法[J]. 传感器与微系统, 2018, 37(5): 144-146.
[39] 郭彤旭. 基于深度学习的水下目标识别与跟踪技术研究[D]. 哈尔滨: 哈尔滨工程大学, 2022.

第 6 章　海洋机器人运动控制技术

6.1　海洋机器人运动模型

海洋机器人动力学与运动学模型是进行运动控制分析、设计与仿真的基础。由于海洋机器人运动模型具备非线性与不确定性等特征，因此简单的数学模型往往不能充分地描述系统的重要特性，设计出的控制系统难以应用在实际工程，而过于精细的数学模型又常包含难以确定的模型参数。可见建立一个合适的数学模型，对于海洋机器人的欠驱动控制意义重大。

6.1.1　水面机器人运动模型

在跟踪控制领域中，大多学者选择忽略垂直面的运动耦合，采用基于水平面的 3 自由度运动，故本章后续所述均只考虑艏摇（yaw）、纵荡（surge）和横荡（sway）。为便于下文分析，首先介绍在水面机器人运动时，一般采用的两种不同的但均遵守右手法则的正交坐标系[1]。

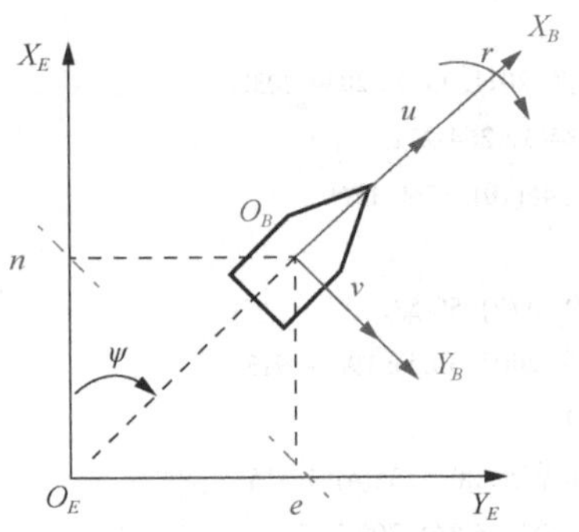

图 6.1　水面机器人跟踪控制的两种坐标系

（1）大地坐标系：原点可任意选定，坐标轴分别以正北、正东为正。在海洋机器人研究中，可将惯性坐标系等同于大地坐标系，用于描述艇体位姿信息。

（2）随体坐标系：原点在艇体重心处，坐标轴分别以指向艏、右舷为正。在水面机器人研究中，用于描述艇体速度和受力信息。

两种坐标系的具体情况如图 6.1 所示。

本节模型以现有的“XL”水面机器人试验平台为载体，由于该平台为基于喷水推进方式的刚性充气滑行艇，其吃水、浸湿表面积和水动力系数等随着航速的变化而剧烈变化，加上平台运动驱动机构，如喷水推进器、柴油发动机、液压舵机系统具有非线性、惯性、时滞性等特点，建立精确的水面机器人动力学模型是十分困难的一件事，因此本节给出以下假设。

假设 6.1　忽略地球曲率，认为大气密度、重力加速度以及海水密度恒定，同时水面机器人基于舯纵剖面对称，艇体为刚体，质量分布均匀，且为常值。

本节仅考虑水面机器人在水平面的 3 自由度，忽略二次以下的水动力阻尼项，以及舵机和发动机响应时间，得[2]

$$\dot{\boldsymbol{\eta}} = \boldsymbol{J}(\psi)\boldsymbol{\vartheta} \tag{6.1}$$

$$\boldsymbol{M}\dot{\boldsymbol{\vartheta}} + \boldsymbol{C}(\boldsymbol{\vartheta})\boldsymbol{\vartheta} + \boldsymbol{D}(\dot{\boldsymbol{\vartheta}})\boldsymbol{\vartheta} + \boldsymbol{g}(\boldsymbol{\eta}) = \boldsymbol{\tau}_{\vartheta} + \boldsymbol{\tau}_d \tag{6.2}$$

式中，$\boldsymbol{\eta} = [n,e,\psi]^{\mathrm{T}}$ 表示水面机器人在大地坐标系下的位置和艏向角；$\boldsymbol{\vartheta} = [u,v,r]^{\mathrm{T}}$ 表示水面机

器人在随体坐标系下的线速度和艏摇角速度；$\boldsymbol{\tau}_\vartheta=\left[\tau_x,\tau_y,\tau_r\right]^\mathrm{T}$ 表示推进器作用于水面机器人的力；$\boldsymbol{\tau}_d=\left[\tau_{d,u},\tau_{d,v},\tau_{d,r}\right]^\mathrm{T}$ 表示外界的不确定性干扰。

转置矩阵 $\boldsymbol{J}(\psi)$ 可表示为

$$\boldsymbol{J}(\psi)=\begin{bmatrix}\cos\psi & -\sin\psi & 0\\ \sin\psi & \cos\psi & 0\\ 0 & 0 & 1\end{bmatrix} \tag{6.3}$$

惯性矩阵 $\boldsymbol{M}=\boldsymbol{M}^\mathrm{T}$ 为正定矩阵，可表示为

$$\boldsymbol{M}=\begin{bmatrix}m_{11} & 0 & 0\\ 0 & m_{22} & m_{23}\\ 0 & m_{32} & m_{33}\end{bmatrix} \tag{6.4}$$

式中，$m_{11}=m-X_{\dot{u}}$；$m_{22}=m-Y_{\dot{v}}$；$m_{23}=mx_g-Y_{\dot{r}}$；$m_{32}=mx_g-N_{\dot{v}}$；$m_{33}=I_z-N_{\dot{r}}$。其中，m 表示艇体质量，x_g 表示随体坐标系原点到水面机器人重心的纵向距离，I_z 表示转动惯量，X_*、Y_*、N_* 表示水面机器人运动时在各个自由度的水动力导数，且有 $Y_{\dot{r}}=N_{\dot{v}}$。

科里奥利力及向心力矩阵 $\boldsymbol{C}(\boldsymbol{\vartheta})=-\boldsymbol{C}(\boldsymbol{\vartheta})^\mathrm{T}$ 为反对称矩阵，可表示为

$$\boldsymbol{C}(\boldsymbol{\vartheta})=\begin{bmatrix}0 & 0 & c_{13}(\boldsymbol{\vartheta})\\ 0 & 0 & c_{23}(\boldsymbol{\vartheta})\\ -c_{13}(\boldsymbol{\vartheta}) & -c_{23}(\boldsymbol{\vartheta}) & 0\end{bmatrix} \tag{6.5}$$

式中，$c_{13}(\boldsymbol{\vartheta})=-m_{11}v-m_{23}r$；$c_{23}(\boldsymbol{\vartheta})=m_{11}u$。

阻尼矩阵 $\boldsymbol{D}(\boldsymbol{\vartheta})$ 可表示为

$$\boldsymbol{D}(\boldsymbol{\vartheta})=\begin{bmatrix}d_{11}(\boldsymbol{\vartheta}) & 0 & 0\\ 0 & d_{22}(\boldsymbol{\vartheta}) & d_{23}(\boldsymbol{\vartheta})\\ 0 & d_{32}(\boldsymbol{\vartheta}) & d_{33}(\boldsymbol{\vartheta})\end{bmatrix} \tag{6.6}$$

式中，$d_{11}(\boldsymbol{\vartheta})=-\sum_{i=1}^{8}X_{u^i}u^{i-1}$；$d_{22}(\boldsymbol{\vartheta})=-Y_v-Y_{|v|v}|v|$；$d_{23}(\boldsymbol{\vartheta})=-Y_r-Y_{|v|r}|v|-Y_{|r|r}|r|$；$d_{32}(\boldsymbol{\vartheta})=-N_v-N_{|v|v}|v|-N_{|r|v}|r|$；$d_{33}(\boldsymbol{\vartheta})=-N_r-N_{|v|r}|v|-N_{|r|r}|r|$。

恢复力向量 $\boldsymbol{g}(\boldsymbol{\eta})$ 可表示为

$$\boldsymbol{g}(\boldsymbol{\eta})=\begin{bmatrix}(mg-\rho g\nabla)\sin\theta\\ -(mg-\rho g\nabla)\cos\theta\sin\phi\\ -\left(x_g mg-x_b\rho g\nabla\right)\cos\theta\sin\phi-\left(y_g mg-y_b\rho g\nabla\right)\sin\theta\end{bmatrix} \tag{6.7}$$

式中，$\left(x_g,y_g\right)$ 为水面机器人的重心在随体坐标系下的坐标；$\left(x_b,y_b\right)$ 为水面机器人的浮心在随体坐标系下的坐标；g 为重力加速度；ρ 为水体密度；∇ 为水面机器人的排水量；ϕ 为横摇角；θ 为纵摇角。只考虑水平面内的运动，忽略横摇、纵摇和升沉运动的影响，则有 $z=w=\phi=p=q=0$（z 为垂荡位置，w 为垂荡速度，p 为横摇角速度，q 为纵摇角速度），即 $\boldsymbol{g}(\boldsymbol{\eta})=\boldsymbol{0}$。

推进器作用力矩阵 $\boldsymbol{\tau}_{\vartheta}$ 可表示为

$$\boldsymbol{\tau}_{\vartheta}=\begin{bmatrix} P\left(-0.0779|A|+1\right)\cos A \\ P\sin A \\ -1.65P\sin A \end{bmatrix} \tag{6.8}$$

式中，P、A 为系统输入，分别表示推进器推力和扭转角度。从该式可以看出模型仅通过两个输入控制 3 自由度运动，因此为欠驱动系统。

6.1.2　水下机器人运动模型

水下机器人的数学模型主要分为两个部分，分别是运动学模型和动力学模型。运动学模型用来描述水下机器人在水中的运动状态，包括位置、姿态、速度、加速度等。动力学模型用来描述水下机器人在水中运动时受力和力矩的情况，以及其运动状态变化的情况。

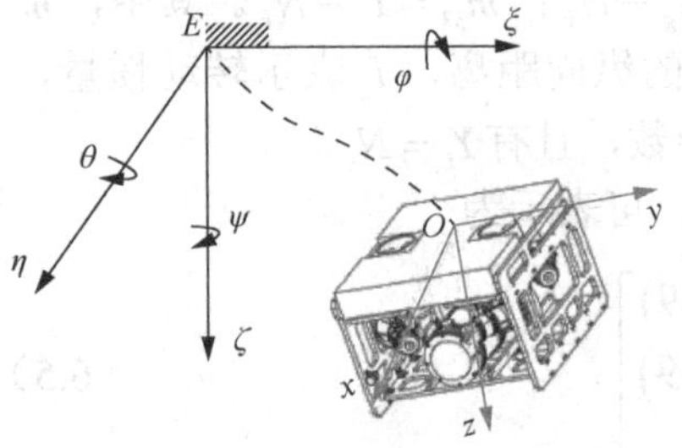

图 6.2　水下机器人坐标系示意图

为了方便描述水下机器人的运动参数，在建立数学模型前需要定义两个坐标系，分别是定坐标系 E 和动坐标系 O。其中定坐标系也称大地坐标系或惯性坐标系，动坐标系也称本体坐标系，两个坐标系都遵循右手定则。坐标系的示意图如图 6.2 所示。

定坐标系 E 固定在地球上，主要用来描述水下机器人的位置和姿态。其原点 E 选取地球上任意一点，$E\zeta$ 轴垂直于 $E\eta$ 轴与 $E\xi$ 轴组成的平面并指向地心，$E\eta$ 轴与 $E\xi$ 轴相互垂直。

动坐标系 O 固定在水下机器人本体上，随水下机器人本体运动而运动。通常为了方便计算，将动坐标系原点 O 固定在水下机器人本体重心位置。Ox 轴指向水下机器人本体前进正方向，Ox 轴与 Oy 轴相互垂直，Oz 轴垂直于 Ox 轴与 Oy 轴组成的平面并指向水下机器人本体正下方。

为了便于描述机器人的运动状态，需要建立动和定两个坐标系间的转换关系：

$$\boldsymbol{v}_{定}=\boldsymbol{J}\cdot\boldsymbol{v}_{动} \tag{6.9}$$

式中，$\boldsymbol{v}_{定}$ 为水下机器人在定坐标系下的线速度向量；$\boldsymbol{v}_{动}$ 为水下机器人在动坐标系下的线速度向量；$\boldsymbol{J}$ 为两个坐标系下的转换矩阵。

令动坐标系沿着 x、y、z 三个坐标轴分别转动 φ、θ、ψ 角度，根据投影关系求得三个轴各自的旋转矩阵，其中，$\boldsymbol{C}_1$ 为绕 z 轴转动的旋转矩阵，$\boldsymbol{C}_2$ 为绕 y 轴转动的旋转矩阵，$\boldsymbol{C}_3$ 为绕 x 轴转动的旋转矩阵。将三个矩阵相乘，得到两个坐标系间的线速度转换矩阵 $\boldsymbol{J}_1$。

$$\boldsymbol{C}_1=\begin{bmatrix} \cos\psi & -\sin\psi & 0 \\ \sin\psi & \cos\psi & 0 \\ 0 & 0 & 1 \end{bmatrix},\boldsymbol{C}_2=\begin{bmatrix} \cos\theta & 0 & -\sin\theta \\ 0 & 1 & 0 \\ \sin\theta & 0 & \cos\theta \end{bmatrix},\boldsymbol{C}_3=\begin{bmatrix} 1 & 0 & 0 \\ 0 & \cos\varphi & -\sin\varphi \\ 0 & \sin\varphi & \cos\varphi \end{bmatrix} \tag{6.10}$$

$$\boldsymbol{J}_1=\boldsymbol{C}_1\boldsymbol{C}_2\boldsymbol{C}_3 \tag{6.11}$$

$$\begin{bmatrix}\dot{x}\\\dot{y}\\\dot{z}\end{bmatrix}=\boldsymbol{J}_1\begin{bmatrix}u\\v\\w\end{bmatrix} \tag{6.12}$$

$$\boldsymbol{J}_1=\begin{bmatrix}\cos\theta\cos\psi & -\cos\varphi\sin\psi+\sin\varphi\sin\theta\cos\psi & \sin\varphi\sin\psi+\cos\varphi\sin\theta\cos\psi\\ \cos\theta\sin\psi & \cos\varphi\cos\psi+\sin\varphi\sin\theta\sin\psi & -\sin\varphi\cos\psi+\cos\varphi\sin\theta\sin\psi\\ -\sin\theta & \sin\varphi\cos\theta & \cos\varphi\cos\theta\end{bmatrix} \tag{6.13}$$

转动过程中，分析欧拉角φ、θ、ψ的变化率和水下机器人角速度p、q、r在两个坐标系中的关系，可得到如下公式：

$$\dot{\varphi}=p+q\sin\varphi\tan\theta+r\cos\varphi\tan\theta \tag{6.14}$$

$$\dot{\theta}=q\cos\varphi-r\sin\varphi \tag{6.15}$$

$$\dot{\psi}=q\sin\varphi/\cos\theta+r\cos\varphi/\cos\theta \tag{6.16}$$

将式（6.14）～式（6.16）转换为如下形式，可得到角速度的转换矩阵$\boldsymbol{J}_2$。

$$\begin{bmatrix}\dot{\varphi}\\\dot{\theta}\\\dot{\psi}\end{bmatrix}=\boldsymbol{J}_2\begin{bmatrix}p\\q\\r\end{bmatrix} \tag{6.17}$$

$$\boldsymbol{J}_2=\begin{bmatrix}1 & \sin\varphi\tan\theta & \cos\varphi\tan\theta\\ 0 & \cos\varphi & -\sin\varphi\\ 0 & \sin\varphi\sec\theta & \cos\varphi\sec\theta\end{bmatrix} \tag{6.18}$$

6.2　海洋机器人控制技术

6.2.1　无模型控制技术

控制的任务是给被控系统施加适当的作用使得被控系统的输出能够达到系统外部预期的目标值。从被控对象最容易获取的信息是系统的输入和输出信息。根据这些信息，结合外部给出的目标值，如何确定使系统行为实现期望要求的控制力？这是控制理论要解决的最终问题。近一个世纪以来，控制理论的发展历程呈现出两条并行演进又相互融合的研究路径。

（1）由输入-输出信息先确定对象运动的“输入-输出关系”，然后根据这个关系来确定所需控制力。

（2）直接加入输入-输出信息和目标值信息来确定所需控制力，即无模型控制。无模型控制往往依据期望行为和实际行为之间的误差信息来确定控制力，水面机器人控制领域较为经典的无模型控制器有比例积分微分（proportional integral derivative，PID）控制器以及 S 面控制器。

1. PID 控制

PID 控制是一种经典的线性系统控制方法，在工业控制中有着广泛的应用。其原理是根据当前误差的大小，通过比例、积分和微分三个环节的加权和来调整控制量，使系统输出与目标值尽可能接近。

PID 控制器的输出由三个部分组成：比例（P）、积分（I）和微分（D）。其基本控制公式为

$$u(t)=K_{\mathrm{p}}e(t)+K_{\mathrm{i}}\int e(t)\mathrm{d}t+K_{\mathrm{d}}\frac{\mathrm{d}e(t)}{\mathrm{d}t} \tag{6.19}$$

式中，$u(t)$ 是控制器输出；$e(t)$ 是误差，即目标值与实际值之间的差异；K_{p} 是比例增益，决定了当前误差对控制输出的影响；K_{i} 是积分增益，决定了累积误差对控制输出的影响；K_{d} 是微分增益，决定了误差变化率对控制输出的影响。

在海洋机器人中，PID 控制主要用于以下几个方面：

（1）位置控制。海洋机器人的位置控制是指通过调整推进系统来实现机器人在三维空间中的精确定位。PID 控制可以通过调节推进器的推力和方向，使机器人保持在预定的位置或沿预定轨迹运动。

（2）姿态控制。姿态控制涉及控制机器人的俯仰角、横滚角和偏航角等姿态参数。PID 控制器可以根据姿态传感器反馈的信息，调整推进器和控制面板的输出，以维持或改变机器人的姿态。

（3）速度控制。速度控制是指控制机器人在水中的运动速度。PID 控制器通过调节推进器的推力，使机器人达到并维持所需的速度，确保任务的顺利执行。

PID 控制器的性能高度依赖于参数 K_{p}、K_{i} 和 K_{d} 的选择。参数调整的目的是找到最佳的参数组合，使系统具有良好的稳定性、快速性和精确性。常用的参数调整方法包括经验法、试凑法、自动调整算法。

PID 控制算法简单，易于理解和实现，适用于实时控制系统，响应速度快。可应用于多种类型的控制系统，具有良好的鲁棒性。但对于复杂系统，PID 参数调整较为困难，且对于强非线性、时变或强耦合系统，PID 控制性能可能不理想。

PID 控制在海洋机器人控制中具有重要地位，其简单、高效的特点使其成为实现机器人精确控制的重要手段。通过合理调整 PID 参数，能够实现对海洋机器人位置、姿态和速度的精确控制。然而，面对复杂的海洋环境和多变的任务需求，结合其他先进控制策略（如自适应控制、智能控制等），可以进一步提升海洋机器人的控制性能和任务执行能力。

2. S 面控制

S 面控制方法[3]是哈尔滨工程大学刘学敏和徐玉如于 2001 年提出的水下机器人运动控制方法。该方法集合了模糊控制思想与 PID 控制结构，具有结构简单、参数少、易调整、应用方便等特点。经过改进与优化，成功应用于多型水下机器人运动控制，获得了良好的控制效果，多次海上试验证明了 S 面控制方法适合于水下机器人运动控制。

S 面控制器表达形式如下：

$$f=\frac{2}{1+\mathrm{e}^{-(k_1e+k_2\dot{e})}}-1+\Delta f \tag{6.20}$$

式中，k_1、k_2为控制参数；e、$\dot{e}$为控制输入，分别表示偏差和偏差变化率，定义为$e=x_d-x$，$\dot{e}=\dot{x}_d-\dot{x}$；$f$为控制输出，为便于分析$e$、$\dot{e}$经过归一化处理，则$f$取值范围为$[-1,+1]$，表示从反向最大输出至正向最大输出；$\Delta f$为适应环境干扰的调整项。文献[3]将浮力的变化及海流等因素，考虑成一段时间内的固定干扰力，并给出了调整策略，通过调整 S 面的偏移，来达到消除固定偏差的目的。具体算法如下：

（1）判断机器人的运动速度是否小于一个设定的阈值，若是，则转步骤（2），若否；则转步骤（3）。

（2）将该自由度的当前偏差值存入预设数组中，同时将计数器加 1。若计数器达到预定值，则转步骤（4）；否则，返回步骤（1）。

（3）移除数组中最旧的元素（即所有元素向前移动一位），同时将计数器减 1，随后返回步骤（1）。

（4）对数组中的所有偏差值进行加权平均计算，将所得的平均偏差值用于计算控制输出的偏移量，实现控制器的自适应调整以消除固定偏差。随后，将计数器清零并清空数组，返回步骤（1）进行下一循环。

从式（6.20）可以看出，S 面控制器只包含两个控制参数k_1、k_2，与 PD 控制的参数相对应，并且含义相同：k_1代表比例项参数，该参数越大，系统上升时间越短，超调越大；k_2对应微分项参数，该参数越大，控制越平稳，超调越小。这样就可以参考 PD 控制的思想对 S 面控制器的两个参数进行调节。

根据以上分析可以得到以下几点结论：

（1）S 面控制的输入输出均采用归一化处理，因此需要合理选择控制变量的论域范围。

（2）S 面控制器本质上是一种非线性 PD 控制器，其控制律具有比例-微分结构。

（3）S 面控制参数需通过人工整定，并在实验过程中持续优化调整。

（4）S 面控制方法不依赖被控对象的精确数学模型，具有无模型控制特性。

因此，S 面控制特别适用于水下机器人等具有强非线性特性且难以建立精确数学模型的运动控制场景。其内在的 PD 控制机制可有效保证运动控制性能，同时还具备参数物理意义明确、调整直观的特点，有助于在有限的海试周期内快速完成控制器调试，显著缩短试验周期。

6.2.2　抗干扰控制技术

众所周知，在控制系统中，线性环节越多，控制的效果越好。但是实际控制系统存在各类非线性环节，如摩擦、间隙迟滞、饱和等，参数不确定、摄动以及外部干扰无处不在，这些因素极大地影响了系统闭环性能。虽然在研究中仍然可以采用一些假设来简化这些非线性环节，但是基于假设的干扰模型与实际仍存在误差，因此抗干扰控制方法成为实际控制当中研究与应用的热点。

与高增益以及 PID 等控制方法相比，基于干扰估计与补偿的非线性控制方法给出了另外一种不同的解决途径，它可以很好地提升闭环系统的精度和抗干扰性能。具体的方法包括滑模控制、反步法、自抗扰控制、H_∞ 控制、随机控制、基于干扰观测器的控制等。

1. 滑模控制

近年来，鲁棒控制系统的研究不论在理论上还是在实际应用上都取得了巨大的成果。在这种形势下，作为非线性鲁棒控制理论的代表，变结构控制理论在世界范围内得到了广泛的关注，也越来越多地应用到工业控制及水面机器人等智能体的控制当中。

当今，在变结构控制（variable structure control）方法当中，滑模控制方法已经形成了一套比较完整的理论体系，并已作为 PID 控制的补充被广泛应用到各种工业控制以及智能体控制场景当中。滑模控制方法的最大特点就是控制系统具有极强的鲁棒性，鲁棒性即对被控对象的模型误差、参数变化、扰动以及复杂外部干扰具有不敏感性。现在，作为非线性系统中的鲁棒控制理论的代表，滑模控制在工程控制尤其是自动控制中得到深入广泛的研究，并不断取得新的理论上及实践中的成果。

考虑如下滑模变结构系统：

$$\dot{x} = f(\boldsymbol{x},u,t) \tag{6.21}$$

式中，$\boldsymbol{x}=[x_1,x_2,\cdots,x_n]^{\mathrm{T}}$ 为系统状态变量；u 为系统的控制输入。

若状态空间存在超曲面 $s(\boldsymbol{x})=s(x_1,x_2,\cdots,x_n)=0$，并且将状态空间划分为两部分：$s>0$ 和 $s<0$。如果超曲面尚存在某一区域，这一区域上的每一个点都满足

$$\lim_{s\to 0^+}\dot{s}\leqslant 0\leqslant \lim_{s\to 0^-}\dot{s} \tag{6.22}$$

上式也可以表示为

$$\lim_{s\to 0}s\dot{s}\leqslant 0 \tag{6.23}$$

满足式（6.23）的区域一般被称为滑动模态区，或者是滑模区。如果某个系统中存在这样的滑模区，而且在滑模面以外的状态点都能在一定的时间内达到滑模面，同时又满足稳定条件 $s=0$，此种控制系统即可被称为滑模控制系统。

在滑模控制当中，系统的运动可分为两个阶段。

（1）到达阶段：系统状态在任意初始状态下的有限时间内到达滑模面。

（2）滑模运动阶段：控制协议作用下的系统沿滑模面滑动。

在设计滑模控制器的过程中通常需要考虑诸多因素，其中最重要的是滑模面的设计以及趋近律的选择，即与两个运动阶段相对应，控制协议也需两步：

（1）构建一个合适的滑模面，使得系统在滑模面上完成期望的运动。

（2）设计控制协议即趋近律，使得在非线性和干扰影响下的系统仍然能在有限时间内到达滑模面，控制协议可以为全局的，也可以为局部的。

设计一个合适的滑模面以使最终的控制系统具有优良的性能，一般需要考虑系统的阶次以及抗扰特性。目前滑模面主要有线性滑模面、非线性滑模面、移动滑模面和模糊滑模面等。滑模面的设计方法有基于标准型、李雅普诺夫（Lyapunov）、频率整形以及线性矩阵不等式（linear matrix inequality，LMI）等。

趋近律具体指闭环系统状态达到滑模面的方式。系统的控制性能也取决于趋近律的选择，并且需要不断地调节趋近律的系数，使系统的动态性能达到一定要求。在这些工作都完成之后，再根据系统状态方程或传递函数求取控制输入量。趋近律的提出主要是为了消除滑模控制系统的抖动，以下为几种经典的趋近律[4]的表达式及相应的介绍。

等速趋近律：

$$\dot{s} = -\varepsilon \operatorname{sgn}(s), \quad \varepsilon > 0 \tag{6.24}$$

式中，ε 为趋近速率，其数值越大趋近速率越快，但系统的抖动也会随其数值增大而增强。

指数趋近律：

$$\dot{s} = -\varepsilon \operatorname{sgn}(s) - ks, \quad \varepsilon > 0, k > 0 \tag{6.25}$$

式中，$\dot{s} = -ks$ 为指数趋近项，s 的数值越大，系统的趋近速率就越快。系统状态不断接近滑动模态，其趋近速率会不断降低，最后降至零，导致系统达到稳定的时间增加，为了解决这一问题，引入等速趋近项 $\dot{s} = -\varepsilon \operatorname{sgn}(s)$，避免趋近速率减小至零。

幂次趋近律：

$$\dot{s} = -k|s|^{\alpha} \operatorname{sgn}(s), \quad 0 < \alpha < 1, k > 0 \tag{6.26}$$

式中，当 s 较大时，系统的趋近速率比较快，当 s 较小时，系统的趋近速率就会比较慢，通过降低系统的控制增益，削弱被控系统的抖动。

一般趋近律：

$$\dot{s} = -\varepsilon \operatorname{sgn}(s) - f(s), \quad \varepsilon > 0 \tag{6.27}$$

式中，$f(0) = 0$，当 $s \neq 0$ 时，$sf(0) > 0$。

引理 6.1[5]　考虑非利普希茨(non-Lipschitz)连续非线性系统，选取 Lyapunov 函数 $V(x)$，实数 $\alpha > 0,\ 0 < \beta < 1$，并且满足 $V(x) > 0$ 且 $\dot{V}(x) + \alpha V^{\beta}(x) \leqslant 0$。同时，给出收敛时间的估值，满足

$$T(x_0) \leqslant \frac{V^{1-\beta}(x)}{\alpha(1-\beta)} \tag{6.28}$$

那么系统在点 $x = 0$ 处满足有限时间稳定。

滑模变结构控制具有快速响应、设计简单、对外界参数和扰动强鲁棒性等优点，可用来解决很多问题。近年来，由于基于趋近律的控制方法简单且鲁棒性强，故在实际系统中得到了广泛应用。对于该类方法，关键在于如何找到既具有强鲁棒性又能够消除抖振的控制策略，因此，关于改进的趋近律的研究一直是滑模变结构控制研究的热点。比如上述所说的终端滑模面控制，针对其可能出现的奇异性问题，大量的研究提出了非奇异终端滑模控制的方法，并且在实际应用中已经有所成功。

由于自适应、神经网络、模糊控制和滑模变结构控制之间具有很强的互补性，既可保持系统稳定，又可减弱抖振，同时不失强鲁棒性，因此，目前滑模变结构控制方法与各种智能控制方法相结合已经成为重要的研究方向，并随之出现了许多新的问题，有待进一步研究。

随着计算机、机器人以及电动机等技术的迅速发展，采用滑模变结构控制方法进行研究的系统变得日益复杂。以前的滑模控制方法主要面向一般线性系统以及比较简单的非线性系统。

而系统的复杂与日俱增，因此滑模控制的研究也应拓展到更加复杂的非线性系统、具有概率分布参数的系统以及时间延迟系统等。在滑模控制器设计中，各种复杂、非线性滑模面也随之出现，这为滑模面的可达性分析、滑动模态的稳定性分析带来了新的困难，但同时也意味着新的研究热点和研究难点。

2. *反步法*

反步设计法，即反步法，又称为反演法，是一种递归设计方法。反步法是一种非常简单且有效的方法，其主要的过程是将一个高阶且复杂的非线性系统分解为若干个简单的子系统，其中子系统的个数不超过这个非线性系统的最高阶次数，然后对每一个子系统设计 Lyapunov 函数和虚拟控制器，进而使得这个子系统达到稳定的状态。随后逐次对其他子系统进行控制器设计，直到完成整个控制器的设计为止。这样就可以实现对这个非线性系统的全局调节，最后使其达到研究人员预想的性能和效果。

简单来讲，反步法就是一种从前到后的递推过程，其中在每一步设计中构建的虚拟控制器从本质上讲就是一种静态补偿机制，意思是要使得每一个子系统达到镇定，就必须使用后面所构造的虚拟控制器，而这就要求被控对象是一个具有严格反馈的非线性系统，或者经过一系列的转换后是一个具有严格反馈的非线性系统。

给定一个如下形式的严格反馈的非线性系统：

$$\begin{cases} \dot{\xi}_1 = g_1(\xi_1)\xi_2 + f_1(\xi_1) \\ \dot{\xi}_i = g_i(\bar{\boldsymbol{\xi}}_i)\xi_{i+1} + f_i(\bar{\boldsymbol{\xi}}_i), \ 1 < i < n \\ \dot{\xi}_n = g_n(\bar{\boldsymbol{\xi}}_n)u + f_n(\bar{\boldsymbol{\xi}}_n) \\ y = \xi_1 \end{cases} \tag{6.29}$$

式中，$\bar{\boldsymbol{\xi}}_n = [\xi_1, \xi_2, \cdots, \xi_n]^{\mathrm{T}}$；$g_i$ 和 f_i 为连续的函数。

针对非线性系统（6.29），需要设计一个控制器使得非线性系统的输出可以跟踪上一个给定的参考信号 y_{d}，进一步，非线性系统的误差被定义成如下的形式：

$$\begin{cases} e_1 = \xi_1 - y_{\mathrm{d}} \\ e_2 = \xi_2 - \alpha_1 \\ e_i = \xi_i - \alpha_{i-1} \\ e_n = \xi_n - \alpha_{n-1} \end{cases} \tag{6.30}$$

式中，α_1、α_{i-1} 和 α_{n-1} 为系统的虚拟控制器。

第 1 步，考虑一个 Lyapunov 函数：

$$V_1 = \frac{1}{2}e_1^2 \tag{6.31}$$

对 V_1 求时间导数：

$$\dot{V}_1 = e_1\dot{e}_1 = e_1(\dot{\xi}_1 - \dot{y}_{\mathrm{d}}) \tag{6.32}$$

引入第一个子系统：

$$\dot{\xi}_1 = g_1(\xi_1)\alpha_1 + f_1(\xi_1) \tag{6.33}$$

为了使 $\dot{V}_1$ 小于零，虚拟控制器 α_1 需要被设计成如下的形式：

$$\alpha_1 = g_1^{-1}(-k_1 e_1 - f_1 + \dot{y}_\mathrm{d}) \tag{6.34}$$

式中，k_1 是一个正的常数。

第 2 步，继续定义一个 Lyapunov 函数：

$$V_2 = V_1 + \frac{1}{2}e_2^2 \tag{6.35}$$

对 V_2 求时间导数：

$$\dot{V}_2 = \dot{V}_1 + e_2\dot{e}_2 = \dot{V}_1 + e_2(\dot{\xi}_2 - \dot{\alpha}_1) \tag{6.36}$$

引入第二个子系统：

$$\dot{\xi}_2 = g_2(\bar{\xi}_2)\alpha_2 + f_2(\bar{\xi}_2) \tag{6.37}$$

为了使 $\dot{V}_2$ 小于零，虚拟控制器 α_2 需要被设计成如下的形式：

$$\alpha_2 = g_2^{-1}(-k_2 e_2 - f_2 + \dot{\alpha}_1 + g_1 e_1) \tag{6.38}$$

第 i 步，继续考虑一个 Lyapunov 函数：

$$V_i = \sum_{j=1}^{i-1} V_j + \frac{1}{2}e_i^2 \tag{6.39}$$

对 V_i 求时间导数：

$$\dot{V}_i = \sum_{j=1}^{i-1} \dot{V}_j + e_i(\dot{\xi}_i - \dot{\alpha}_{i-1}) \tag{6.40}$$

引入第 i 个子系统：

$$\dot{\xi}_i = g_i(\bar{\xi}_i)\alpha_i + f_i(\bar{\xi}_i) \tag{6.41}$$

为了使 $\dot{V}_i$ 小于零，虚拟控制器 α_i 需要被设计成如下的形式：

$$\alpha_i = g_i^{-1}(-k_i e_i - f_i + \dot{\alpha}_{i-1} + g_{i-1} e_{i-1}) \tag{6.42}$$

第 n 步，最后定义一个 Lyapunov 函数：

$$V_n = \sum_{i=1}^{n-1} V_i + \frac{1}{2}e_n^2 \tag{6.43}$$

对 V_n 求时间导数：

$$\dot{V}_n = \sum_{i=1}^{n-1} \dot{V}_i + e_n(\dot{\xi}_n - \dot{\alpha}_{n-1}) \tag{6.44}$$

进一步由以下的实际系统：

$$\dot{\xi}_n = g_n(\bar{\xi}_n)u + f_n(\bar{\xi}_n) \tag{6.45}$$

可以设计一个使得 $\dot{V}_n$ 小于零的实际控制器 u：

$$u = g_n^{-1}(-k_n e_n - f_n + \dot{\alpha}_{n-1} + g_{n-1}e_{n-1}) \tag{6.46}$$

从以上的设计过程可以总结出反步法的一些优点，具体如下：

使用反步法可以对一个 n 阶的非线性系统进行控制器设计，进而避免了经典无源设计方法中对于系统阶数为 1 的限制问题。

由于反步法不需要对非线性复杂系统进行线性化处理，由此设计出的控制器可以提高对系统的控制精度。

因为反步法的应用是一个递推的过程，对于 Lyapunov 函数的选取提供了很大的便利条件。

反步法可以与多种方法融合，例如自适应控制、模糊逻辑系统以及神经网络等，而结合后的控制算法可以很好地解决系统中所存在的模型不确定性以及外部干扰等问题。

3. 自抗扰控制

目前，现代控制理论建立了一套从系统建模、模型分析以及根据模型设计反馈控制律的“模型论”方法体系，取得了众多阐释控制系统本质的研究成果，推动了控制理论向前发展。但是 PID 控制器在工程中依然占据主导作用，这在一定程度上是因为数学模型的精确程度决定了由此推导而来的控制器的鲁棒性。

基于此，韩京清研究员反思了“模型论”控制律设计方法，总结了“控制论”设计方法的思想[6]，在此之后又提出跟踪微分器（tracking differentiator，TD）、扩张状态观测器（extend state observer，ESO）和状态误差反馈（state error feedback，SEF）律等理论，并于 1998 年正式提出综合应用前述三种理论的自抗扰控制（active disturbance rejection control，ADRC）技术。

自抗扰控制把作用于被控对象的所有不确定因素都归结为“未知扰动”，用对象的输入输出对它进行估计并给予补偿，突破了“绝对不变性原理”和“内膜原理”的局限性。通俗来说，自抗扰控制的主要思想就是要在扰动影响系统的最终输出前，根据被控对象的输入输出提取出扰动信息，用控制信号对冲扰动的影响，从而降低未知扰动对系统的影响。

自抗扰控制器主要由跟踪微分器、扩张状态观测器、状态误差反馈律三个部分组成。

1）跟踪微分器（TD）

自抗扰控制器用 TD 来安排过渡过程，TD 可以跟踪输入信号并提取微分信号。对于一个输入信号 $v_0(k)$，将输出两个信号 $v_1(k)$ 和 $v_2(k)$，其中 $v_1(k)$ 跟踪 $v_0(k)$，$v_2(k)=\dot{v}_1(k)$，把 $v_2(k)$ 作为 v_0 的近似微分。这样，$v_1(k)$ 实现了对 $v_0(k)$ 过渡过程的安排，$v_2(k)$ 实现了对 $v_0(k)$ 合理微分的提取。

二阶 TD 的离散表达式可以表示如下：

$$\begin{cases} \mathrm{fh} = \mathrm{fhan}(v_1(k) - v_0(k), v_2(k), r, h) \\ v_1(k+1) = v_1(k) + Tv_2(k) \\ v_2(k+1) = v_2(k) + T\mathrm{fh} \end{cases} \tag{6.47}$$

式中，T 为离散系统的采样周期；$\mathrm{fhan}(x_1, x_2, r, h)$ 被称为最速综合函数，其计算表达式如下所示：

$$
\begin{cases}
d = rh \\
d_0 = hd \\
y = x_1 + hx_2 \\
a_0 = \sqrt{d^2 + 8r|y|} \\
a = \begin{cases} x_2 + 0.5(a_0 - d)\operatorname{sgn}(y), & |y| > d_0 \\ x_2 + y/h, & |y| \leqslant d_0 \end{cases} \\
\text{fhan} = \begin{cases} -r\operatorname{sgn}(a), & |a| > d \\ ra/d, & |a| \leqslant d \end{cases}
\end{cases}
\tag{6.48}
$$

式中，sgn 为符号函数（自变量为正数或 0 时函数值为 1，否则为−1）；fhan 函数表达式中的 (x_1, x_2) 对应的是 $(v_1 - v_0, v_2)$；r、h 为可调参数，其余相关参数都是中间变量。

参数 r 和 h 分别是快速因子和滤波因子。h 越大，TD 的滤波效果越好，但是也会带来更大的相位延迟；r 越大，TD 跟踪输入信号的速度越快，并且跟踪值从初值 0 到达输入值 v_0 的时间 T_0 与 r 存在以下近似关系[7]：

$$
r \approx 4v_0 / T_0^2 \tag{6.49}
$$

TD 有许多用途，常见的有两种：一是用于为系统参考输入安排过渡过程，使被控量的跟踪目标从参考输入变更为 TD 给出的过渡信号 v_1，这个信号的变化速度可以人为设定，从而解决 PID 控制器中“快速性”与“超调”的矛盾；二是对含有噪声的信号进行滤波并得到信号导数值，即微分器。

2）扩张状态观测器（ESO）

ESO 是 ADRC 的核心，作用是根据被控系统的控制量和输出量估计被控系统的状态量和影响输出的“总扰动”，“总扰动”也称为扩张状态。

这里以常见非线性系统的 ESO 设计过程为例说明其基本原理。式（6.50）表示一个存在扰动的二阶单输入单输出（single input single output，SISO）非线性系统，w 为时变扰动，u 是控制输入，b 是控制通道增益，y 是系统输出，函数 f 的形式未知。

$$
\begin{cases}
\dot{x}_1(t) = x_2(t) \\
\dot{x}_2(t) = f(x_1(t), x_2(t), w(t), t) + bu(t) \\
y(t) = x_1(t)
\end{cases}
\tag{6.50}
$$

ESO 估计扰动的方式与“模型论”的不同之处在于，ESO 并不关心状态 x_1、x_2 和 w 对 $\dot{x}_2(t)$ 影响的具体表达式，直接将 $f(x_1(t), x_2(t), w(t), t)$ 当成系统内外总扰动 $a(t)$ 进行估计。因此可以改写系统表达式为

$$
\begin{cases}
\dot{x}_1(t) = x_2(t) \\
\dot{x}_2(t) = a(t) + bu(t) \\
y(t) = x_1(t)
\end{cases}
\tag{6.51}
$$

由式（6.51）可知，ESO 的作用是从输出 y 中提取与 $a(t)$ 有关的信息，从而估计 $a(t)$ 的值。为此将 $a(t)$ 当成系统的扩张状态 x_3，重写系统表达式为

$$\begin{cases} \dot{x}_1(t) = x_2(t) \\ \dot{x}_2(t) = x_3(t) + bu(t) \\ \dot{x}_3(t) = \dot{a}(t) \\ y(t) = x_1(t) \end{cases} \tag{6.52}$$

根据式（6.51）设计系统的 ESO 得到表达式如下：

$$\begin{cases} e(t) = \hat{x}_1(t) - y(t) \\ \dot{\hat{x}}_1(t) = \hat{x}_2(t) - \beta_{01}e(t) \\ \dot{\hat{x}}_2(t) = \hat{x}_3(t) + \hat{b}u(t) - \beta_{02}g(e(t)) \\ \dot{\hat{x}}_3(t) = -\beta_{03}g(e(t)) \end{cases} \tag{6.53}$$

给定恰当的 ESO 参数和函数 $g(e(t))$，只要 $a(t)$ 是有界的，ESO 就可以有效地实现对系统（6.52）的跟踪。只要系统状态方程的阶数相同，任何一个二阶 SISO 系统的 ESO 表达式都可以设计成式（6.53），因此该式也是二阶 ESO 的通用表达式。由于包含扩张状态，ESO 的阶数比 ADRC 的阶数高一阶。

将 ESO 离散化后得到如下表达式：

$$\begin{cases} e = Z_1(k) - y(k) \\ Z_1(k+1) = Z_1(k) + T[Z_1(k) - \beta_{01}e] \\ Z_2(k+1) = Z_2(k) + T[Z_2(k) - \beta_{02}\mathrm{fal}(e,\alpha_1,\delta) + bu(k)] \\ Z_3(k+1) = Z_3(k) - T\beta_{03}\mathrm{fal}(e,\alpha_2,\delta) \end{cases} \tag{6.54}$$

这里将式（6.53）中的函数 g 具体化为常用的 fal 函数，若 g 具体化为 $g(e(t)) = e(t)$，则该 ESO 为线性 ESO，也就是龙伯格观测器[8]。在上式中，Z_1、Z_2 分别跟踪 x_1、x_2，Z_3 跟踪扩张状态 x_3，u 是 ADRC 控制量，$(\alpha_1,\alpha_2,\beta_{01},\beta_{02},\beta_{03},\delta,b)$ 为可调参数，参数 b 的本质为开环系统的控制频道增益，由于实际系统中该增益测量不方便或不准确，这里也作为可调参数，式中 fal 函数有如下表达式：

$$\mathrm{fal}(e,\alpha,\delta) = \begin{cases} \delta^{1-\alpha}e, & |e| \leqslant \delta \\ \mathrm{sgn}(e)|e|^{\alpha}, & |e| > \delta \end{cases} \tag{6.55}$$

ESO 需整定的 6 个参数中，α_1、α_2 为 fal 函数非线性部分幂级数的幂次，一般取小于 1，例如常取 $\alpha_1 = 0.5$，$\alpha_2 = 0.25$；2δ 是 fal 线性区间宽度，一般取 $\delta = 10T \sim 1000T$，根据实践经验，对于控制精度要求越高的系统该参数应当越小即线性区间越小，当然该值变小也会带来 ESO 的超调和振荡；$(\beta_{01},\beta_{02},\beta_{03})$ 可以理解为误差反馈增益，影响 ESO 收敛速度，对一般系统，取值为(100,300,800)即可满足要求，但是对于扰动带宽较大的系统需要减小 δ 值以提高估计精度，若还不能满足要求，可以参考等式 $\beta_{01} = 1/T$，$\beta_{02} = 1/(1.6T^{1.5})$，$\beta_{03} = 1/(8.6T^{2.2})$，$T$ 为采样步长即系统采样周期。此外，通过实验法可知其取值与 ESO 可估计的扰动上界存在一定关系[9]。

3）状态误差反馈（SEF）律

SEF 律的作用是将过渡过程和 ESO 相应观测值之间的误差通过线性或非线性的方式组合得到用于控制标准型系统的控制量 u_0，并且 u_0 将与总扰动的补偿量组合得到 ADRC 的控

制量 u，数学表达如下所述，参数 c 为可调参数：

$$u = u_0 - Z_3 / c \tag{6.56}$$

为了说明式（6.56）对被控系统进行动态补偿线性化的原理，将式（6.56）代入式（6.51），可得式（6.57）。在 ESO 收敛即 Z_3 能够稳定跟踪 $a(t)$ 的条件下，将式（6.57）化简可得式（6.58），该系统即积分串联标准型系统，这就表明式（6.56）可以实现被控系统的动态补偿线性化。

$$\begin{cases} \dot{x}_1(t) = x_2(t) \\ \dot{x}_2(t) = a(t) + c[u_0(t) - Z_3(t)/c] \\ y(t) = x_1(t) \end{cases} \tag{6.57}$$

$$\begin{cases} \dot{x}_1(t) = x_2(t) \\ \dot{x}_2(t) = cu_0(t) \\ y(t) = x_1(t) \end{cases} \tag{6.58}$$

而非线性函数中存在性能更好的状态误差反馈组合形式，下面给出一种非线性状态误差反馈形式：

$$\begin{cases} e_1(t) = v_1(t) - Z_1(t) \\ e_2(t) = v_2(t) - Z_2(t) \\ u_0(t) = K_{\mathrm{p}} \mathrm{fal}(e_1(t), \alpha_{01}, \delta) + K_{\mathrm{d}} \mathrm{fal}(e_2(t), \alpha_{02}, \delta) \\ u(t) = u_0(t) - Z_3(t)/c \end{cases} \tag{6.59}$$

自抗扰控制凭借其对具体精确的模型的极低依赖成为各个控制领域的新宠，尤其是在无人机的运动控制中，自抗扰控制已经成为其支柱控制方法，不仅单纯的自抗扰控制被广泛应用，包括自抗扰滑模控制、反步自抗扰控制也已经被成功应用于实际。在水面机器人这一特殊智能体领域，自抗扰控制已经取得了对航向进行控制的成果，但其延伸的应用并没有被完全开发。

因此，自抗扰控制仍然具备被研究的必要性：

（1）传统的自抗扰控制器采用非光滑的 fal 函数，其在原点附近存在拐点导致斜率较大，因此改进 fal 函数，使其在原点附近具有更好的平滑性和连续性已经成为研究的一个热点。

（2）自抗扰控制器的可调参数较多，尽管其能够有效抑制不确定性系统带来的干扰影响，但繁杂的参数调整与优化使自抗扰控制的难度上升。因此，实现自抗扰控制器的参数整合与在线优化成为自抗扰控制领域的研究热点。王常顺等[10]提出了一种基于混沌局部搜索策略的双种群遗传算法，不仅实现了全局范围内更好寻优，也利用混沌系统的遍历性来进行局部范围内无重复搜索，提升局部搜索效率。

（3）自抗扰控制采用的扩张状态观测器对于干扰估计与实际情况仍存在误差，因此越来越多的研究人员开始采用积分滑模控制等方法以及神经网络、自适应控制、模糊控制等智能控制方法对该干扰估计进行补偿，因此多控制方法融合的新型控制方法不断被提出，也将一直成为自抗扰控制研究领域乃至整个控制领域的热点与焦点。

6.2.3　容错控制技术

系统故障可定义为以下两种情形：①可接受范围的系统参数偏离；②系统在指定条件下无法执行预期功能。显然，失败不仅仅是一个单纯的错误，而是更为严重的情况。容错性是指系统无论出现什么故障都可以继续运行的能力。故障在每个实际系统中都是不可避免的，并且会影响系统的稳定性和性能水平。容错控制研究的是当系统发生故障时的控制问题，即容错控制是指当控制系统中的某些部件发生故障时，系统在期望的性能指标或性能指标略有降低（但可以接受）的情况下，还能安全地完成控制任务。容错控制的研究使得提高复杂系统的安全性和可靠性成为可能。

容错控制系统一般可以分为两个大类，即被动容错控制系统和主动容错控制系统，如图 6.3 所示[11]。

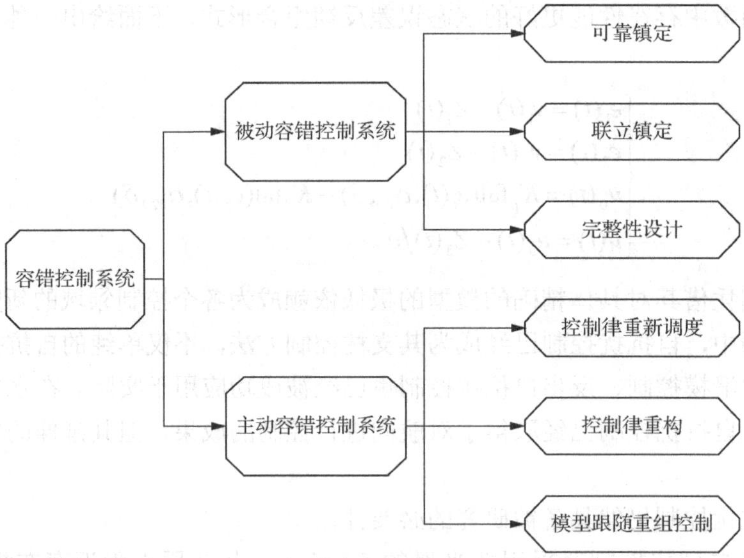

图 6.3　容错控制系统分类

容错控制中的基本概念与名词解释如下。

主动容错控制（active fault-tolerant control）：在故障发生后，根据所期望的特性重新设计一个控制系统，并至少能使整个系统达到稳定。新的控制系统的性能与原系统相比可能会有所下降。主动容错控制通常需要已知故障类型的先验知识，或者需要一个故障检测和隔离（fault detection and isolation，FDI）模块来检测与分离出未预料到的故障。

被动容错控制（passive fault-tolerant control）：在系统的构造思路上，这是一种与鲁棒控制技术相类似的方案，它采用固定的控制器来确保闭环系统对特定的故障不敏感，保持系统的稳定。被动容错控制不需要在线故障信息，因此也就不需要 FDI 模块。

混合容错控制（hybrid fault-tolerant control）：在研究了主动和被动容错控制系统的优缺点后，设计两者的混合体，使其具有两种系统的优点。

重组（reconfiguration）：对控制器的参数进行调整。它可以采用离线或在线两种方式进行。

重构（reconstruction）：同时对控制系统的结构和参数进行调整，使之“最佳地”适应系统的当前工况。与“重组”一样，它可以采用离线或在线的方式进行。

完整性：如果在发生执行器或传感器故障（断路）时，或同时发生执行器与传感器故障时，闭环控制系统仍然是稳定的，那么就称此闭环控制系统具有完整性。这是一种针对传感器与执行器故障的容错控制。

可靠镇定：采用两个或更多的补偿器来并行地镇定同一个被控对象。当任意一个或多个补偿器失效（断路），而剩余的补偿器正常工作时，闭环控制系统仍然可以保持稳定，那么就称此控制系统为可靠镇定。它是一种针对控制器失效的容错控制。

联立镇定：给定 N 个有限维的连续时间线性时不变对象 $p_1, p_2, \cdots, p_N$，联立镇定问题的目标是构造一个固定的控制器，使其可以分别镇定上述的任意一个被控对象。这是一种关于被控对象故障的容错控制。

1. 主动容错控制

主动容错控制系统的体系结构如图 6.4 所示。其主要由以下子系统组成：故障检测和隔离模块、重新配置机制模块和可重新配置的控制器。故障检测和隔离模块向控制器在线提供有关故障的信息，而主动容错控制系统通过基于该信息重新配置控制器来做出反应。主动容错控制系统虽然能够处理多种类型的故障并拥有最佳性能，但是，它对从故障检测和隔离模块获得的结果很敏感，即它会做出错误的决定，并产生过多的噪声，使具有不确定性的非线性系统的设计变得更加困难。

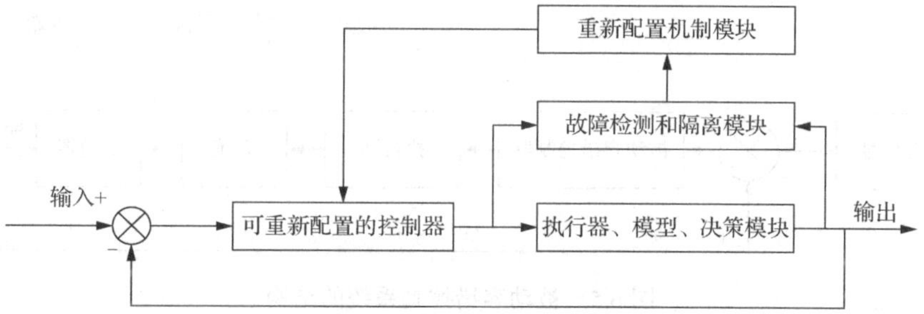

图 6.4　主动容错控制系统的体系结构

主动容错控制系统的主要功能由故障检测和隔离模块执行。通常将其看作基于观察者的机制，以生成自己的内部输出，然后将其与实际值进行比较。传感器或执行器的任何超出指定范围的偏差都将视为故障状态。从技术上讲，如果实际值和估计值之间的误差渐近或指数化为零，则控件将声明无故障。如果信号超出范围，则会生成错误。检测到错误后，下一步是隔离有故障的组件并估计可能的值。这被称为控制律重新配置，其中不稳定的值将由估计值代替，以保持系统的稳定性并避免停机。可能会发出警报，警告操作员有关系统的故障状态，以采取必要的措施修理或更换故障的组件[12-14]。故障检测、隔离、控制器重新配置需依赖大量计算，因此可能耗费较长时间，从而使系统的响应速度很慢。因此，主动容错控制系统的主要缺点可能是响应速度慢。但是，由于它可以覆盖广泛的故障并使系统保持稳定，因此它是一个非常有利的控制系统[15]。

由于容错控制系统的主要功能是处理故障，因此了解传感器和执行器中故障的类型和性质非常重要。传感器或执行器中的任何故障都会在系统中造成干扰，除非采取某些措施来解决故障，否则无法达到控制目标。

在文献[16]～[18]中均对故障的数学建模以及传感器和执行器故障的观测器设计进行了研究。

2. 被动容错控制

被动容错控制系统通常利用鲁棒控制技术使得整个闭环系统对某些确定的故障具有不敏感性，与主动容错控制系统相比，被动容错控制系统不需要 FDI 模块，一般具有固定形式的控制器结构和参数，计算复杂度较低。它足够快，可以迅速对异常情况采取行动，但仅能容纳设计阶段定义的有限数量的故障，由于故障并不是经常发生，其设计难免过于保守，其性能也不可能是最优的，而一旦出现不可预知故障，系统的性能甚至稳定性都可能无法保障。但它可以避免在主动容错控制中因检测诊断故障及重组控制律造成的时间滞后，这在对时间要求严格的系统控制中非常重要。因此，被动容错控制在故障检测和估计阶段是必需的，它可以保证在系统切换至主动容错控制之前系统的稳定性。与主动容错控制系统相比，被动容错控制系统的体系结构非常简单。被动容错控制系统的结构如图 6.5 所示[19]。

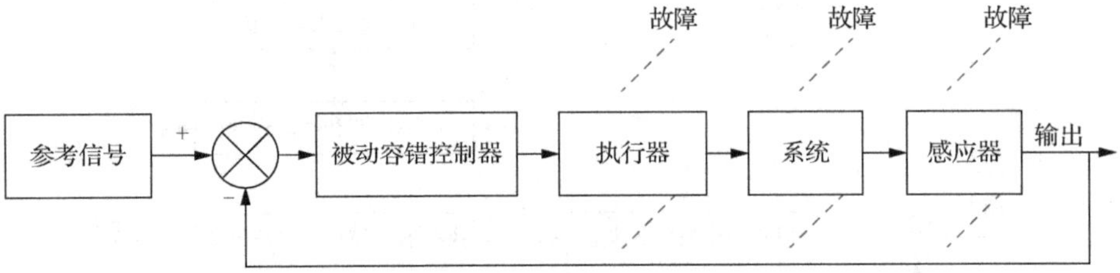

图 6.5　被动容错控制系统的结构

被动容错控制系统没有故障检测和隔离单元，也没有执行控制器重新配置，而是控制器在正常和异常情况下均以离线方式工作，具有预定义的参数，这些参数可掩盖来自组件的错误读数。被动容错控制技术的主要优点可以描述如下：未执行故障检测和控制器重新配置过程，并且系统在正常和故障情况下均使用相同的参数进行工作。由于取消了故障检测和隔离以及控制器重新配置过程，与主动容错控制系统相比，系统的响应时间变得非常快。但是，对于一个被动容错控制系统，检测各种类型的故障变得非常困难，因为它被设计为在离线模式下工作。因此，其功能将受到限制，并可能因各种同时发生的复杂故障而受到威胁[20-22]。综上所述，主动容错控制系统和被动容错控制系统之间的比较如表 6.1 所示。

表 6.1　主动容错控制系统和被动容错控制系统之间的比较[19]

系统性能	主动容错控制系统	被动容错控制系统
结构	复杂	简单
响应时间	慢	快速
故障检测	在线/实时	离线
计算量	大	相对较小
故障检测和隔离	必要	不需要
控制器重新配置	需要	不需要
噪声影响	可能会被噪声破坏，并可能做出错误的决定	噪声强
时间延迟	由于噪声影响会有延迟	没有时间延迟
故障性质	各种	修复了预定义的故障
控制结构	变化	固定

滑模控制因其对外部干扰、系统参数变化和模型不确定性具有鲁棒性优势，已成为被动容错控制系统中较为流行的技术之一[23-25]。

近些年来，国内外学者针对非线性系统的容错控制、时滞系统的容错控制、基于智能技术的容错控制、基于自适应技术的鲁棒容错控制、具有性能约束的容错控制、基于数据驱动的容错控制、多智能体系统的容错控制等热点问题进行了专门研究，取得了很多新的研究成果[26-33]。

（1）非线性系统的容错控制研究。由于非线性系统控制理论并不十分完善，大多是针对特定非线性系统进行研究，且非线性系统解析模型很难准确建立，可能存在未知输入，因此非线性系统的容错控制问题是容错控制领域的难点之一，研究成果有限，有待进一步研究。目前多采取主动容错控制策略，通过 FDI 模块获取故障信息，采用合适的控制律补偿故障对系统的影响，保证故障情况下闭环系统的稳定性。周东华等[34]将 FDI 技术与被动容错控制相结合，提出了一种关于非线性系统的集成故障与容错控制方法，利用被动容错控制器确保故障系统的稳定性，而采用强跟踪滤波器诊断故障。Yang 等[35]将线性系统鲁棒完整性设计方法推广到一类准非线性系统，并给出了基于里卡蒂（Riccati）方程的鲁棒容错控制器的设计方法。Wu[36]利用高木-菅野（Takagi-Sugeno，T-S）模糊线性化建模方法，研究了一类执行器故障下非线性系统基于线性矩阵不等式的可靠控制方法，设计了能够保证闭环系统稳定且满足线性二次型（linear quadratic，LQ）二次性能指标的控制器设计方法。

（2）基于智能技术的容错控制研究。在工程实践中，系统的精确数学模型很难获得，而基于专家系统、神经网络、模糊理论等智能技术的容错控制方法可以降低对被控对象数学模型的要求，且对线性系统和非线性系统均具有较好的适应性，因而得到了国内外众多学者的关注和研究。而神经网络在容错控制系统中的应用主要是从以下几个方面进行考虑：仅用于对系统中发生的未知故障模型进行逼近；对整个未知非线性系统的模型进行整体学习，然后基于该学习模型进行自适应及鲁棒控制，当故障发生时，权重自适应再学习，并实施相应的容错控制；采用多神经网络进行整体故障系统不同故障模型的学习，并利用专家系统或相应的神经网络补偿器实施鲁棒容错控制。Farrell 等[37]针对存在无法预料的突发故障的系统，提出了一种利用学习技术的容错控制方法。Passino 等[38]阐述了基于专家系统的容错控制系统的一般结构和所面临的主要问题。有学者沿此思路做出了很多新的研究成果。Howell 等[39]阐述了一种基于人工神经网络的飞行系统的容错控制方法，首先利用概率人工神经网络算法进行系统的故障诊断和定位，然后通过重构控制律来解决相应的故障问题。Mir 等[19]针对一定故障条件下的电机扭矩控制系统，采用自适应模糊控制器，通过在线调整其隶属函数实现扭矩的容错控制。

（3）具有性能约束的容错控制研究。在注重故障系统稳定性的基础上，一些同时满足特定性能和约束条件的容错控制研究成果相继出现。文献[26]、[40]分别针对存在执行器故障的被控对象，利用线性矩阵不等式方法设计可靠容错控制器，保证闭环系统具有满意的保成本性能。Zuo 等[41]针对执行器故障下的非奇异系统，考虑执行器饱和以及非线性扰动约束，设计了一种自适应容错控制器，使得故障系统稳定并满足响应控制约束。针对具有参数不确定性的严格反馈系统，当存在执行器故障时，Wang 等[42]提出了一种应用直接自适应反步控制的容错控制方法保证系统过渡过程，此方法是在 Bechlioulis 等[43]独创的预先规定性能区域（prescribed performance bounds，PPB）方法的基础上改进的。

6.3 思考题

6.1　简述我国在海洋机器人运动控制技术方面的发展现状。

6.2　描述海洋机器人运动控制的目的是什么。

6.3　描述海洋机器人动力学在运动控制中的作用。

6.4　简述海洋机器人运动学在运动控制中的应用。

6.5　列出至少三种常用的海洋机器人运动控制参数。

6.6　讨论水下机器人运动控制系统的基本原理。

6.7　描述影响水下机器人运动控制的主要因素。

6.8　海洋机器人控制技术包括哪些，并简要阐述其原理。

6.9　解释 PID 控制算法原理，并讨论其在水下机器人运动控制中的应用。

6.10　提出至少两个海洋机器人运动控制技术的研究方向和应用前景。

参考文献

[1] 廖煜雷. 无人艇的非线性运动控制方法研究[D]. 哈尔滨: 哈尔滨工程大学, 2012.

[2] Fossen T I. Handbook of Marine Craft Hydrodynamics and Motion Control[M]. West Sussex: John Wiley & Sons, 2011.

[3] 刘学敏, 徐玉如. 水下机器人的 S 面控制方法[J]. 海洋工程, 2001, 19(3): 81-84.

[4] 严永锁. 基于反馈-滑模策略的水面无人艇路径跟踪控制[D]. 哈尔滨: 哈尔滨工程大学, 2019.

[5] Hong Y G, Xu Y S, Huang J. Finite-time control for robot manipulators[J]. Systems & Control Letters, 2002, 46(4): 243-253.

[6] 韩京清. 控制理论: 模型论还是控制论[J]. 系统科学与数学, 1989, 9(4): 328-335.

[7] 朱家远. 移动机器人自抗扰控制技术研究[D]. 南京: 南京航空航天大学, 2019.

[8] 李杰, 齐晓慧, 万慧, 等. 自抗扰控制: 研究成果总结与展望[J]. 控制理论与应用, 2017, 34(3): 281-295.

[9] 韩京清. 自抗扰控制技术: 估计补偿不确定因素的控制技术[M]. 北京: 国防工业出版社, 2008.

[10] 王常顺, 肖海荣. 基于自抗扰控制的水面无人艇路径跟踪控制器[J]. 山东大学学报(工学版), 2016, 46(4): 54-59, 75.

[11] Jiang J, Yu X. Fault-tolerant control systems: a comparative study between active and passive approaches[J]. Annual Reviews in Control, 2012, 36(1): 60-72.

[12] Gao Z W, Cecati C, Ding S X. A survey of fault diagnosis and fault-tolerant techniques: part I: fault diagnosis with model-based and signal-based approaches[J]. IEEE Transactions on Industrial Electronics, 2015, 62(6): 3757-3767.

[13] Pawlak M. Active fault tolerant control system for the measurement circuit in a drum boiler feed-water control system[J]. Measurement and Control, 2018, 51(1-2): 4-15.

[14] Amin A A, Mahmood-ul-Hasan K. Robust active fault-tolerant control for internal combustion gas engine for air-fuel ratio control with statistical regression-based observer model[J]. Measurement and Control, 2019, 52(9-10): 1179-1194.

[15] Lunze J, Richter J H. Reconfigurable fault-tolerant control: a tutorial introduction[J]. European Journal of Control, 2008, 14(5): 359-386.

[16] Wang Y Q, Zhou D H, Qin S J, et al. Active fault-tolerant control for a class of nonlinear systems with sensor faults[J]. International Journal of Control, Automation, and Systems, 2008, 6(3): 339-350.

[17] Yang F S, Zhang H G, Jiang B, et al. Adaptive reconfigurable control of systems with time-varying delay against unknown actuator faults[J]. International Journal of Adaptive Control and Signal Processing, 2014, 28(11): 1206-1226.

[18] Alwi H, Edwards C, Tan C P. Fault tolerant control and fault detection and isolation[M]//Fault Detection and Fault-Tolerant Control Using Sliding Modes. London: Springer, 2011: 7-27.

[19] Mir S, Islam M S, Sebastian T, et al. Fault-tolerant switched reluctance motor drive using adaptive fuzzy logic controller[J]. IEEE Transactions on Power Electronics, 2004, 19(2): 289-295.

[20] Frank P M. Trends in fault-tolerant control of engineering systems[J]. IFAC Proceedings Volumes, 2004, 37(15): 377-384.

[21] Benosman M. Passive fault tolerant control[J]. Robust Control, Theory and Applications, 2011, 9: 283-308.

[22] Eich J, Sattler B. Fault tolerant control system design using robust control techniques[J]. IFAC Proceedings Volumes, 1997, 30(18): 1237-1242.

[23] Spurgeon S K. Sliding mode observers: a survey[J]. International Journal of Systems Science, 2008, 39(8): 751-764.

[24] Merheb A R, Noura H, Bateman F. Passive fault tolerant control of quadrotor UAV using regular and cascaded sliding mode control[C]. 2013 Conference on Control and Fault-Tolerant Systems (SysTol), 2013: 330-335.

[25] Nandam P K, Sen P C. Industrial applications of sliding mode control[C]. IEEE/IAS International Conference on Industrial Automation and Control, 1995: 275-280.

[26] Yu L. An LMI approach to reliable guaranteed cost control of discrete-time systems with actuator failure[J]. Applied Mathematics and Computation, 2005, 162(3): 1325-1331.

[27] Pujol G, Rodellar J, Rossell J M, et al. Decentralised reliable guaranteed cost control of uncertain systems: an LMI design[J]. IET Control Theory & Applications, 2007, 1(3): 779-785.

[28] 沈俊辉. 基于模糊控制的容错控制技术及其应用[D]. 哈尔滨: 哈尔滨工业大学, 2019.

[29] 郭忠毅. 低空无人飞艇的故障诊断专家系统及容错控制技术研究[D]. 武汉: 华中科技大学, 2019.

[30] 段杰. 基于神经网络的 AUV 故障诊断与容错控制技术研究[D]. 北京: 中国舰船研究院, 2018.

[31] 施柏铨. 容错控制在船舶航行中的应用[J]. 舰船科学技术, 2016, 38(18): 55-57.

[32] 张晓悠. AUV 故障诊断与容错控制技术研究[D]. 哈尔滨: 哈尔滨工程大学, 2016.

[33] 沈启坤. 基于自适应控制技术的故障诊断与容错控制研究[D]. 南京: 南京航空航天大学, 2015.

[34] 周东华, 叶银忠. 现代故障诊断与容错控制[M]. 北京: 清华大学出版社, 2000.

[35] Yang G H, Lam J, Wang J L. Reliable H_∞ control for affine nonlinear systems[J]. IEEE Transactions on Automatic Control, 1998, 43(8): 1112-1117.

[36] Wu H N. Reliable LQ fuzzy control for continuous-time nonlinear systems with actuator faults[J]. IEEE Transactions on Systems, Man, and Cybernetics, Part B: Cybernetics, 2004, 34(4): 1743-1752.

[37] Farrell J, Berger T, Appleby B. Using learning techniques to accommodate unanticipated faults[J]. IEEE Control Systems, 1993, 13(3): 40-49.

[38] Passino K M, Antsaklis P J. Fault detection and identification in an intelligent restructurable controller[J]. Journal of Intelligent and Robotic Systems, 1988, 1(2): 145-161.

[39] Howell W, Bundick W, Hueschen R, et al. Restructurable controls for aircraft[C]. AIAA Guidance and Control Conference, 2013: 646-653.

[40] Stepanyan V, Krishnakumar K S, Bencomo A. Identification and reconfigurable control of impaired multi-rotor drones[C]. AIAA Guidance, Navigation, and Control Conference, 2016: 1384.

[41] Zuo Z Q, Ho D W C, Wang Y J. Fault tolerant control for singular systems with actuator saturation and nonlinear perturbation[J]. Automatica, 2010, 46(3): 569-576.

[42] Wang W, Wen C Y. Adaptive actuator failure compensation control of uncertain nonlinear systems with guaranteed transient performance[J]. Automatica, 2010, 46(12): 2082-2091.

[43] Bechlioulis C P, Rovithakis G A. Adaptive control with guaranteed transient and steady state tracking error bounds for strict feedback systems[J]. Automatica, 2009, 45(2): 532-538.

第 7 章　海洋机器人自主决策与规划技术

7.1　海洋机器人任务决策

海洋机器人的任务决策系统能根据预设任务进行规划，可输出执行该任务的任务序列，而且能对在海洋调查等任务执行过程中遇到的突发事件进行有效分析并实时调整策略。任务规划在一定程度上标志着海洋机器人的智能水平，是进行决策和规划的关键组件，科学合理的任务规划能够最大限度发挥海洋机器人集群的任务执行能力[1]。

海洋机器人任务规划是为了在海洋机器人最优航行线路的基础上，规定搭载任务载荷的任务执行动作，完成上级下达的指定任务。同时，任务规划生成的任务执行序列要满足安全性约束、平台机动能力约束、载荷设备性能约束、通信能力约束、传感器探测能力约束、环境条件约束等要求。多海洋机器人集群任务规划重点研究如何使任务目标合理分解到单个机器人，充分发挥单个机器人的最大优势，保证多机器人之间安全、高效地执行相应任务。

7.1.1　任务决策类型

海洋机器人的任务类型主要包括情报侦察、海洋调查、中继通信、警戒巡逻、反水雷、火力打击、信息对抗等七大类，其中各任务类型中可详细分为多个典型任务，任务决策则需要根据具体的典型任务类型给出不同的策略和任务规划方案。任务决策模块可在任务执行前和任务执行中根据不同的任务类型和预设、探测到的典型目标进行海洋机器人集群的任务规划。其中编队协同任务规划包含各执行节点海洋机器人与母舰协同规划以及预先规划的各节点海洋机器人任务分配，任务规划则是分解分配到的任务，得到任务执行序列。

从执行任务决策的设备属性方面可将任务决策分为航行路径规划和任务载荷规划。航行路径规划的主要目的是保证平台状态可以满足任务载荷有效工作的要求，任务载荷规划的主要目的是在任务执行过程中的不同阶段为任务载荷设备提供执行动作方案。除此之外的通信链路规划、系统应急响应规划等可以划分至航行路线规划和任务载荷规划范围内。

按任务阶段划分，任务决策可分为任务分析、规划方案生成、规范推演及效能评估、方案下达及任务执行、任务执行中实时规划，以及在线重新规划等具体规划过程[2]。其中任务执行中实施规划主要是海洋机器人根据实时外部情况，对航行路线的自主规划。在线重新规划则由于外部实时情况比预计规划方案变化较多，需要在远程控制台处对任务进行重新规划并进行推演评估，然后重新下达任务规划方案并以此执行。在整个任务执行完毕后，应具备实际任务完成与预先任务规划的对比功能，为后续规划模型提供数据支撑。

7.1.2　任务决策方法

近年来，随着海洋作业任务的复杂化、多样化，机器人集群以其强适应性与高容错率成为海洋机器人领域的重要发展方向。由于大规模海洋作业任务往往由多种不同需求的子任务组成，为提高作业效率和成功率，机器人集群也必然由不同航行能力和任务能力的多类型机器人组成。多类型机器人集群在充分发挥集群优势的同时更能体现集群内各机器人的能力互补，对作业过程中的任务变更有更强的适应能力，但由于集群内各机器人的任务能力、最大航程、设计运动速度的不同，需要设计相应的任务决策系统。

考虑多类型海洋机器人集群中机器人的最大航程、设计运动速度、任务能力不同，将离线任务分配问题抽象为带有约束条件的最优化问题。任务决策算法对问题进行求解并生成集群中各机器人的安全航线，如图 7.1 所示。好的任务决策算法应在任务全部完成的同时缩短集群内各机器人的总航程以节约能源。

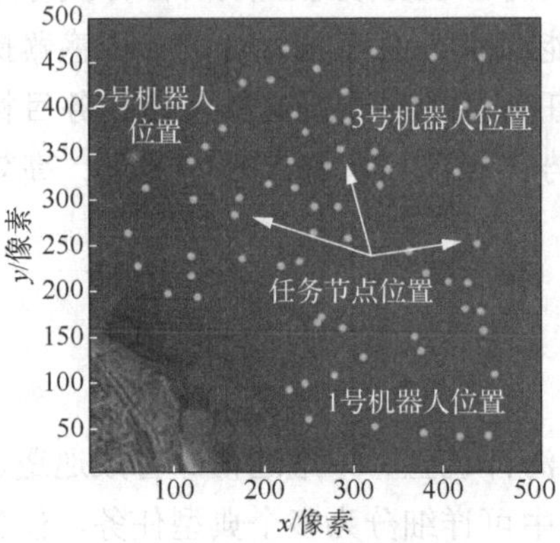

（a）任务背景

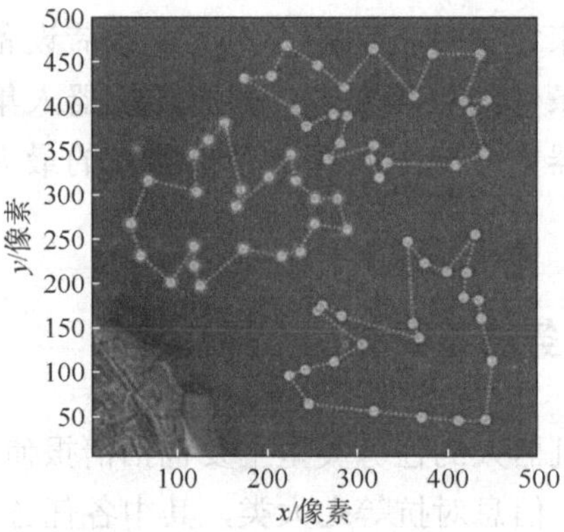

（b）任务序列结果

图 7.1　多机器人任务分配

海洋机器人的任务决策方法可以分为传统算法、进化算法、自组织映射神经网络算法以及强化学习四种。

传统算法主要有瓶颈任务分配方法、图匹配方法、网络单纯形法、基于智能体（agent）的算法、动态禁忌搜索算法[3]以及沃罗诺伊图（Voronoi diagram）方法等。这些方法都没有考虑机器人的当前位置和路径规划，仅关注任务的分配方式，同时该时期的方法大多数用来解决生产问题，因此很少考虑到任务数量远远大于机器人数量的情况。

进化算法包括遗传算法、粒子群算法[4]、蚁群算法[5]等。由于进化算法具有快速随机的搜索能力，并行性、可扩展性好，搜索过程简单，自提出之后就被广泛用于优化问题的解决。在海洋机器人任务决策中，进化算法能够根据机器人的能力约束以及不同任务的需求进行针对性建模求解。

自组织映射神经网络算法是一种无导师学习方法，具有良好的自组织、可视化等特性，已经得到了广泛的应用和研究。在解决大量机器人和大量不同位置任务的任务决策问题时，基于自组织映射的方法可以结合多机器人系统的目标分配和运动规划，不仅可以给机器人分配相应的任务，同时也可以规划出一条任务完成路线，因此用自组织映射（self-organizing map，SOM）神经网络算法来解决多机器人的任务分配问题十分理想。

基于强化学习的方法可以分为基于指针网络的方法和基于图网络的方法两种。近年来，许多学者开始应用强化学习方法去解决任务分配问题，强化学习是一类学习、预测、决策的方法框架。如果一个问题可以描述成或转化成序列决策问题，可以对状态、动作、奖赏进行定义，那么强化学习很可能可以帮助解决这个问题，任务分配问题就是其中的经典问题。强化学习由于其更注重长期回报，有长远眼光，因此被认为存在找到任务分配问题的最优解的可能。

1. 遗传算法

遗传算法（genetic algorithm，GA）是一种模拟生物种群进化模式的群智能算法，如图 7.2 所示，一直以来被广泛应用于组合优化问题的求解。遗传算法的概念在 1975 年由 John Holland 首次提出，在 1989 年经 Goldberg 的完善与优化后形成了比较全面的体系，后续经过各领域学者对其不断深入研究，遗传算法逐渐成为求解智能优化问题的重要方法之一[6]。

遗传算法是一种基于随机搜索的全局搜索算法，常规的遗传算法使用基因序列的形式来表示所求问题的解，同时设置具有同样表达方式基因序列的多个不同个体作为初始种群，经过选择、交叉、变异等进化过程逐代筛选不断提高种群的适应度来不断更新种群基因序列，理论上经过足够长时间的进化过程后可以无限趋近于最优解。

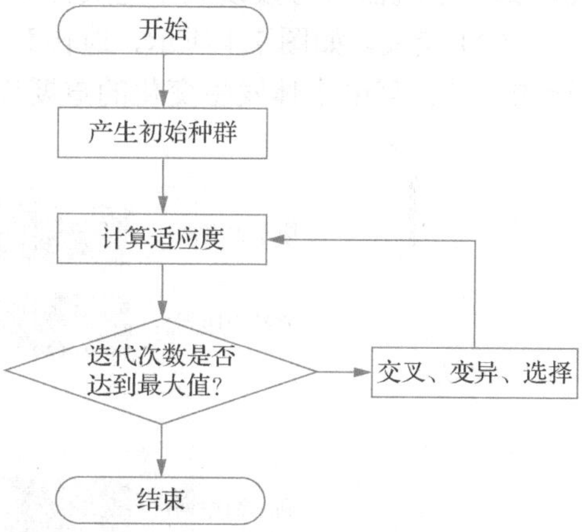

图 7.2　遗传算法流程图

遗传算法中种群初始化和基因序列的交叉、变异、选择是核心的组成部分。针对多类型机器人集群任务分配问题，种群初始化部分只需根据任务数量和集群内机器人的数量随机生成 N_{I}（个体数量参数，算法中需根据不同任务进行选择）个基因序列作为初始种群。下面详细说明算法中基因序列的编码和解码及基因序列交叉、变异、选择方式的设计。

（1）基因序列的编码和解码。海洋机器人任务分配问题中常用的基因序列有单染色体、双染色体和两部分染色体三种，相应的基因序列形式如图 7.3 所示。

图 7.3　基因序列示意图

假设机器人的数量为 m，任务点总数量为 n。单染色体技术通过长度为 $n+m$ 的单染色体表示问题的解决方案。在图 7.3（a）的示例中，负数用作伪值。在本例中，第一个机器人将按该顺序完成任务 12、3 和 8，第二个机器人将按该顺序完成任务 14、1、7、11、4、9、6，第三个机器人将按该顺序完成任务 16、2、15、10、5、13。

双染色体技术使用两条长度为 n 的染色体来表示问题的解决方案。一条染色体代表 n 个任务点的排列，另一条染色体告诉我们哪个任务点分配给哪个机器人。在图 7.3（b）中给出的示例中，第一个机器人将按该顺序完成任务 12、8、14、4、9、5，第二个机器人将按该顺序完成任务 1、11、6、16、2、13，第三个机器人将按该顺序完成任务 3、7、15、10。

两部分染色体技术将染色体分为两部分。长度 n 的第一部分表示 n 个任务点的排列，长度 m 的第二部分表示分配给每个机器人的任务点数量。在图 7.3（c）的示例中，第一个机器人将按该顺序完成任务 12、3 和 8，第二个机器人将按该顺序完成任务 14、1、7、11、4、9、6，第三个机器人将按该顺序完成任务 16、2、15、10、5、13。

（2）交叉。如图 7.4 所示，遗传算法中的交叉操作是模拟自然界中基因序列的交叉而设计的，是种群中个体发生变化的重要途径，对遗传算法的整体搜索性能有直接的影响。

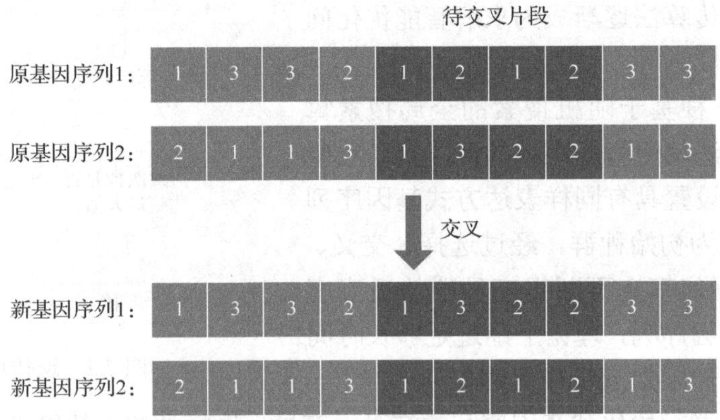

图 7.4　交叉过程示意图

（3）变异。如图 7.5 所示，遗传算法中的变异操作是种群中个体基因序列发生变化的重要操作。变异是指将基因序列中某个位置的基因替换为其他等位基因，本书中基因值代表海洋机器人的序号，因此外来基因的值小于集群中海洋机器人的个数。由于交叉操作不会增加外来基因，因此需要变异操作弥补。

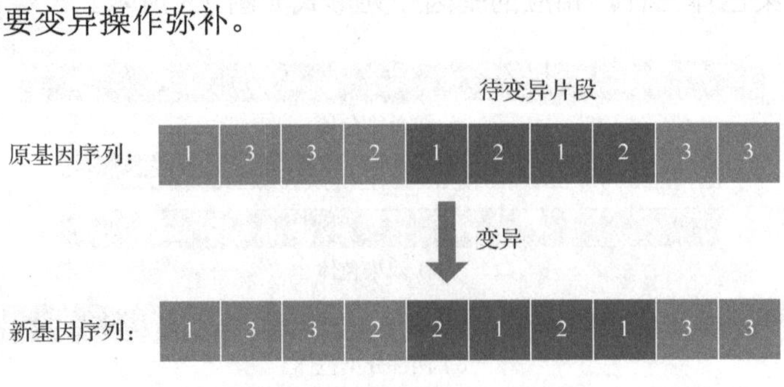

图 7.5　变异过程示意图

（4）选择。遗传算法中的选择操作是模拟自然界中优胜劣汰的进化规律，通过一定的规则从种群中选择优良个体保留下来，使得种群中的基因序列所对应问题的解逐渐向最优解的方向收敛。

遗传算法具有评价函数引导性强、随机性好、扩展性强等优点，便于引入附加约束并与其他算法结合，且具有并行计算能力，适合解决大规模问题。尽管其实现复杂、搜索速度较慢且依赖初始种群，但在对计算效率要求不高的海洋机器人离线任务分配中，这些缺点影响较小。由于初始种群已受到任务和机器人约束的限制，搜索空间被压缩，遗传算法能有效应用于多类型机器人集群的任务分配问题。

2. 自组织映射神经网络算法

自组织映射神经网络是一种无监督的人工神经网络，通过学习输入空间中的数据，生成一个低维、离散的映射（map），网络结构如图 7.6 所示，由输入层和输出层（竞争层）组成。不同于一般神经网络基于损失函数的反向传递来训练，它运用竞争学习策略，依靠神经元之间的互相竞争逐步优化网络，且使用近邻关系函数来维持输入空间的拓扑结构[7]。

由于自组织映射神经网络基于无监督学习，这意味着训练阶段不需要人工介入，我们可以在不知道类别的情况下，对数据进行聚类。因此自组织映射神经网络算法可以有效处理多类型机器人集群任务分配问题，针对不同任务类型、不同机器人载体提取关联特征，构建任务执行序列。

图 7.7 展示了多机器人任务序列构建的示意图。通过在每个机器人初始位置上建立一个具有环形拓扑结构的神经元集合，可以实现与机器人数量对应的神经元分布。执行任务的机器人坐标作为输出神经元的权重。在自组织映射神经网络的学习与竞争过程中，通过计算输入任务节点坐标与各输出神经元权重之间的欧几里得距离，选出距离最小的神经元作为“获胜神经元”，即将任务分配给对应的机器人。随后，获胜机器人启动全局路径规划功能：通过不断调整其对应神经元的权重，使其逐步靠近输入任务节点所在区域，从而实现机器人向目标区域中心的移动，直到成功到达目标搜索区域。

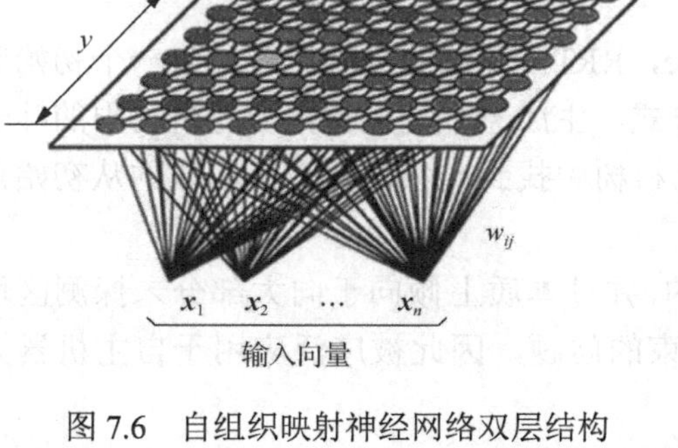

图 7.6　自组织映射神经网络双层结构

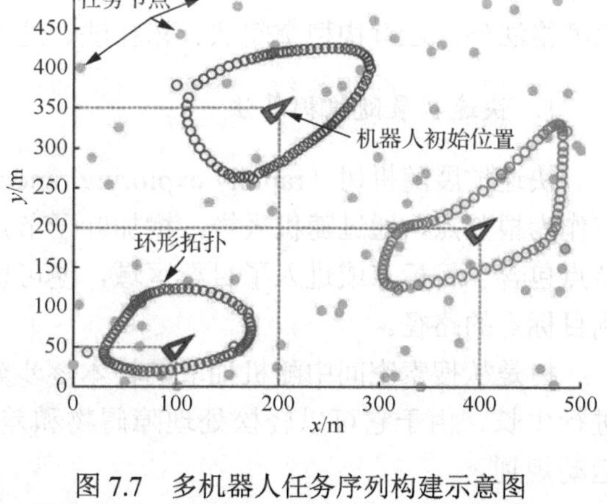

图 7.7　多机器人任务序列构建示意图

7.2 海洋机器人路径规划

路径规划技术是海洋机器人研究领域中的一个重要部分。典型的路径规划问题是指在有障碍物的工作环境中，按照一定的评价标准（行走路线最短、所用时间最少等）为机器人寻找一条从起点到终点的运动路径，让机器人在运动过程中能安全、无碰撞地通过所有的障碍物[8]，因而路径规划问题又可以称为避碰规划问题。根据路径规划主体对环境信息掌握程度的不同，路径规划通常可分为两种类型：环境信息完全已知的全局路径规划，又称静态或离线路径规划；环境信息完全未知或部分未知，通过传感器在线地对机器人的工作环境进行探测，以获取障碍物的位置、形状和尺寸等信息的局部路径规划，又称动态或在线路径规划。局部路径规划和全局路径规划并没有本质区别。很多适用于全局路径规划的方法经过改进都可以用于局部路径规划，而适用于局部路径规划的方法都可以适用于全局路径规划。

7.2.1 全局路径规划

在海洋机器人全局路径规划时，以能耗少、耗时少、路径短和路径平滑度高为四个优化目标，同时以海洋机器人的速度、最小回转半径和离障碍物的安全距离为约束。在以上所描述的多个优化目标和约束条件中存在着相互矛盾的情况，因此海洋机器人的全局路径规划是为了选择出一条满足多个约束条件的路径，同时实现多个目标尽可能优化的折中解，即得到一组最优解。我们可以根据对各个目标的偏好性从这组最优解中选出一条路径作为最后的输出，而通过多目标运算所得到的这组路径在整体上都是最优的。

全局规划首先要建立环境模型，在环境模型里进行路径规划。环境建模是指对机器人实际的工作环境进行抽象转换，换成算法可识别的空间，如可根据构型空间理论，考虑安全阈值后，取机器人能自由活动的最小矩形空间作为栅格单元，将机器人的工作空间划分为栅格。如此，便可根据机器人及实验场地大小选择合适的栅格尺寸。栅格法是移动机器人全局路径规划中公认最成熟、安全系数最高的算法，但此方法受限于传感器，且需要大量运算资源[9]。除栅格法外，还有构型空间法、拓扑法、迪杰斯特拉（Dijkstra）算法[10]、快速行进法等。

1. 快速扩展随机树算法

快速扩展随机树（rapidly exploring random tree，RRT）算法的基本原理是将一个初始节点作为根节点，通过随机采样，增加叶子节点的方式，生成一个随机树，当随机树中的叶子节点包含了目标点或进入了目标区域，便可以在随机树中找到一条由树节点构成的从初始点到目标点的路径。

树是从搜索空间中随机抽取的样本逐步建立的，并且本质上倾向于向大部分未探测区域进行生长。由于它可以轻松处理障碍物和差分约束的问题，因此被广泛应用于自主机器人运动规划。

下面用一组图例更加清晰明了地对算法的具体步骤进行讲解。

（1）对环境进行初始化，包括地图、起点、终点。如图 7.8 所示，黑色物体为障碍物，飞机图案为起点位置，五角星为目标终点位置。

（2）从环境中随机采样状态点，采样点记为 X_{rand}。从所构建的树中寻找距采样点 X_{rand} 最近的节点 X_{near}。

（3）开始树的生长过程。首先将 X_{near} 和 X_{rand} 连接起来，这个连接线的方向就是树生长的方向。设置树每一次生长的步长，每生长一个步长，就会在末端产生一个新的节点 X_{new}。

（4）判断从 X_{near} 到 X_{rand} 是否穿过障碍物，如果穿过，则放弃该新的节点；如果没有，则将 X_{new} 节点加入到树中。

（5）重复上述树的生长过程，直到树新生成的节点到目标点的距离小于一个步长，则终止树的生长。直接将该新节点与目标点相连。回溯整个过程，即得到了规划的路径。

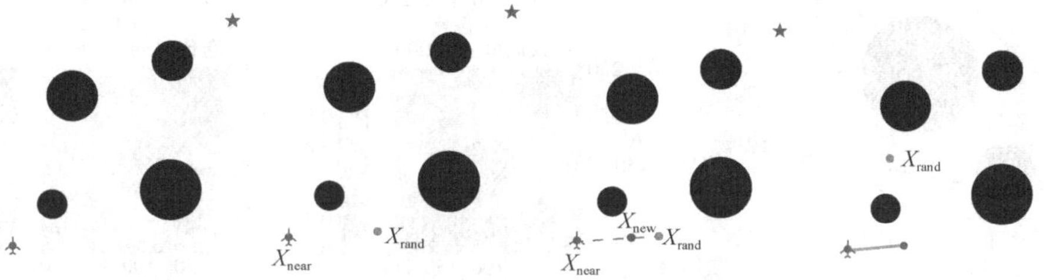

（a）初始位置　（b）构造随机采样点　（c）产生新节点　（d）扩展树枝

图 7.8　快速扩展随机树算法示意图

在简单障碍物环境下，基于快速扩展随机树算法的海洋机器人全局路径规划仿真如图 7.9 所示[11]。

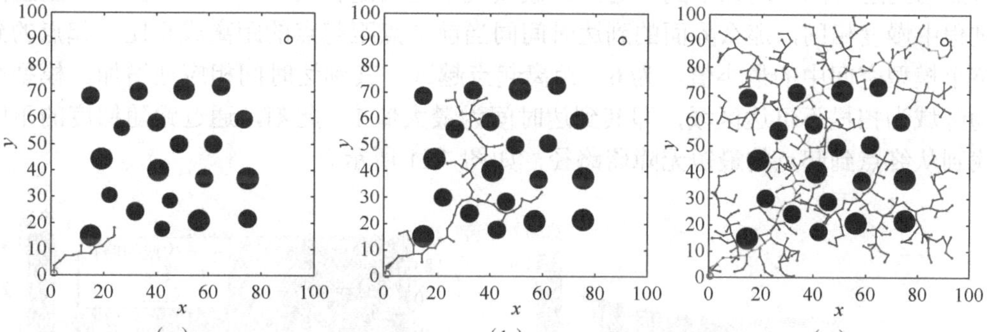

（a）　（b）　（c）

图 7.9　快速扩展随机树算法仿真

快速扩展随机树算法是一种适用于高维空间的路径规划方法。该算法通过在状态空间中随机采样并进行碰撞检测，避免了对整个空间的建模，能够较好地处理具有非完整约束的路径规划问题，有效应对高维空间和复杂约束条件下的规划需求。该算法具有概率完备性，但不保证所生成路径的最优性。

2. 快速行进法

快速行进法（fast marching method，FMM）的基本原理为求解程函（eikonal）方程来获取模型空间的到达时间地图，构建梯度光滑的势场，能避免传统势能法易产生的局部极小值问题[12]。网格地图中，快速行进法通过模拟电磁波在起点的传播来产生一个到达时间场。当电磁波向四周扩散时，每个节点的值表示电磁波的到达时间，由于从起点开始扩散，该点的到达时间为 0，其他节点的到达时间随着电磁波的推进而增加，并在终点达到最大值。快速行进法的作用过程如图 7.10 所示［图（b）中右侧图例表示映射源点与地图中各位置的权重关系］。

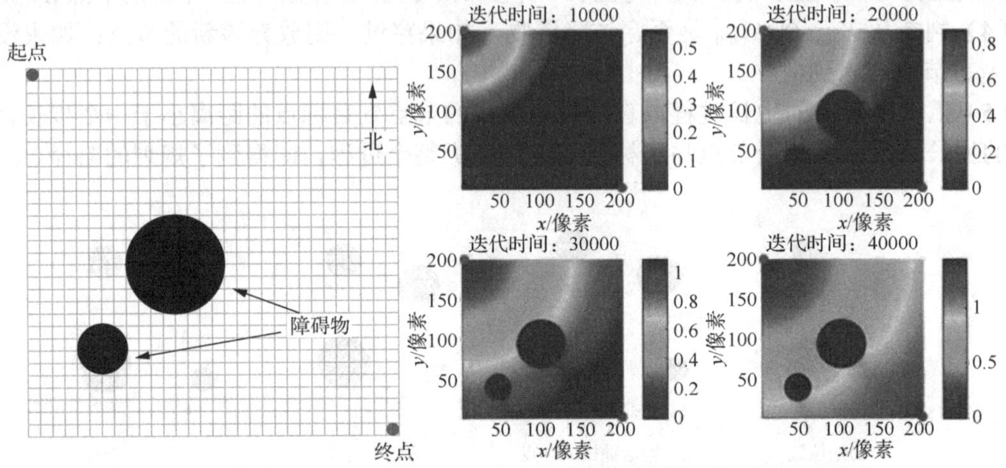

（a）网格地图　　（b）用快速行进法模拟界面传播过程

图 7.10　快速行进法工作示意图

快速行进法最终可以构建一个以起点为源点的势场，在这个势场中，每个节点的数值表示该节点的到达时间，均在 0 到 1 之间。假设模型空间是各向同性的，即整个模型空间中的扫描过程中慢度相同，那么界面的到达时间同当前节点距起点的距离成正比。起点的到达时间是整个模型空间中的最小值，为 0，距离起点越远，其到达时间相应地增加。模型空间内障碍物区域为扫描不可达区域，即其到达时间为最大值 1。此刻，通过跟随梯度的下降方向便能找到从终点到起点的最短无障碍路径，如图 7.11 所示。

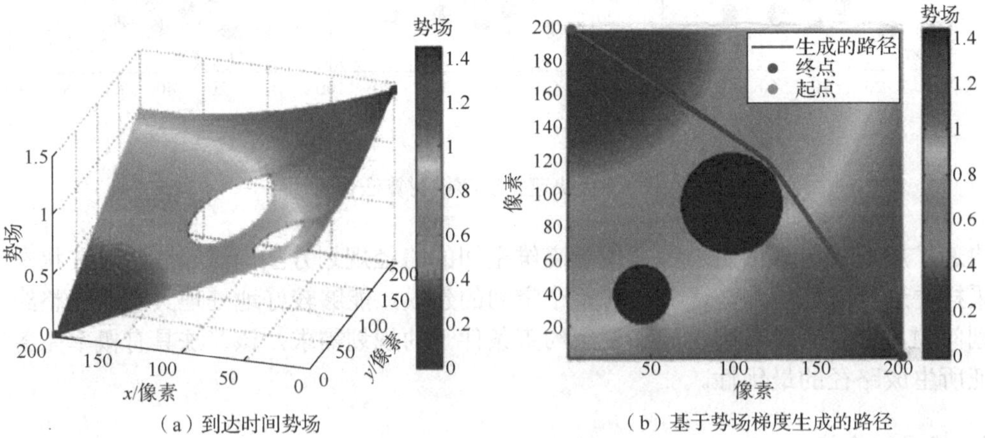

（a）到达时间势场　　（b）基于势场梯度生成的路径

图 7.11　基于快速行进法的计算结果

7.2.2　局部路径规划

当海洋机器人按已规划的全局路径航行时，同时需要根据当前传感器感知的局部环境进行动态局部路径规划。航海雷达作为海洋机器人主要的环境感知设备可以准确地感知到海洋机器人中远距离内的障碍物，并以雷达图像的形式显示在接收机上。海洋机器人基于环境感知设备所获取的数据信息，以局部路径规划模块为指引，动态地规避航行过程中遇到的障碍物。

局部路径规划模块以全局路径为参考，根据实时的环境信息生成一条短期路径，以达到避碰和调整位姿的效果，该路径随着环境的变化而变化，称为局部路径。局部路径规划起到修饰全局路径的作用，在满足机器人运动学、动力学等约束条件下为机器人求解出一条最优路径。因此，选择合适的局部路径规划算法，对提高智能机器人航行的平稳性和合理性至关重要。目前海洋机器人常用的局部路径规划算法有速度障碍法、人工势场法等[13]。

1. 速度障碍法

速度障碍（velocity obstacle，VO）法是一种基于相对速度的反应式避碰算法[14]，根据会遇双方的航行姿态信息，能快速计算出需要避碰时的运动速度和运动方向的变化量，该算法由于简单高效在实际工程实践中有广泛应用。机器人在局部路径规划过程中，速度障碍法通过机器人自身速度和动态障碍物速度形成的合速度计算无碰撞的安全角，进而调整机器人运动速度和运动方向，以进行局部路径规划。对机器人进行动态避碰研究，首先需要建立机器人的动态避碰模型，以此对其避碰过程进行分析，如图 7.12 所示。

图 7.12 中，机器人当前位置为 A 点，以运动速度 V_A 和运动方向 α 前进。B 为半径 R 的圆形障碍物，以运动速度 V_B 和运动方向 β 行进。V 为 V_A 和 V_B 的合速度，方向为 ϕ，与视线 AB 连线夹角为 γ。

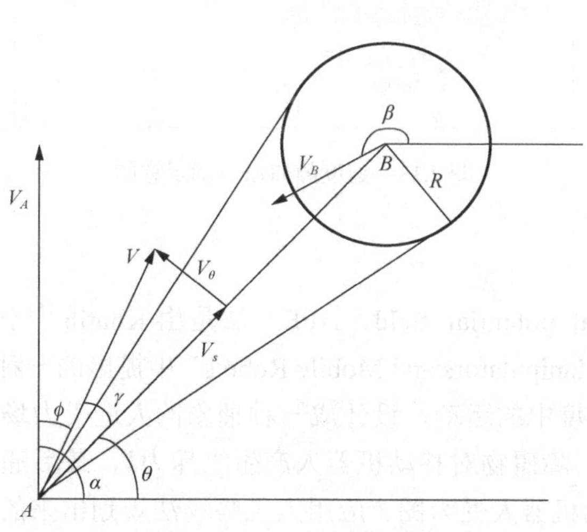

图 7.12　机器人避碰模型

通过航海雷达测算，可获得海洋机器人与障碍物之间的直线距离 D。对障碍物进行膨化处理后，视其为半径为 R 的圆形障碍物。根据机器人与膨化障碍物的相遇情况，可从机器人位置出发，画出两条与膨化圆相切的切线。利用距离 D 和膨化圆半径 R，可计算出安全临界角 μ。当合速度的运动方向处于该安全临界角内时，机器人若继续保持当前速度和方向，存在碰撞风险；而当运动方向位于安全临界角之外时，则不存在碰撞危险。

图 7.13 为速度障碍法机制示意图。当机器人需要进行动态避碰机动时，只需要对合速度的大小和方向进行计算，便可以计算出机器人为确保航行安全所需要对速度调整的改变量，进而以此为基础便可以得到机器人运动方向的变化量，以此两个参数为指导来避免碰撞事故的发生。通过分析机器人与动态障碍物之间的相对速度，可以确定机器人的安全速度区域进而为避碰决策提供依据。

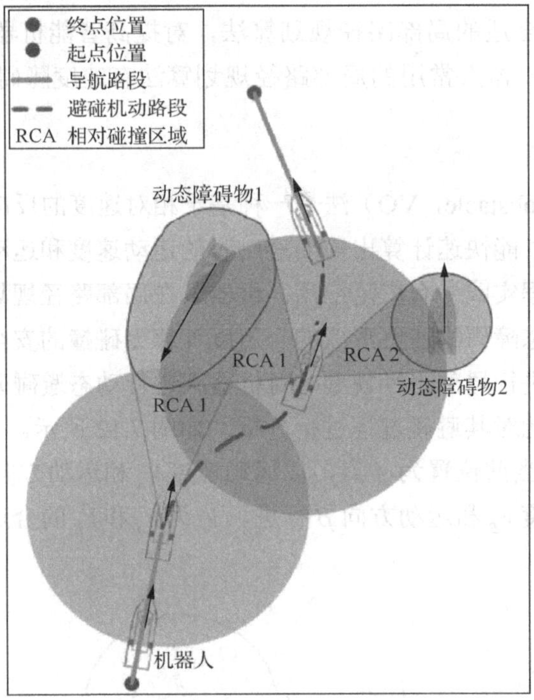

图 7.13　速度障碍法机制示意图

2. 人工势场法

人工势场（artificial potential field，APF）法是由 Khatib[15] 于 1985 年在“Real-Time Obstacle Avoidance for Manipulators and Mobile Robots”中提出的一种虚拟力法。它的基本思想是将机器人在周围环境中的运动，设计成一种抽象的人造引力场中的运动，目标点对移动机器人产生“引力”，障碍物对移动机器人产生“斥力”，最后通过求合力来控制移动机器人的运动。图 7.14 为机器人受力图。应用人工势场法规划出来的路径一般是比较平滑并且安全的。

引力势场主要与机器人和目标点间的距离有关，距离越大，机器人所受的势能就越大；距离越小，机器人所受的势能则越小。决定障碍物斥力势场的因素是机器人与障碍物间的距离，当机器人未进入障碍物的影响范围时，其受到的势能为零；在机器人进入障碍物的影响范围后，受到的斥力影响与两者之间距离成反比，距离越小，机器人受到的斥力就越大。将两个势场叠加生成用于引导机器人运动的合力场，机器人沿着势场下降的方向便能到达终点，如图 7.15 所示，峰值凸包表示障碍物及其附近，路径终点位置势能最低。

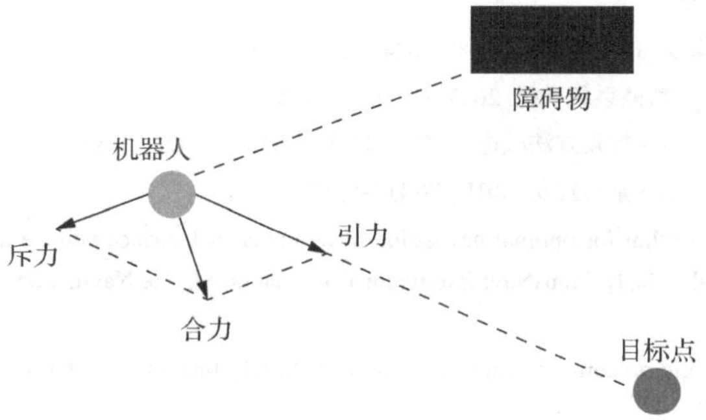

图 7.14　机器人受力图

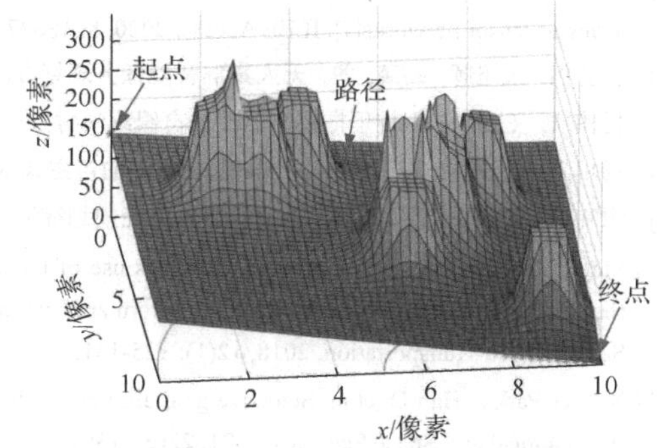

图 7.15　机器人路径寻优示意图

人工势场法因其结构简单、计算速度快等优点而被广泛应用于路径规划领域中。但在路径寻优过程中，有些位置处的引力和斥力刚好大小相等、方向相反，极易使得机器人陷入局部最优解或振荡。当任务终点附近存在障碍物时，靠近终点的同时也靠近障碍物，会因为障碍物斥力增速大于引力增速而使机器人永远无法到终点。因此，优化人工势场法也是路径规划领域中的热点问题。

7.3　思　考　题

7.1　探讨海洋机器人的自主决策系统在复杂海域中的表现，如何优化其决策过程以提高成功率？

7.2　分析海洋机器人的自主规划系统在多任务、多路径选择时的表现，如何设计算法以实现更优的路径选择？

7.3　探讨基于深度学习的海洋机器人自主规划系统在处理大规模数据时的表现，如何优化模型以提高任务执行效率？

7.4　探讨海洋机器人自主决策系统在处理紧急情况时的表现，如何设计算法以实现更快速、更准确的决策？

7.5　海洋机器人在陌生海域进行自主航行时，如何利用传感器数据进行环境建模和地图构建？

7.6　讨论海洋机器人在遇到障碍物或突发情况时，如何快速做出避碰决策？

7.7　探讨海洋机器人在进行海底勘探时，如何利用自主决策技术实现高效的数据采集？

7.8　分析海洋机器人在应对海洋环境变化时，如何调整其决策策略以适应新环境？

参考文献

[1] 何红坤, 王宁, 张富宇, 等. 水面无人艇单目视觉伺服自主控制研究综述[J]. 中国舰船研究, 2024, 19(1): 15-28.

[2] 马向峰, 韩玮, 谢杨柳. 水面无人艇任务规划系统分析[J]. 舰船科学技术, 2019, 41(23): 54-57.

[3] 李元昊, 段鹏飞, 郭绍义, 等. 船舶全局路径规划相关算法研究综述[J]. 船舶标准化工程师, 2022, 55(5): 26-30, 55.

[4] MahmoudZadeh S, Abbasi A, Yazdani A, et al. Uninterrupted path planning system for multi-USV sampling mission in a cluttered ocean environment[J]. Ocean Engineering, 2022, 254: 111328.

[5] Chen Y G, Zhu J Y, Wan L, et al. ACOA-AFSA fusion dynamic coded cooperation routing for different scale multi-hop underwater acoustic sensor networks[J]. IEEE Access, 2020, 8: 186773-186788.

[6] 郭斐然, 张旭辉, 路鹰, 等. 无人集群智能任务规划方法研究综述[J]. 无人系统技术, 2024, 7(3): 14-27.

[7] 杨伟凯, 王艳. 知识推理框架下的改进自组织映射方法设计[J]. 智能系统学报, 2023, 18(5): 926-935.

[8] 杨卓然, 王俊雄. 基于蚁群-D_star融合算法的自主式水下潜器路径规划方法改进研究[J]. 装备制造技术, 2022(1): 51-59.

[9] 宋晓茹, 任怡悦, 高嵩, 等. 移动机器人路径规划综述[J]. 计算机测量与控制, 2019, 27(4):1-5, 17.

[10] Singh Y, Sharma S, Sutton R, et al. Towards use of Dijkstra algorithm for optimal navigation of an unmanned surface vehicle in a real-time marine environment with results from artificial potential field[J]. TransNav: International Journal on Marine Navigation and Safety of Sea Transportation, 2018, 12(1): 125-131.

[11] Noh G, Park J, Han D, et al. Selective goal aiming rapidly exploring random tree path planning for UAVs[J]. International Journal of Aeronautical and Space Sciences, 2021, 22(6): 1397-1412.

[12] 张乃天, 陈世才, 蒙子昕. 基于改进快速行进法的水面无人船全局路径规划[J]. 上海海事大学学报, 2023, 44(3): 5-11.

[13] 赵亮, 王芳, 白勇. 水面无人艇路径规划的现状与挑战[J]. 船舶工程, 2022, 44(4): 1-7, 48.

[14] Fiorini P, Shiller Z. Motion planning in dynamic environments using velocity obstacles[J]. The International Journal of Robotics Research, 1998, 17(7): 760-772.

[15] Khatib O. Real-time obstacle avoidance for manipulators and mobile robots[C]. Proceedings of the 1985 IEEE International Conference on Robotics and Automation, 1985: 500-505.

第 8 章　海洋机器人通信与导航技术

8.1　无线电通信技术

无线电通信技术是将需要传送的声音、文字、数据、图像等电信号调制在无线电波上经空间和地面传至目标的通信方式。与有线电通信相比，无线电通信不需要架设传输线路，通信距离远，机动性好，建立迅速；但传输质量不稳定，信号易受自然因素影响[1]。

8.1.1　无线电通信技术的基本构成

无线电通信系统包括发送设备、传输媒体、接收设备。其中，发送设备包括：①变换器（换能器），将被发送的信息变换为电信号；②发射机，将换能器输出的电信号变为强度足够的高频电振荡；③天线，将高频电振荡能量转换为电磁波能量，并通过特定辐射方式向传输介质（如自由空间、波导等）进行定向或全向辐射。

提到其传输媒介——电磁波，在自由空间中其波长与频率存在关系 $c = f\lambda$，其中，c 为光速，f 和 λ 分别为无线电波的频率和波长，因此，无线电波也可以被认为是一种频率相对较低的电磁波。对频率或波长进行分段，分别称为频段或波段。不同频段信号的产生、放大和接收的方法不同，传播的能力和方式也不同，因此它们的分析方法和应用范围也不同。无线电波只是一种波长比较长的电磁波，占据的频率范围很广。

无线电波从发射机天线辐射后，无线电波的能量会扩散，接收机只能收到其中极小的一部分。在传播过程中，无线电波的能量会被地面、建筑物或高空的电离层吸收或反射；或者在大气层中产生折射或散射，从而造成强度的衰减。根据无线电波在传播过程所发生的现象，无线电波的传播方式主要有绕射（地波）、反射和折射（天波）、直射（空间波）。决定传播方式的关键因素是无线电波的频率。

沿大地与空气的分界面传播的电磁波叫地表面波，简称地波。传播途径主要取决于地面的电特性。地波在传播过程中，由于能量逐渐被大地吸收，很快减弱（波长越短，减弱越快），因而传播距离不远。但地波不受气候影响，可靠性高。超长波、长波、中波无线电波，都是以地波传播的。短波近距离通信也利用地波传播。

天波是利用电离层的折射和反射传播的电磁波，也叫天空波。电离层只对短波波段的电磁波产生反射作用，因此天波传播主要用于短波远距离通信。天波有两个突出特点：一是传播距离远，同时产生中间静区地带；二是传播不稳定，天波随昼夜和季节的变化而变化。因此，短波通信要经常更换波段，以保证质量。

空间波又称为直射波，是由发射点从空间直线传播到接收点的无线电波。直射波传播距离一般限于视距范围。在传播过程中，它的强度衰减较慢，超短波和微波通信就是利用直射波传播的。在地面通过直射波无线通信，接收点的信号主要由两部分组成：一部分由发射天线直达接收天线，另一部分由地面反射后到达接收天线，如果天线高度和方向架设不当，容易造成相互干扰（如电视的重影）。限制直射波通信距离的因素主要是地球表面弧度和山地、楼房等障碍物，因此超短波和微波天线要求尽量架高。

接收是发射的逆过程，它包括：①接收天线，将接收到的无线电波转化为高频电振荡；②接收机，将高频电振荡转化为电信号；③变换器（换能器），将电信号转化为所传送的信息。

8.1.2 无线电通信技术的发展趋势

（1）提高系统频谱资源的利用率，维持信号稳定，避免通信信号受到干扰，增大系统通信容量，提供语音、图像和数据等多种通信服务，确保用户信息安全保密[2]。

（2）推广通信信息技术宽带化。信息的宽带化对于光纤传输技术和高通透量网络的发展起到关键的推进作用。无线电通信技术正朝着无线接入宽带化的方向发展，这对无线电通信信号源的稳定性非常重要。

（3）推广个人信息化技术。个人信息化能够有效减小传输路线的信息堵塞，大幅度提高通信的传播速度。

（4）创新接入网络的样式。在技术层面融合固定式和移动式等不同业务，特别是无线应用协议的出现，大幅度推动了无线数据业务的开展，促进了信息网络传送多种业务信息的发展。为了满足市场竞争的需要，传统的电信网络与新兴的计算机网络融合，尤其具备开发潜力的接入网部分通过固定接入、移动蜂窝接入，满足了生活与生产的各种通信需求。

（5）过渡电路交换网络。关于过渡电路交换网络，IP 网络无疑是核心技术，是最合适的选择对象，大大提升了电路交换网络的数据处理能力，这对保持通信畅通、解决信号易受干扰问题非常重要。

8.1.3 无线电通信技术在海洋机器人领域的应用

无线电通信是一项双向信息传输的技术，其信息传输距离受空间限制小，使得其在一些需要远距离信息接收与控制的项目中具有重要作用。海洋机器人作为一种在水域环境工作的具备自主操纵能力的机器人，在一些情况下会距离陆地或操控中心较远，传统的有缆通信技术已经难以满足这种超远距离的控制需求，需要依靠无线电通信技术来对海洋机器人进行优化升级[3]。

首先，海洋机器人在设计过程中可以加入相应的无线电通信模块，用来接收无线电波或卫星信号，同时信息接收模块要与海洋机器人内置操作系统关联，以便于接收到的信号能够转换成相应的指令来指导该海洋机器人完成各种工作。

其次，在海洋机器人的无线操控过程中需要构建一个小型的中心控制台，其作用主要是根据人类的操作发出相应的信号，这些信号经过无线电波或卫星的传输最终被海洋机器人接收，再编译成相应的指令信息。

最后，海洋机器人在运行过程中获取到的各种信息可以再通过无线电通信技术反馈给操控台，从而使该海洋机器人的使用者能迅速收集到所需的信息。

这种双向的信息交互极大地提升了海洋机器人的实用性，使得海洋机器人的优势借助无线电通信技术得到充分发挥。

8.2　卫星通信技术

8.2.1　卫星通信技术的基本概况

卫星通信系统依据其业务范围和技术实现方式，可以划分为移动卫星通信系统与卫星固定通信系统两大类。

移动卫星通信系统包括移动通信卫星、地面主站（或关口站、信关站）、终端、核心网和运动控制系统五部分[4]。移动通信卫星包括地球静止轨道卫星、中轨道卫星和低轨道卫星等。地球静止轨道卫星通信系统中具有代表性的有国际移动卫星通信系统、亚洲蜂窝卫星系统和瑟拉亚卫星通信系统等。中轨道移动卫星通信系统中具有代表性的有奥德赛系统、中间圆轨道（intermediate circular orbit，ICO）系统和 O3b 星座系统等。低轨移动卫星通信系统中具有代表性的有铱系统、全球星系统，以及其他星座轨道通信系统等[5-7]。地面主站是移动卫星通信的核心部分，负责完成公众电话网和移动卫星通信网之间的信息转接任务，为远端移动站和固定站的用户提供语音和数据传输通道。地面主站需要完成数据分组交换、接口协议转换和路由选择等任务。终端与移动通信卫星的链路称为接入链路，地面主站与卫星的链路称为馈电链路。终端通过无线电收发天线从移动通信卫星获取、设置通信状态，完成通信任务。运动控制系统负责调配资源、协调多个地面主站的工作。

卫星固定通信系统用一个或者多个通信卫星，在固定位置的地球站之间进行无线电通信。卫星固定通信系统一般由空间段（通信卫星）、地面段（地面主站和地球站）、跟踪遥测及指令分系统、监控管理系统四个主要部分组成。卫星固定通信是地球站与地球站、地球站与航天器或航天器与航天器之间利用通信卫星转发器进行的无线电通信。通信卫星作为中继站，通过卫星转发器转发终端的通信信号。跟踪遥测及指令分系统对卫星进行跟踪测量，并进行轨道修正和位姿保持。监控管理系统对通信系统性能进行监测和控制，保证系统的正常通信，并协调不同卫星通信系统的任务需求。地面主站是一种特殊的地球站，地球站负责将来自公众电话网的信息发送到卫星通信网，并接收卫星通信网的信息，发送给公众电话网用户。

8.2.2　卫星通信技术的特点

北斗卫星导航系统致力于向全球用户提供高质量的定位、导航和授时服务，包括开放服务和授权服务。开放服务是向全球用户免费提供定位、测速和授时服务，定位精度可达 10m，授时精度 10ns，测速精度 0.2m/s。授权服务是面向有高精度、高可靠卫星导航需求的用户提供高精度定位、测速、授时和通信服务以及系统完好性信息[8]。

北斗卫星导航系统是我国自主研发的全天候、全球性的卫星导航系统。北斗卫星导航系统主要提供三项服务：①导航定位服务。快速确定用户所在地的地理位置信息，向用户及其主管部门提供导航信息，定位精度可达 10m，无标校站的情况下定位精度优于 100m。②通信服务。实现用户与用户、用户与中心控制系统间最多 120 个汉字的双向报文通信，并可以通过信关站实现与互联网、移动通信系统的互通。③授时服务。中心控制系统定时发送授时信息，为定时用户提供时延修正值，授时精度可达 10ns。

国际移动卫星通信系统（international mobile satellite communication system，IMSS）是世界上唯一一款能为海陆空各行业提供全方位、全天候、全球化公众通信和遇险安全通信服务的国际移动卫星通信系统。国际移动卫星通信系统是由空间段、网控中心、网络协调站、地球站和终端等部分组成。空间段是指在地球静止轨道上运行的海事卫星[9]。国际移动卫星通信系统的网控中心设置在英国伦敦的国际移动卫星公司总部，负责监测、协调和控制通信网络内所有卫星的运行，同时还负责监控世界各地的地球站运行状况，协助网络协调站工作。网络协调站的任务是：分配语音类信道和高速数据信道；转发岸站电传信道上的分配信息；对所有终端发布国际卫星业务通告和在线处理遇险信息等。每个海洋区域至少有一座地球站兼网络协调站。地球站常常建设在海岸附近，故常称为岸站，用以实现用户与移动站之间的通信。北京国际移动卫星地面站也是我国唯一一座国际移动卫星通信系统地面岸站。国际移动卫星通信系统终端按照业务需求可以划分为以车辆、船舶或者飞机为载体的移动终端和以手持设备为主的手持终端。移动终端设备的体积、重量、功耗等与其载体密切相关。

国际移动卫星通信系统具有宽带网络接入、移动实时视频直播等多种通信功能，允许高速互联网接入，拥有语音、传真、综合业务数字网、短信、语音信箱等多种业务模式。国际移动卫星通信系统 Fleet F33、F55 和 F77 是针对海事任务中对电子邮件和数据传输需求而设计的一系列船用通信服务，支持语音、传真、移动综合业务数字网以及移动分组数据业务。国际移动卫星通信系统 Swift64 针对企业专用商务市场提供服务，这一服务可提供高质量语音和综合业务数字网数据传输。

低轨道移动卫星通信系统——铱系统，其最大的特点是通过卫星之间的接力来实现全球通信。铱系统属于地球异步轨道通信系统，与地球静止轨道卫星通信系统相比具有三大优势：①卫星轨道低，信息传输速度快、信息损失小、通信质量高；②铱系统不需要使用专门的地面接收站，可以通过终端直接与卫星联络，即便在人迹罕至、通信落后、环境恶劣的地区仍旧可以保持通信畅通；③铱系统除覆盖南北纬 70°之间的区域外，还可以覆盖高纬度区域，包括极地区域，且保证通信效果优良[10]。

8.2.3　卫星通信技术在海洋机器人领域的应用

无线电通信在海洋机器人通信领域的应用存在以下难点：

（1）受距离限制大。海洋机器人工作在广阔的海洋环境中，随着人类不断向深海探索，海洋机器人与岸基控制站之间的距离将不断扩大，并超出无线电通信正常的工作距离。

（2）受环境干扰大。海洋机器人与岸基控制站之间的障碍物遮蔽会对无线电信号造成干扰。

卫星通信与无线电通信相比，具有不受地理环境限制、覆盖范围广、频带宽等优点，可满足海洋机器人的多样任务需求，尤其是远海任务需求，是无线电通信的优秀替代方案。

对于单一海洋机器人而言，在该机器人上安装一台卫星通信移动终端，岸基控制站安装一台卫星通信移动终端通过通信线路和卫星岸站连接。岸基控制站通过安装卫星通信移动终端，实现海洋机器人和移动终端之间的通信，从而完成两者之间的信息传递共享，执行相关控制与测控操作。或者，岸基控制站与岸站连接，接入地面通信网，利用固定通信终端和海洋机器人搭载的卫星通信移动终端建立通信连接，便可以完成海洋机器人与陆基控制站之间相关数据的传输。

8.3　卫星导航技术

8.3.1　卫星导航技术的基本概况

全球卫星导航系统有美国的 GPS、俄罗斯的格洛纳斯导航卫星系统、欧洲的伽利略导航卫星系统，以及我国的北斗卫星导航系统。以下以北斗卫星导航系统为例进行介绍。

我国的“北斗一号”卫星导航系统是一种“双星快速定位系统”，突出特点是构成系统的空间卫星数目少、用户终端设备简单、一切复杂性均集中于地面中心处理站。“北斗一号”卫星导航系统是利用地球同步卫星为用户提供快速定位、简短数字报文通信和授时服务的一种全天候、区域性的卫星导航系统[11]。

“北斗一号”卫星导航系统的覆盖范围是北纬 5°～55°、东经 70°～140°的心脏地区，上大下小，最宽处在北纬 35°左右。其定位精度为水平精度 100m，设立标校站之后为 20m（类似差分状态）。其工作频率为 2491.75MHz，系统能容纳的用户数为每小时 540000 户[12]。

2007 年 2 月 3 日 0 时 28 分，我国在西昌卫星发射中心用“长征三号甲”运载火箭，成功将北斗导航试验卫星送入太空。这是我国发射的第四颗北斗导航试验卫星，从而拉开了建设“北斗二号”卫星导航系统的序幕。2010 年 8 月 1 日，我国又成功将第五颗北斗导航试验卫星送入太空。

北斗卫星导航系统的建设按照“先有源、后无源”“先区域、后全球”的发展思路，按照“三步走”的总体规划分步实施：第一步，1994 年启动北斗卫星导航试验系统的工程建设，2000 年形成了区域有源服务能力；第二步，2005 年进入北斗卫星导航系统工程建设阶段，到 2012 年实现区域无源服务能力；第三步，2020 年全面建成北斗卫星导航系统，形成全球覆盖能力[13]。

北斗卫星导航系统是世界上第一个区域性卫星导航系统，可全天候、全天时提供卫星导航信息。与其他全球性的导航系统相比，它能够在很短的时间内建成，用较少的经费建成并集中服务于核心区域，是十分符合我国国情的一个卫星导航系统。北斗卫星导航系统工程投资少、周期短，将导航定位、双向数据通信、精密授时结合在一起，因而有独特的优越性。其定位原理是：采用 3 球交会测星原理进行定位，首先以 2 颗卫星为 2 个球面的球心，第 1 球面是以卫星 1 坐标为球心、用户到卫星 1 的测量距离为半径的球面，第 2 球面是以卫星 2 坐标为球心、用户到卫星 2 的测量距离为半径的球面，第 3 球面是以地心为球心、用户到地心的距离为半径的球面。3 个球面的交会点即用户的位置[11]。

北斗卫星导航系统由太空部分的导航通信卫星、地面部分的地面控制中心和客户端三部分组成：太空部分有 2 颗地球同步轨道卫星，执行地面控制中心与客户端的双向无线电信号的中继任务；地面控制中心包括民用网管中心，主要负责无线电信号的发送、接收及整个系统的监控管，其中，民用网管中心负责系统内民用用户的标记、识别和运行管理；客户端是直接由用户使用的设备，即用户机，主要用于接收地面控制中心经卫星转发的测距信号。

地面控制中心包括主控站、测轨站、测高站、校正站和计算中心，主要用来测量和校正导航定位参数，以便调整卫星的运行轨道、姿态，并编制星历，完成用户定位修正资料和对用户进行定位。简单地说，北斗卫星导航系统具有快速定位、简短通信和精密授时三大主要功能。①快速定位：快速确定用户所在地的地理位置，向用户及主管部门提供导航信息。②简短通信：用户与用户、用户与中心控制系统间均可实现双向简短数字报文通信。③精密授时：中心控制系统定时播发授时信息，为定位用户提供时延修正值。

北斗卫星导航系统的工作步骤如下：

（1）地面控制中心向 2 颗卫星发送询问信号。

（2）卫星接收到询问信号，经卫星转发器向服务区用户播送询问信号。

（3）用户响应其中 1 颗卫星的询问信号，并同时向 2 颗卫星发送回应信号。

（4）卫星收到用户响应信号，经卫星转发器发送回地面控制中心。

（5）地面控制中心收到用户的响应信号，解读出用户申请的服务内容。

（6）地面控制中心利用数值地图计算出用户的三维坐标位置，再将相关信息或通信内容发送到卫星。

（7）卫星在收到地面控制中心发来的坐标资料或通信内容后，经卫星转发器传送给用户或收件人。

北斗卫星导航系统除了在我国国家安全领域发挥重大作用外，还将服务于国家经济建设，提供监控救援、信息采集、精确授时和导航通信等服务，可广泛应用于船舶运输、公路交通、铁路运输、海上作业、渔业生产、水文测报、森林防火、环境监测等众多行业。

北斗卫星导航系统是重要的空间基础设施，为人类带来了巨大的经济效益和社会效益，涉及政治、经济、军事等领域，对维护国家利益具有重大意义[14]。中国作为发展中国家，拥有广阔的领土，有必要也有能力拥有自己的全球卫星定位系统。我国政府高度重视卫星导航系统的建设，努力探索和发展拥有自主知识产权的全球卫星导航系统。

从技术和应用前景上看，四大系统各有优劣，如果说 GPS 胜在成熟，伽利略导航卫星系统胜在精准，格洛纳斯导航卫星系统的最大价值就在于抗干扰能力强，而中国的北斗卫星导航系统的优势则在于互动性和开放性。

8.3.2 卫星导航技术在海洋机器人领域的应用

这里以北斗卫星导航系统为例，简要说明卫星导航技术在海洋机器人领域的应用。

我国海洋机器人的自主导航主要基于北斗卫星导航系统。海洋机器人通过北斗卫星导航系统获取自身位置，随后通过船载陀螺仪测算航向，并通过机动部件控制自身向目标位置航行。

对于海洋机器人来讲，定位、导航以及相应的应急通信是非常关键的技术，利用北斗卫星导航系统可以极大地提高定位、导航精度，也能为海洋机器人提供覆盖范围广和可靠性高的通信服务[15]。

（1）提供实时精确位置信息并进行导航定位。北斗卫星导航系统的地基增强系统可以为海洋机器人提供实时的厘米级位置信息并进行导航定位。海洋机器人使用北斗卫星导航系统的最直接目的是利用其提供的位置信息进行定位，基于北斗卫星导航系统的地基增强系统的精准定位功能和数字化地图库，可在电子地图上标注出海洋机器人的实时位置和相应时间。

（2）显著提高海洋机器人导航的可靠性。兼容 GPS 与北斗卫星导航系统的多模卫星导航系统能够显著提高海洋机器人导航的可靠性，因为利用北斗卫星导航系统、GPS、格洛纳斯导航卫星系统等多模卫星导航芯片和模组，这种协同定位模式使得用户在视卫星数量从单一 GPS 下的 10～12 颗显著提升到 20 颗以上（理论上可达 35 颗），极大地提高了卫星导航定位的可靠性。

（3）利用北斗卫星导航系统短报文功能增强海洋机器人处理突发事件能力。若海洋机器人出现意外，需要紧急停航等待搜救时，借助北斗卫星导航系统，可设置专用指令，在海洋机器人发生故障且无移动通信信号覆盖的情况下，通过北斗短报文实现远程搜救。

（4）加强人机信息交流。利用北斗卫星导航系统，可加强地面人员设备与海洋机器人的信息交流，提高对海洋机器人的测控能力。地面站可通过北斗卫星导航系统向海洋机器人发送遥控指令，当海洋机器人驶出地面测控范围时，北斗卫星导航系统可作为备用测控通信系统。

海洋机器人搭载的北斗卫星导航系统通常由远程终端控制系统、海洋机器人移动定位接收系统两部分组成，通过实时获取北斗卫星信号和实时动态（real-time kinematic，RTK）差分定位信息，为海洋机器人航行作业提供高精度定位支持，并支持接入跨域资源共享（cross-origin resource sharing，CORS）系统，来获取更为可靠的定位信息。同时这一系统还可以为海洋机器人制订航行作业方案，规划航行路线，提高自动化作业能力，有效提高作业效率。

北斗卫星导航系统应用在海洋机器人系统的优势如下：第一是定位精度高，基于北斗高精度全球导航卫星系统（global navigation satellite system，GNSS）接收机及天线，支持北斗卫星导航系统、GPS、格洛纳斯导航卫星系统三大系统定位；第二是作业标准高；第三是作业范围广；第四是控制自动化；第五是应急性通信，利用北斗短报文通信，可以扩展海洋机器人的应急通信功能。

8.4　天文导航技术

天文导航是以已知准确空间位置的自然天体为基准，通过天体测量仪器被动探测天体位置，经解算确定测量点所在载体的导航信息。天文导航不需要其他地面设备的支持，所以具有自主导航特性，也不受人工或自然形成的电磁场的干扰，不向外辐射电磁波，隐蔽性好，定位、定向的精度比较高，定位误差不随时间积累，应用广泛。

14～18 世纪中叶，人类的航海活动推动了导航技术的积极发展。明代（郑和下西洋）航海活动中，指南针、过洋牵星术、沙漏、风向仪等仪器和技术的结合应用，构成了当时重要的导航手段。1533 年，德国科学家雷格蒙塔努斯三角学论著《论各种三角形》出版，奠定了利用机械装置进行天文导航的理论基础。1757 年，六分仪在英国问世。此时期，远洋航行时常需要通过与格林尼治时间对比，计算出确定的经度，对时间精度存在一定的要求。为满足多样化需求，科学时间仪器也由此得到快速发展，例如，1736 年，英国 H1 航海钟已具有 2/3 经度的定位能力。至此，天文导航的测量问题基本得到解决，原始的推算导航仪器逐步形成[16]。

目前，国外天文导航正从传统的可见光测星定位向可见光测星定位和射电测星定位相结合的方向发展，从传统的小视场测星定位向小视场测星定位和大视场测星定位相结合的方向发展，以提高天文导航系统的精度和数据输出率，实现天文导航系统的高精度、自主、全天候和多功能化，满足多种平台的需要。

天文导航系统的分类：按星体的峰值光谱和光谱范围，天文导航可分为星光导航和射电天文导航。观测天体的可见光进行导航的叫星光导航，而接收天体辐射的射电信号（不可见光）进行导航的叫射电天文导航。前者可解决高精度昼夜全球自动化导航定位，后者可克服阴雨等不良天气影响，通过探测射电信号进行全天候天文导航与定位。

根据跟踪的星体数，天文导航分为单星导航、双星导航和三星导航。单星导航由于航向基准误差大而定位精度低；双星导航定位精度高，在选择星对时，两颗星体的方位角差越接近 90°，定位精度越高；三星导航常利用第三颗星的测量来检查前两次测量的可靠性，在航天中，则用来确定航天器在三维空间中的位置。

8.4.1 天文导航技术的特点

（1）被动式测量，自主式导航。被动地接收天体自身辐射信号，进而获取导航信息，是一种完全自主的导航方式，工作安全、隐蔽[17]。

（2）同时提供位置和时间信息，误差不积累。天文导航不仅可以提供载体的位置、速度信息，还可以提供姿态信息。由于从地球到恒星的方位基本保持不变，因此天体测量仪器就相当于惯性导航系统中没有漂移的陀螺仪，虽然有像差、视差和地球极轴的章动等，但这些因素造成的定位误差极小，也可以在星表中加以修正，因此天文导航非常适合长时间自主运行和导航定位精度要求较高的领域。

（3）抗干扰能力强，可靠性高。天体辐射覆盖了 X 射线、紫外线、红外线、可见光等整个电磁波谱，从而具有极强的抗干扰能力。此外，天体的空间运动规律不受人为破坏，从根本上保证了天文导航的可靠性。

（4）使用范围广，发展空间大。天文导航不受地域、空域和时域的限制，是一种在整个宇宙空间处处适用的导航技术，可实现全空间和全球的全天时、全天候、全自动导航。

（5）设备简单，便于应用推广。天文导航不需要设立岸基控制站，更不必向空中发射轨道运行体，设备简单，工作可靠，不受敌对制约，便于建成独立的导航体制。在战争情况下将是一种难得的精确导航定位与校准手段。

（6）导航过程时间短，定向精度高。天文导航完成一次定位、定向过程只需 1～2min，当采用光电自动瞄准定向时，只需 15s，而且天文导航在导航系统中定向精度最高。天文导航不仅能够为未来战场武器系统提供精确实时的航向和惯导校正信息，而且可作为未来空天高速飞行器的导航保障手段之一[18]。

8.4.2 天文导航技术在军事上的应用

1. 潜艇、舰船的天文导航

第二次世界大战前，天文导航是主要的导航手段，几乎全部舰船都配备各种天文仪表、天文钟和手持六分仪。第二次世界大战后，潜艇用天文导航系统也发展起来。同时，各种大型水面舰船使用的星体跟踪器也不断取得技术突破。

1990 年，诺思罗普公司推出了新一代星光-惯性捷联式组合导航系统，采用全息多焦点广角透镜和电荷耦合元件（charge-coupled device，CCD）焦平面阵列实现了星体昼夜观测定位。之后，美国波尔航天公司也研制出新型 CCD 昼夜星体跟踪系统，白天测+2.5 等星，夜间测+3.5 等星，精度达 5″。“台风”级、D-III 级、阿尔法级和维克托-III 级等型核潜艇也装有天文导航系统，M 级战略导弹核潜艇和 Y 级核动力潜艇装有较先进的“鳕眼”星光-射电组合导航系统。

苏联在其靶场测量船上安装的光学自动定向仪采用光电倍增管作为星体敏感元件，高度轴和方位轴的检测精度为 6″，白天测+2.0 等星，夜间测+3.5 等星。法国建造的凯旋级弹道导弹核潜艇上装有 M92 型光电潜望镜（带六分仪）。俄罗斯“库兹涅佐夫”号航空母舰的导航设备中，除无线电导航设备外，与惯导组合的天文导航设备有两套光学自动定向仪（即星体跟踪器）和一套六分仪，以及一套天文校正用的计算机系统。

2. 空天装备的天文导航

随着天文导航技术的不断发展提高，其应用范围也从航海扩展到航空航天。天文导航现已应用于远程飞机导航、弹道导弹制导和航天飞机导航，将来也将应用于空天飞机等新一代航天武器导航中。美国 B-52 轰炸机上装有 MD-1 天文自动罗盘，在后续型号中，B-52H 与 RC-135 飞机被装备了更先进的 AN/AJN-II 天文自动罗盘装置。1979 年，美国首先将星光-惯性制导用于三叉戟 I 导弹上，其射程增加到 7400km，命中精度提高到 0.37km。1960 年，美国在超音速军用飞机（如 Convair B-58）上装备了星光-惯性-多普勒组合导航系统，其后来研制的 NAS-26 型天文-惯性组合导航系统安装在 B-2 轰炸机等先进战机上。苏联也将天文-惯性制导设备用于 SS-N-8 导弹上，大大提高了命中精度。如今，天文制导已是各种精确制导炸弹必不可少的制导方式之一。卫星和宇宙飞船等航天器也可利用星体敏感器、红外地平仪和空间六分仪等设备来实现天文导航，保障飞行。

8.4.3 天文导航技术的发展趋势

天文导航技术总体发展趋势是提高定位、定向精度与导航定位的自动化、智能化水平，实现昼夜导航、全天候导航和全球导航。

（1）高精度定位、定向。目前的天文导航方法是通过以当地垂线为基准测量天体天顶距来实现定位的。定位精度主要取决于垂线基准精度和天文仪器测量精度（含轴角测量和星体检测精度）。探讨不用垂线基准或采用粗略垂线基准进行精确天文定位的新导航方法，发展小型化高精度垂直陀螺仪，加强天文导航中信息融合理论的应用研究等，对提高天文导航精度具有重要意义[19]。

（2）昼夜导航。实现昼夜连续的天文导航定位，具有十分重要的军事意义。被测星体的星光通过光学系统后被聚焦在靶面上的星象是直径不大于 0.05mm 的光点。只要靶面上的星象照度大于星象传感器的阈值，便可检测到星体。夜间测星是易于做到的。而白天由于阳光透过大气层时的散射与折射，使天空背景变得很亮，星光难以检测。因此从明亮的天空背景中检测比较弱的星体信号是实现昼夜天文导航的关键技术。此外，高质量成像技术、高精度复合控制技术、不同峰值光谱的星光检测技术、昼夜星光自动跟踪技术等也是实现昼夜导航应发展的重点。

（3）全天候导航。不良天气条件下的星光检测技术研究是实现全天候天文导航的关键。射电天文导航要解决的关键技术主要包括研究和发现新的射电源、研制小型化及高灵敏度接收天线、射电源中心确认技术和红外天文探测技术等。

（4）自动化导航。自动化的天文导航主要需要解决星体的自动捕获、自动跟踪、自动检测和定位、定向自动解算，其技术难点是自动捕获跟踪星体与自动检测星体。目前，自动捕获跟踪星体的数学模型已经建立，关键是提高跟踪精度以减小星象在视场中的抖动。

当然除此之外，将天文导航与其他导航技术组合运用形成新的组合导航方法也是天文导航发展的一大趋势。

8.4.4　天文导航技术目前存在的问题

（1）高精度感知与检测问题。高精度感知与检测是高精度天文导航的前提与保障。导航系统根据导航目标源的运动、几何、辐照等目标特性获取导航目标源特性，利用图像处理、特征提取和光谱检测等方法确定航天器位置、速度等导航信息。在工程应用中不可避免地存在天体信号暗弱、杂光干扰、微振动影响等现象，难以获取高精度导航信息[20-22]。

（2）导航测量信息的连续性与选取问题。对于飞行器或者舰艇，主要导航天体为地球、月亮、太阳、恒星，在运动过程中会导致观测视场频繁切换或天体不可见，导航观测不连续。

（3）导航敏感器工程实现与在轨应用问题。导航敏感器是天文导航系统的核心组成部分。导航敏感器捕获天体辐射或反射的光，获取被观测天体相对于航天器的位置或速度信息[23]，为导航解算提供观测信息，通常由光学系统、光电转换器件和处理电路组成。在实际应用过程中，由于航行器上资源有限，不可避免地存在导航仪器体积、重量、功耗、实时性等约束，高精度导航敏感器的工程实现和在轨应用受限。

（4）在某些情况下受到外界环境的影响问题。例如，气象、海洋和天象环境，如低温导致大气折射异常，所导致的观测高度修正方面的问题；地理环境，如使用特殊投影方式制作的海图、方位线必须绘成大圆弧等，所导致的高度差法作图方面的问题；海洋环境，如海冰影响航迹推算等，所导致的高度差法和移线定位缺乏精度问题。

8.4.5　天文导航技术在海洋机器人领域的应用

虽然迄今天文导航仍未被引入海洋机器人领域，但是随着技术的发展以及人们对海洋机器人的功能定位要求越来越高，天文导航技术被应用到海洋机器人领域的可能性还是极高的。

众所周知，海洋机器人的工作环境种类多样，且环境的复杂度和快变性也是导航技术在该领域应用亟待解决的问题。天文导航对外界干扰极高的抗性是其在该领域应用的优势之一。

天文导航技术能够同时提供位置和时间信息，不仅可以提供载体的位置、速度信息，还可以提供姿态信息，且具备全天候、全天时、全自动工作的能力。对于海洋机器人这种对导航精度要求极高、导航稳定性要求极高的无人平台而言，天文导航技术无疑是一种更加有利的选择。

8.5　组合导航技术

8.5.1　组合导航技术的构成

组合导航系统通常以惯性导航系统作为主导航系统，而将其他导航定位误差不随时间积累的导航系统如无线电导航、天文导航、地形匹配导航、GPS 等作为辅助导航系统[24]，应用卡尔曼滤波技术，将辅助信息作为观测量，对组合系统的状态变量进行最优估计，以获得高精度的导航信号。这样，既保持了纯惯性导航系统的自主性，又防止了导航定位误差随时间积累。组合导航系统在民用和军事上均具有重要意义。由于飞船、战术导弹及飞机的惯性导航系统有高精度与低成本的要求，所以采用捷联式惯性导航方案是十分适宜的。国外有人把捷联式惯性导航系统（strapdown inertial navigation system，SINS）列为低成本惯性导航系统。捷联式惯性导航系统提供的信息全部是数字信息，所以特别适用于各种舰船的数字航行控制系统及武备系统。水下机器人以捷联式惯性导航系统为核心，辅助 GPS、测速装置多普勒计程仪等组成组合导航系统，采用卡尔曼滤波技术完成系统导航定位。因此，捷联式惯性导航技术的研究对于水下机器人高精度工作举足轻重。捷联式惯性导航技术是一门新兴的多学科综合技术，它的出现和发展代表了现代惯性导航技术的一个新的发展方向。捷联式惯性导航系统就是将惯性传感器件（陀螺仪、加速度计）直接安装在载体上，完成导航任务的系统，是一种利用惯性传感器件的基准方向和初始速度、位置信息来确定载体实时姿态、速度和位置的推算导航系统。捷联式惯性导航系统在计算机中用方向余弦矩阵实现导航平台的功能，以“数学平台”代替常规平台式惯性导航系统中的实体机械平台。由于省去了复杂的机电式导航平台，给系统带来许多益处：①捷联式惯性导航系统没有平台框架和相连的伺服装置，简化了硬件，体积和成本大大降低；②捷联式惯性导航系统机械构件少，便于采用多敏感元件配置，实现系统冗余，可靠性高；③捷联式惯性导航系统以高速率和高精度提供数字形式的载体姿态，可直接提供载体角速率[18]。

8.5.2 组合导航技术的原理

惯性导航系统具有可在任何介质和任何环境下实现导航，且能输出位置、速度、方位和姿态等多种导航参数，导航输出数据平稳，短期稳定性好等优点，但同时存在误差随时间迅速积累的缺点，且惯性元件价格昂贵，研制困难[25]。与惯性导航系统相比，罗兰、奥米加等无线电导航系统与卫星导航的误差不随时间积累，但是电磁干扰、传播路径噪声、周期跳变、信号失锁等因素会使其误差的短期特性不佳，而多普勒计程仪通过向海底发射声波测量载体对地速度，测速精度很高。于是，人们转向了组合导航系统以结合各个传感器的优势。事实上，信息融合理论是在 20 世纪 80 年代中期，随着人们开始认识到各种传感器在机器人应用中的种种限制和不尽如人意之处，而得以发展的。我们希望通过多传感器数据融合，增强海洋机器人对周围环境的认识能力，解决各种使用单一传感器不能解决或难以解决的问题。信息融合即多传感器数据融合在许多方面得到了应用，形成了传感器融合和数据融合的新学科。现在，国内外已经发展了多种多传感器数据融合的一般方法，较为成熟的有加权平均法、贝叶斯估计法、多贝叶斯估计法、卡尔曼滤波法、统计决策理论方法、证据理论方法、可能性理论方法和确定性理论方法等，也开展了模糊推理和神经网络方法的研究。信息融合技术在导航领域的体现即组合导航技术。组合导航系统的发展是一个从简单到复杂、从用处较少到多用途、从不灵活到灵活的过程。组合导航技术的研究主要集中在信息融合、智能容错、组合系统模型建立、系统可观测性研究、组合滤波校正算法的研究等方面。组合导航系统一般具有协同超越功能、互补功能和余度功能，使之能充分利用各子系统的导航信息，取长补短，提高整个系统的可靠性。组合导航系统利用惯性导航系统和辅助导航设备信息的互补作用，进行组合卡尔曼滤波，很大程度上提高了导航定位的精度和可靠性，降低了导航系统的成本。组合导航系统是导航技术的主流及发展趋势。

8.5.3 组合导航技术常用的导航滤波算法

在组合导航系统中，卡尔曼滤波是非常成功的信息处理方法[26, 27]。由于采用了状态空间法描述系统，滤波采用递推方法，所以卡尔曼滤波不但能处理一维平稳随机过程，也可以处理多维非平稳随机过程。需要指出的是，卡尔曼（Kalman）和布西（Bucy）提出的滤波理论只适用于线性系统，并且观测也必须是线性的。卡尔曼滤波法可以从被提取信号的相关量的测量中估计出所需信号，可以应用于线性和非线性测量处理，Bucy 等在扩展卡尔曼滤波的计算过程中用到了状态方程、测量方程、白噪声激励的统计特性、测量误差的统计特性，并实时记录和存储于估计值中[28]。由于所用信息都是时域内的量，所以卡尔曼滤波器是在时域内设计的，且适用于多维情况，适用范围很广。作为一种线性最小方差估计，卡尔曼滤波具有以下鲜明特点：算法是递推的，且使用状态空间法在时域内设计滤波器，所以卡尔曼滤波是用于对多维随机过程的估计[29]。采用动力学方程及状态方程描述被估计量的动态变化规律，被估计量的动态统计信息由激励白噪声的统计信息和动力学方程确定。由于激励白噪声是平稳随机过程，动力学方程已知，所以被估计量既可以是平稳的，也可以是非平稳的，即卡尔曼滤波也适用于非平稳随机过程。卡尔曼滤波具有连续型和离散型两类算法，离散型算法可直接适用于非平稳随机过程。

8.5.4 组合导航技术在海洋机器人领域的应用

导航系统在海洋机器人自主航行中占据重要地位。限于海洋机器人对导航器的体积、重量和成本的要求，而大型高精度的导航系统因结构复杂、体积大和重量大等原因，无法在海洋机器人上使用。同时 GPS 单独作为海洋机器人的导航系统，其不足之处在于环路带宽窄、易受干扰、接收机数据更新率低，难以满足实时测量与控制的要求。尽管微电子机械系统（micro-electromechanical system，MEMS）的捷联式惯性导航系统具有自主性强、体积小、成本低和输出信息连续等优势，但是低成本的 MEMS 惯性器件的精度比较低，导致基于 MEMS SINS 的应用受到一定的限制。将 MEMS SINS 与 GPS 相结合可以弥补其各自的不足，为海洋机器人的导航与制导系统提供了一个非常有吸引力的方案，是目前发展的主要方向之一。MEMS SINS/GPS 组合导航系统虽然位置和速度精度较高，但姿态精度不高。利用 3 轴磁强计的信号可以确定载体坐标系与导航坐标系的关系，继而得到载体姿态，且误差不发散。将 MEMS SINS、GPS 和磁强计三种导航手段进行有机组合，可以充分发挥每种导航技术的优点，实现性价比优越的组合导航和制导系统，在海洋机器领域上有广阔的应用前景[30]。为了保证导航系统拥有高精度、高可靠性以及自主能力，必须将组合导航系统中的多种传感器信息进行融合和估计，以获取所需的高精度信息。

8.6 思 考 题

8.1 描述海洋机器人导航定位系统的基本原理和主要组成部分。

8.2 解释卫星导航系统（如 GPS、北斗）在海洋机器人导航定位中的应用和限制。

8.3 讨论海洋机器人卫星导航系统的工作原理和特点。

8.4 探讨海洋机器人组合导航系统的关键技术及其在复杂海洋环境中的应用。

8.5 解释海洋机器人使用无线电频率信号进行定位的原理和优缺点。

8.6 讨论海洋机器人导航系统在不同海洋环境（如平静海域、恶劣海况）中的表现有何不同。

8.7 分析海洋机器人导航定位系统中数据融合的重要性，并介绍常见的融合算法。

8.8 探讨海洋机器人在进行深海探测时，如何克服导航定位信号传输的衰减问题。

8.9 分析海洋机器人导航定位系统的未来发展趋势，并提出可能的创新应用。

参考文献

[1] 吴珊, 靳紫辉, 张仕霞, 等. 无线通信与机器视觉在无人机中的应用[J]. 数字通信世界, 2019(12): 194.

[2] 聂乾震. 北斗卫星导航系统在航海保障行业的应用思考[J]. 航海, 2017(4): 38-41.

[3] 肖龙龙, 梁晓娟, 李信. 卫星移动通信系统发展及应用[J]. 通信技术, 2017, 50(6): 1093-1100.

[4] 吴曌月. GPS 全球卫星定位系统在无人机导航系统中的应用[J]. 中小企业管理与科技, 2017(8): 110-111.

[5] Sachdev D K. Recent Success Stories in Satellite Systems: Visions of the Future[M]. Reston: American Institute of Aeronautics and Astronautics, 2017.

[6] Hambloch P, Swan P, Ashford E W. Hitchhiking Iridium: a concept for global near real-time earth observation[C]. AIAA International Communications Satellite Systems Conference, 2011.

[7] Santangelo A D, Skentzos P. Utilizing the globalstar network for satellite communications in low earth orbit[C]. 54th AIAA Aerospace Sciences Meeting, 2016.

[8] 王博. 北斗卫星导航系统在无人机的应用[J]. 中国公共安全(综合版), 2016(15): 69-70.

[9] 张伟, 张恒. 天文导航在航天工程应用中的若干问题及进展[J]. 深空探测学报, 2016, 3(3): 204-213.

[10] 聂丽芬. 分析无线电通信技术的发展现状及创新[J]. 电子制作, 2015 (6): 146.

[11] 李俊锋. “北斗”卫星导航定位系统与全球定位系统之比较分析[J]. 北京测绘, 2007(1): 51-53.

[12] james bai. “北斗一号”卫星导航系统的特点与应用[EB/OL]. (2006-07-03) [2024-5-10]. http://www.nav.oldhand.org/articles/cnss/2006/0717/107.html.

[13] 纪龙蛰, 单庆晓. GNSS 全球卫星导航系统发展概况及最新进展[J]. 全球定位系统, 2012, 37(5): 56-61, 75.

[14] 钱沈廉. 无线电通信技术之通信方法拓新[J]. 中国新技术新产品, 2009(12): 15.

[15] 张燕. 捷联惯导系统的算法研究及其仿真实现[D]. 大连: 大连理工大学, 2008.

[16] 王巍, 孟凡琛. 导航技术发展历程及展望[J]. 导航与控制, 2025, 24 (1): 1-11.

[17] 王安国. 现代天文导航及其关键技术[J]. 电子学报, 2007, 35(12): 2347-2353.

[18] 杨英杰. 全球四大卫星定位系统齐聚太空[J]. 中学地理教学参考, 2007 (6): 14.

[19] 雷辉. 单颗导航卫星定轨研究[D]. 上海: 中国科学院研究生院, 2007.

[20] Husa. Adaptive filtering with unknown prior statistics[C]. Joint Automatic Control Conference, 1969.

[21] Harlander J, Reynolds R J, Roesler F L. Spatial heterodyne spectroscopy for the exploration of diffuse interstellar emission lines at far-ultraviolet wavelengths[J]. The Astrophysical Journal, 1992, 396: 730-740.

[22] Englert C R, Babcock D D, Harlander J M. Doppler asymmetric spatial heterodyne spectroscopy (DASH): concept and experimental demonstration[J]. Applied Optics, 2007, 46(29): 7297-7307.

[23] 赵辉. 基于水下航行器导航定位及信息融合技术研究[D]. 南京: 南京理工大学, 2006.

[24] 陈义, 程言. 天文导航的发展历史、现状及前景[J]. 中国水运(理论版), 2006, 4(6): 27-28.

[25] 宋红江. 组合导航算法及其在 SINS/GPS/DVL 组合导航系统中的应用[D]. 哈尔滨: 哈尔滨工程大学, 2006.

[26] Raol J R, Girija G. Evaluation of adaptive Kalman filtering methods for target tracking applications[C]. AIAA Guidance, Navigation, and Control Conference and Exhibit, 2001.

[27] Choukroun D, Bar-Itzhack I Y, Oshman Y. A novel quaternion Kalman filter[C]. AIAA Guidance, Navigation, and Control Conference and Exhibit, 2002.

[28] 何炬. 国外天文导航技术发展综述[J]. 舰船科学技术, 2005, 27(5): 91-96.

[29] 郭真. AUV 高精度组合导航技术研究[D]. 哈尔滨: 哈尔滨工程大学, 2005.

[30] 韩文明. 挑战 GPS 的“伽利略”计划[J]. 现代军事, 2004(1): 40-41.